U0147893

New Wun Ching Developmental Publishing Co., Ltd.
New Age · New Choice · The Best Selected Educational Publications — NEW WCDP

第 **3** 版

謝哲仁
陳進春 /編著

數學

MATHEMATICS

THIRD EDITION

掃描 **QR Code**
習題詳解

三版序

1. 本書係參酌教育部頒布之「五年制專科學校醫護類數學課程標準」及九十六年公布之「後期中等教育數學課程指引」編輯而成。

2. 全書共分 11 章，以提供五年制醫護管理類科數學課程使用，每週授課二或三小時，三或四個學期，共計六至八學分。若僅二學期課程六學分者，可挑選其中合適章節與例題講授。

3. 本書用詞遣字力求淺顯通俗，並以「教學式」的方式呈現教材內容，期盼經由教師講解及例題與習題的演練，能啟發學生認知、理解、分析與計算的能力。

4. 本書各定理、公式之例題大多附有「隨堂練習」題目，章末並附有「習題」，可供學生即時練習與複習之用。

5. 本書雖然經實際從事教學之教師細心校訂，並因應使用者意見進行勘誤更正改版，然仍恐有疏漏之處，尚祈各界先進及讀者多所賜正是幸。

編著者謹識

AUTHORS

編著者介紹

謝哲仁

現任
國立臺南護理專科學校 數理組 教授

學歷
美國喬治亞大學 數學教育 哲學博士

經歷
美和科技大學 教務長

美和科技大學 副校長

國立臺南護理專科學校 通識教育中心 主任

國立臺南護理專科學校 副校長

陳進春

學歷
國立台灣師範大學 數學系、研究所

國立台中教育大學 測驗暨教育統計學 博士

經歷
國立高雄應用科技大學教授

敏惠醫專校長

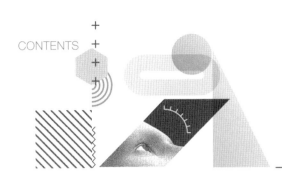

目 錄

習題詳解請掃 QR Code

01
CHAPTER

多項式

1-1　多項式之四則運算

一、多項式的意義

形如 $x^2 + x + 1$，$3x + 2$ 及 $x^4 - 2x^2 + x - 1$ 等式子，因僅含一個不定元 x，所以稱為一元多項式。又如 $x + y - 2$，$x^2 - xy - 2$，$x + xy^2 - y^3 + 1$ 等式子，因含有兩個不定元 $x，y$，所以稱為二元多項式，餘類推。本節僅討論一元多項式而已。

每一個僅含一不定元 x 的一元多項式，均可寫作下列形式：

$$a_n x^n + a_{n-1} x^{n-1} + a_{n-2} x^{n-2} + \cdots + a_1 x + a_0$$

其中 a_n，a_{n-1}，a_{n-2}，$\cdots$，a_1 稱為係數。a_0 稱為常數項。當 $a_n \neq 0$ 時，稱此多項式為一元 n 次多項式，簡稱 n 次多項式，a_n 稱為領導係數。例如：

$x^2 + x + 1$ 為二次多項式，領導係數為 1。

$3x + 2$ 為一次多項式，領導係數為 3。

$x^4 - 2x^2 + x - 1$ 為四次多項式，領導係數為 1。

而 $x^2 + \sqrt{x} + 2$，$x^3 + \dfrac{1}{x} + 2x + 3$ 均不為多項式。

二、多項式之四則運算

多項式的加，減，乘，除四則運算，我們將以實例加以說明如下：

例 1　$(4x^3 + 5x^2 - 7x + 1) + (2x^4 - 5x^3 + 6x^2 + x - 2) = ?$

解　求多項式的和，只要將同次項的係數相加即可。
所以　$(4x^3 + 5x^2 - 7x + 1) + (2x^4 - 5x^3 + 6x^2 + x - 2)$
$$= 2x^4 - x^3 + 11x^2 - 6x - 1$$

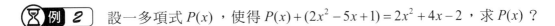

例 2 設一多項式 $P(x)$，使得 $P(x)+(2x^2-5x+1)=2x^2+4x-2$，求 $P(x)$？

解 可知 $P(x)=(2x^2+4x-2)-(2x^2-5x+1)$（同次項的係數相減）
$$=9x-3$$

多項式的相乘，可先從單項式的相乘著手。如 $3x^2\times(-5)x^3=3\times x^2\times(-5)\times x^3=3\times(-5)\times x^2\times x^3=-15x^{2+3}=-15x^5$，上式即係數相乘，次數相加。其中 $x^2\times x^3=(x\times x)\times(x\times x\times x)=x^{2+3}=x^5$，歸納為 $x^n\times x^m=x^{n+m}$。

例 3 求下列各式的積：
1. $-2x\times 8x^3$ 2. $2x\times(-6)x^5$

解 1. $-2x\times 8x^3=(-2)\times 8\times x\times x^3$
$$=-16x^4$$
2. $2x\times(-6)x^5=-12x^6$

例 4 設兩多項式 $P(x)=4x^2+1$，$Q(x)=2x^2-x+3$，求 $P(x)\cdot Q(x)$？
多項式的相乘，可依分配律依次展開乘積，然後再將同次項相加即可。
分配律：$a\times(b+c)=a\times b+a\times c$，$(a+b)\times(c+d)=a\times c+a\times d+b\times c+b\times d$，餘類推。

解 $P(x)\cdot Q(x)=(4x^2+1)\cdot(2x^2-x+3)$
$$=8x^4-4x^3+12x^2+2x^2-x+3$$
$$=8x^4-4x^3+14x^2-x+3$$

隨堂練習

求下列各式的積：

1. $(x+3)(x-2)$ $A：x^2+x-6$

2. $(x-3)(x^2+3x-2)$ $A：x^3-11x+6$

多項式的除法如何運算？首先我們從單項式的除法著手。如

$$6x^3 \div 2x = \frac{6x^3}{2x} = \frac{6}{2}\frac{x^3}{x} = \frac{6}{2}x^{3-1} = 3x^2$$

上式即係數相除，次數相減。又 $\dfrac{x^3}{x} = \dfrac{x \times x \times x}{x} = x^{3-1} = x^2$，歸納為 $x^m \div x^n = x^{m-n}$，

$m > n$。

例 5 求下列各式相除的結果：

     1. $4x^5 \div (-2x)$ 2. $(-6x^4) \div (-2x^3)$

解 1. $4x^5 \div (-2x) = \dfrac{4}{-2}x^{5-1} = -2x^4$

     2. $(-6x^4) \div (-2x^3) = \dfrac{-6}{-2}x^{4-3} = 3x$

隨堂練習

1. $20x^5 \div 4x^3$ $A：5x^2$

2. $9x^6 \div (-3x^3)$ $A：-3x^3$

3. 若一多項式 $f(x)$ 為三次多項式，$g(x)$ 為二次多項式，則 $f(x)+g(x)$ 為幾次
   多項式？ $A：三次多項式$

4. 呈上題，則 $f(x) \times g(x)$ 為幾次多項式？

               $A：五次多項次$

上例為單項式除以單項式的例子，接下來是多項式除以多項式，此法又稱為長除法。其運算過程類似「數」的直式除法。

☑ **定理 1-1**　　**除法原理**

設兩多項式 $A(x)$，$B(x)$

$A(x)$ 除以 $B(x)$ 得商 $Q(x)$，餘式 $R(x)$，其中 $R(x)$ 的次數小於 $B(x)$，可記作 $A(x) = B(x) \cdot Q(x) + R(x)$。

$A(x)$：被除式，$B(x)$：除式，$Q(x)$：商式，$R(x)$：餘式

⧖ **例 6**　　求 $x^3 + 2x^2 + 3x + 1$ 除以 $(x-1)$ 的商及餘式？

⧖ **解**　　仿照「數」的除法，計算如下：

$$
\begin{array}{r}
x^2 + 3x\ + 6 \quad \longleftarrow \text{商} \\
x-1\,)\overline{\,x^3 + 2x^2 + 3x + 1} \\
\underline{x^3 - x^2} \quad \longleftarrow x^2 \times (x-1) \\
3x^2 + 3x \\
\underline{3x^2 - 3x} \quad \longleftarrow 3x \times (x-1) \\
6x + 1 \\
\underline{6x - 6} \quad \longleftarrow 6 \times (x-1) \\
7 \quad \longleftarrow \text{餘式}
\end{array}
$$

得商為 $x^2 + 3x + 6$，餘式為 7

亦可利用分離係數法，演算如下：

$$\begin{array}{r} 1+3+6 \quad \longleftarrow \text{商} \\ 1-1\,\overline{\big)\,1+2+3+1} \\ \underline{①-1} \quad \longleftarrow 1\times(1-1) \\ △+③ \\ \underline{③-3} \quad \longleftarrow 3\times(1-1) \\ △+① \\ \underline{⑥-6} \quad \longleftarrow 6\times(1-1) \\ 7 \quad \longleftarrow \text{餘式} \end{array}$$

此結果亦可寫成橫式表示如下：

$$x^3 + 2x^2 + 3x + 1 = (x-1)(x^2+3x+6) + 7$$

三、綜合除法

　　仔細觀察 x^3+2x^2+3x+1 除以 $x-1$ 的演算式，發現有很多數字重複出現，例如斜對角線上被圈起來的①、③、⑥剛好就是商式中的各項係數，△、△ 是商式中各項係數中之末兩位係數。③① 也是被除式的各項係數中之末兩位係數。因此得到下面較為簡單的除式：

$$\begin{array}{r} 1+3+6 \quad \longleftarrow \text{商式} \\ 1-1\,\overline{\big)\,1+2+3+1} \quad \longleftarrow \text{被除式} \\ \underline{-1} \\ \underline{-3} \\ \underline{-6} \\ 7 \quad \longleftarrow \text{餘式} \end{array}$$

$$\begin{array}{c} 1+2+3+1 \;\big|\; 1-1 \\ -)\quad -1-3-6 \\ \hline 1\quad 3\quad 6+7 \\ \underbrace{}_{\text{商}}\ \underbrace{}_{\text{餘式}} \end{array}$$

可將上述演算式中的減法改為加法：

$$
\begin{array}{r}
被除式 \longrightarrow \quad 1+2+3+1 \underline{\big|\,1} \\
+\,) \quad\; +1+3+6 \qquad\qquad \\
\hline
商式 \longrightarrow \quad 1+3+6 \underline{|+7} \longleftarrow 餘式
\end{array}
$$

兩個多項式相除，當除式次數等於 1 或 2 時，還有一種更簡便的演算方法─綜合除法。在此，僅介紹當除式是一次時的做法，我們以實例來說明：

⏳ 例 **7** 承上例，求 $3x^3 - 4x^2 - 3x + 5$ 除以 $x - 2$ 的商及餘式？

⏳ 解 依一般多項式的除法，較費時。

而綜合除法運算步驟如下：

1.將被除式以分離係數法列出

2.取除式 $x-2$ 的 2 列於運算式之右上角

3.將被除式之領導係數 3 下移至橫線下

4.3（橫線下）×2（右上角）＝6 寫在 −4 之下，然後相加得 2，然後
2×2（右上角）＝4，以下類推，如運算所示。

$$
\begin{array}{r}
3-4-3+5 \underline{\big|\,2} \\
+\,) \quad +6+4+2 \\
\hline
3+2+1+7 \\
\underset{商\qquad 餘式}{}
\end{array}
$$

即得商 $3x^2 + 2x + 1$，餘式 7

例 8 求 $x-2$ 除 x^3+x^2+x+1 之商及餘式？

解 以綜合除法運算如下：

$$
\begin{array}{r}
1+1+1+1 \underline{\lfloor 2} \\
+)\quad +2+6+14 \\
\hline
\underset{\text{商}}{1+3+7}+\underset{\text{餘式}}{15}
\end{array}
$$

即得商 x^2+3x+7，餘式 15

值得一提的是，作綜合除法運算時，除式的變號問題；若除式為 $x-a$ 時，右上角為 a；除式為 $x+a$ 時，右上角則要用 $-a$。$(\because x+a=x-(-a))$

例 9 求 $(x^3+2x+1)\div(x+2)$ 的商及餘式？

解

$$
\begin{array}{r}
1+0+2+1 \underline{\lfloor -2} \\
+)\quad -2+4-12 \\
\hline
\underset{\text{商}}{1-2+6}-\underset{\text{餘式}}{11}
\end{array}
$$

即得商 x^2-2x+6，餘式為 -11

隨堂練習

1. 求 $x-2$ 除 $x^5+x^4+x^3+1$ 之商及餘式。A：$x^4+3x^3+7x^2+14x+28, 57$

2. 求 $x+3$ 除 x^3+2x^2+x-6 之商及餘式。A：$x^2-x+4, -18$

例 10 若 $f(x)=x^5+5mx+4n$ 能被 $(x-1)^2$ 整除，求 m，n？

解 若 $f(x)$ 能被 $(x-1)^2$ 整除，則

$f(x)$ 先除以 $(x-1)$ 後（整除），所得之商將再被 $x-1$ 整除。

計算如下：

$$
\begin{array}{r}
1+0+0+0+5m \qquad +4n \qquad \underline{\;|\,1\;} \\
+)\quad +1+1+1+1 \qquad +(5m+1) \\
\hline
1+1+1+1+(5m+1)\;|+(5m+4n+1) \\
\hline
+)\quad +1+2+3+\quad 4 \qquad\qquad \text{餘式} \\
\hline
1+2+3+4+(5m+5) \\
\qquad\qquad\qquad \text{餘式}
\end{array}
$$

依題意，整除時餘式為 0

所以

$$
\begin{cases}
5m+4n+1=0 \\
5m+5=0
\end{cases}
$$

求得 $m=-1$，$n=1$

若除式中一次項的係數不為 1，仍可使用綜合除法來求出商及餘式。然而在此，我們須先了解下面的一個觀念。

例 11 設多項式 $f(x)$ 除以 $(x-\dfrac{b}{a})$ 得商 $q(x)$ 餘式 r，則 $f(x)$ 除以 $(ax-b)$，得商為何？餘式為何？（ $ax-b=a(x-\dfrac{b}{a})$ ）

解 由已知得

$$f(x)=(x-\frac{b}{a})q(x)+r \text{，} r \text{ 為常數}$$

$$\Rightarrow f(x)=(ax-b)\frac{q(x)}{a}+r \text{，} r \text{ 為常數}$$

所以，由上式可知

$f(x)$ 除以 $(ax-b)$ 時，得商 $\dfrac{q(x)}{a}$，餘式 r

所得結論是：若 $f(x) \div (x - \dfrac{b}{a})$ 之商為 $q(x)$，餘式 r

則 $f(x) \div (ax - b)$ 之商為 $\dfrac{q(x)}{a}$，餘式 r 不變

其中 $\dfrac{q(x)}{a}$ 即為 $q(x) \div a$ 之意

請看下例說明與作法

隨堂練習

設多項式 $f(x)$ 除以 $x + 1$ 得商 $3x + 6$，餘式 r，求 $f(x)$ 除以 $3x + 3$ 得商及餘式為何？A：商 $x + 2$，餘式 r

例 12 求以 $2x + 1$ 除 $2x^3 + x^2 - 2x + 3$ 之商及餘式？

解 除式 $2x + 1$ 先視為 $2(x + \dfrac{1}{2})$

而先以 $x + \dfrac{1}{2}$ 除 $2x^3 + x^2 - 2x + 3$，計算商及餘式如下：

$$
\begin{array}{r}
2 + 1 - 2 + 3 \ \underline{\left| -\dfrac{1}{2} \right.} \\
+)\ \ -1 + 0 + 1 \\
\hline
\underbrace{2 + 0 - 2}_{\text{商}} + \underbrace{4}_{\text{餘式}}
\end{array}
$$

得商 $2x^2 - 2$，餘式 4

所以，原題目 $2x + 1$ 除 $2x^3 + x^2 - 2x + 3$ 之商，

即為 $\dfrac{2x^2 - 2}{2} = x^2 - 1$，餘式 4 不變

一貫的作法如下：

$$\begin{array}{r} 2+1-2+3 \ \underline{\left|-\dfrac{1}{2}\right.} \\ +)\quad -1+0+1 \quad\quad \end{array}$$

$$2\ \underline{\left|\ 2+0-2+4\right.}$$

$$\underbrace{1+0-1}\ 餘式$$
$$商$$

即得商 x^2-1，餘式 4

求 $(3x^3-x^2+x+5)\div(3x+2)$ 之商及餘式？A：商 x^2-x+1，餘式 3

透過綜合除法的連續使用，可以將多項式 $f(x)$ 表成 $(x-a)$ 的多項式，其中 a 為實數。

例 13 設 $f(x)=2x^3+x^2-2x+3$

(1) 已知 $f(x)$ 表成 $(x-1)$ 的多項式之形式為

$$f(x)=a(x-1)^3+b(x-1)^2+c(x-1)+d$$

求實數 a，b，c，d 之值。

(2) 求 $f(0.99)$ 的近似值到小數點以下第 2 位。

解 (1) 透過綜合除法的連續使用，求得 a，b，c，d 第一層計算 $f(x)\div(x-1)$ 得

$$f(x)=(2x^2+3x+1)(x-1)+4$$

第二層 $(2x^2+3x+1)\div(x-1)$ 得

$$(2x+5)(x-1)+6$$

第三層 $(2x+5)$ 除 $(x-1)$ 得

$$2(x-1)+7$$

$$\begin{array}{r} 2+1-2+3\ \underline{\left|\,1\right.} \\ +)\quad +2+3+1 \\ \hline 2+3+1\,\fbox{$+4$} \quad\leftarrow d \\ +)\quad +2+5 \quad \underline{\left|\,1\right.} \\ \hline 2+5\,\fbox{$+6$} \quad\leftarrow c \\ +)\quad +2 \quad\quad \underline{\left|\,1\right.} \\ \hline 2\,\fbox{$+7$} \quad\quad\leftarrow b \\ +)\quad\quad\quad \underline{\left|\,1\right.} \\ \hline \fbox{$+2$} \quad\quad\quad\leftarrow a \end{array}$$

整理得 $f(x) = (2x^2 + 3x + 1)(x-1) + 4$

$\qquad = [(2x+5)(x-1)+6](x-1)+4$

$\qquad = \{[2(x-1)+7](x-1)+6\}(x-1)+4$

$\qquad = [2(x-1)^2 + 7(x-1)+6](x-1)+4$

$\qquad = 2(x-1)^3 + 7(x-1)^2 + 6(x-1)+4$

故 $a=2$ 、 $b=7$ 、 $c=6$ 、 $d=4$

(2) 將 $f(x) = 2(x-1)^3 + 7(x-1)^2 + 6(x-1)+4$

中的 x 以 0.99 代入得

$$f(0.99) = \overbrace{2(-0.01)^3 + 7(-0.01)^2}^{\text{太小，忽略不計}} + 6(-0.01)+4$$

$\qquad \doteqdot 3.94$

1-2 餘式定理與因式定理

☑ **定理 1-1** 餘式定理

若一多項式 $f(x)$ 除以 $x-a$，則其餘式為 $f(a)$。

 設 $f(x)$ 除以 $x-a$ 之商為 $q(x)$，餘式為 r，

則 $f(x)=(x-a)q(x)+r$

令 $x=a$ 代入上式，得

$f(a)=(a-a)q(a)+r$

即 $r=f(a)$，得證。

 求多項式 x^3-2x^2+x-1 除以 $x-1$ 之餘式？

 設 $f(x)=x^3-2x^2+x-1$，則

所求之餘式為

$f(1)=1-2+1-1$

　　　$=-1$

另以綜合除法求之如下：

$$
\begin{array}{r}
1-2+1-1\ \underline{\big|\,1} \\
+)\quad +1-1+0 \\
\hline
\underset{\text{商}}{\underline{1-1+0}}\ \underset{\text{餘式}}{\underline{-1}}
\end{array}
$$

則可得餘式 -1

隨堂練習

1. 求多項式 $x^{30}-15x^2+x-1$ 除以 $x+1$ 之餘式？（提示：利用餘式定理，綜合除法不好算） 　A：-16

2. 若 $3x^4+x^3+2x^2-ax+6$ 除以 $x+1$ 的餘式為 1，求 $a=$ ？ 　A：-9

例 2 若 $f(x)=x^3+mx+n$ 可以被 $(x+1)(x-1)$ 整除，求 m，n？

解 依題意，可知 $f(x)$ 將分別被 $x+1$，$x-1$ 整除，

由餘式定理可知

$$\begin{cases} f(-1)=-1-m+n=0 \\ f(1)=1+m+n=0 \end{cases}$$

$$\Rightarrow m=-1 \text{ , } n=0$$

例 3 若 $f(x)$ 除以 $x-1$ 的餘式為 2，除以 $x-3$ 的餘式為 -2，求 $f(x)$ 除以 $(x-1)(x-3)$ 的餘式為何？

解 設 $f(x)$ 除以 $(x-1)(x-3)$ 的商為 $g(x)$，餘式為 $ax+b$，

則 $f(x)=(x-1)(x-3)g(x)+ax+b$

由已知得 $\begin{cases} f(1)=a+b=2 \\ f(3)=3a+b=-2 \end{cases}$ $\Rightarrow a=-2,b=4$

即所求餘式為 $-2x+4$

　　設多項式 $A(x)=B(x)\cdot C(x)$，其中 $B(x)\neq 0$，則稱 $B(x)$ 為 $A(x)$ 之一因式。由餘式定理，易得因式定理如下：

☑ 定理 1-2　　因式定理

設 $f(x)$ 為一多項式，則 $x - a$ 為 $f(x)$ 之一因式

$$\Leftrightarrow f(a) = 0$$

⧖ 例 4　試證 $f(x) = (x+4)^{100} - 1$ 有 $x + 3$ 的因式。

證明　因為 $f(-3) = (-3+4)^{100} - 1$

$$= 1^{100} - 1$$

$$= 0$$

依因式定理，可知 $f(x)$ 有 $x + 3$ 的因式

⧖ 例 5　已知 $x^3 - 2x - m$ 有 $x - 2$ 的因式，求 $m = ?$

⧖ 解　設 $f(x) = x^3 - 2x - m$，依因式定理可知 $f(2) = 0$

$$\Rightarrow 8 - 4 - m = 0$$

$$\Rightarrow m = 4$$

⧖ 例 6　已知 $(x-3)$ 為 $f(x) = x^2 + mx + 6$ 與 $g(x) = x^2 - 2x - n$ 公因式，求數對 $(m, n) = ?$

⧖ 解　依因式定理可知 $f(3) = 0$

$$\Rightarrow 9 + 3m + 6 = 0$$

$$\Rightarrow m = -5$$

依因式定理可知 $g(3)=0$

$$\Rightarrow 9-6-n=0$$

$$\Rightarrow n=3$$

故數對 $(m,n)=(-5,3)$

隨堂練習

已知 $f(x)=x^4-2x^2+ax+3$ 有 $x-3$ 之因式，求 a 值？　　A：-22

整係數一次因式檢查法

如果要找出多項式

$$f(x)=x^3-6x^2+11x-6 的一次因式$$

觀察

$$(x-1)(x-2)(x-3)=x^3-6x^2+11x-6$$

$x-1$ 為 $x^3-6x^2+11x-6$ 的一次因式，而且

(1) 因式 $x-1$，$x-2$，$x-3$ 的一次項係數為 1，是倍式 $f(x)$ 的最高次項係數 1 的因數。

(2) 因式 $x-1$，$x-2$，$x-3$ 的常數項$-1, -2, -3$ 為倍式 $f(x)$ 常數項-6 的因數。

(3) $x-1$ 的非零常數倍 $2x-2$，$3x-3$……等也都是 $f(x)$ 的因式，因此考慮一個多項式的整係數一次因式 $ax-b$ 時，可以只考慮 a 是正整數、b 是整數且 $(a,|b|)$ 互質時。

事實上，這個觀察並非巧合，它是有名的牛頓定理（或稱整係數一次因式檢查法），我們敘述如下：

設 $f(x) = a_n x^n + a_{n-1} x^{n-1} + \ldots + a_1 x + a_0$ 是一個整係數 n 次多項式，若一次式 $ax - b$ 是 $f(x)$ 的因式（其中 a 是正整數，b 是整數且 a、b 互質），則

(1) a 是 $f(x)$ 的最高次項係數 a_n 的因數

(2) b 是 $f(x)$ 的常數項 a_0 的因數

例 7 求 $f(x) = 2x^4 - x^3 - 2x + 1$ 的整係數一次因式。

解 設 $ax - b$ 為 $f(x)$ 的整係數一次因式

由牛頓定理知

a 是 2 的因數，且 b 是 1 的因數

a 可能為 $1, 2$，而 b 可能為 $1, -1$

因此，$ax - b$ 只有

$x + 1$，$x - 1$，$2x + 1$，$2x - 1$ 四種可能

$f(-1) \neq 0, f(1) = 0, f(-\frac{1}{2}) \neq 0, f(\frac{1}{2}) = 0$

所以 $x - 1$，$2x - 1$ 為 $f(x)$ 的一次因式

$$
\begin{aligned}
f(x) &= 2x^4 - x^3 - 2x + 1 \\
&= (x - 1)(2x^3 + x^2 + x - 1) \\
&= (x - 1)(x - \frac{1}{2})(2x^2 + 2x + 2) \\
&= (x - 1)(2x - 1)(x^2 + x + 1)
\end{aligned}
$$

$$
\begin{array}{r}
2 - 1 + 0 - 2 + 1 \,\underline{\lfloor 1} \\
+) \quad +2 + 1 + 1 - 1 \\
\hline
2 + 1 + 1 - 1 \,\boxed{+0} \\
+) \quad +1 + 1 + 1 \qquad \underline{\lfloor \frac{1}{2}} \text{ 餘式} \\
\hline
2 \,\lfloor 2 + 2 + 2 \,\boxed{+0} \\
1 + 1 + 1
\end{array}
$$

隨堂練習

找出多項式 $f(x) = x^3 - 3x^2 - x + 3$ 的一次因式。　　A：$(x-1)(x+1)(x-3)$

☑ 習 題　1-2

1. 計算 $(-2x^3 + x^2 + 1) \cdot (x^2 - x + 4) = ?$

2. 設 $f(x) = 2x^4 - x^3 + 3x + 4$ ，$g(x) = x - 2$ ，求 $f(x) \div g(x)$ 的商及餘式？

3. 計算 $(9x^3 - 7x + 1) \div (3x - 2)$ 之商及餘式？

4. 以 $x + 1$ 除 $2x^{99} + 5x^{10} - 3$ 的餘式為何？

5. 若 $f(x) = x^2 - 5x + a$ 有 $x + 2$ 的因式，求 a 值？

6. 設多項式 $f(x)$ 除以 $x - 1$ 得餘式 3，除以 $x - 2$ 得餘式 6，試求 $f(x)$ 除以 $(x-1)(x-2)$ 之餘式？

7. 找出 $f(x) = x^4 + 6x^3 + 8x^2 - 6x - 9$ 的一次有理因式。

1-3 一元二次方程式的解法

　　一元二次方程式：經過整理化簡後，只含一個未知數，而且未知數的最高次為二次的方程式，稱為一元二次方程式，其一般式為 $ax^2 + bx + c = 0$ ， $a \neq 0$

如：

1. $x^2 - x - 2 = 0$

2. $\pi x^2 + (\pi - \sqrt{2})x - \sqrt{2} = 0$

3. $(2x + 1)^2 = -2$

　　一元二次方程式的解法，常用的兩種方法為：

1. 因式分解法（利用提公因式法或十字交乘法）

2. 配方法與利用求解公式

一、因式分解法

　　利用提公因式法或十字交乘法算因式分解

　　同學們，先思考下列原理：

$$a \cdot b = 0 \Rightarrow a = 0 \quad 或 \quad b = 0$$

　　因此，有些方程式我們可容易地經由提公因式法或十字交乘法將它加以因式分解後，成為兩個一次因式乘積的方程式，進而變成兩個一元一次方程式，那就可以求解了。

 解方程式 $x^2 - 6x = 0$ 。

 利用提公因式法，先將方程式因式分解

$(x)(x - 6) = 0$

$\Rightarrow x = 0 \quad 或 \quad x - 6 = 0$

19

$\Rightarrow x = 0$　或　$x = 6$

所以 $x^2 - 6x = 0$ 的解為 0 或 6

例 2　求方程式 $(x+2)^2 - (3x+4)(x+2) = 0$ 的解。

解　利用提公因式法來因式分解

$(x+2)(x+2) - (3x+4)(x+2) = 0$

$\Rightarrow (x+2)[(x+2) - (3x+4)] = 0$

$\Rightarrow (x+2)(-2x-2) = 0$

$\Rightarrow x+2 = 0$　或　$-2x-2 = 0$

$\Rightarrow x = -2$　或　$x = -\dfrac{2}{2} = -1$

隨堂練習

解下列方程式

1. $2x^2 - 3x = 0$　A：0 或 $\dfrac{3}{2}$

2. $(2x-3)(3x+1) - (2x-3)^2 = 0$　A：$\dfrac{3}{2}$ 或 -4

例 3　解方程式 $x^2 + 5x - 6 = 0$。

解　首先，因數分解常數項 $-6 = (-1) \times 6 = 1 \times (-6) = (-3) \times 2 = 3 \times (-2)$

再利用十字交乘法測試，將 $x^2 + 5x - 6$ 因式分解

$$x \diagdown \diagdown -1$$
$$x \diagup \diagdown +6$$
$$6x - x = 5x（合）$$

$$x \diagdown \diagdown +1$$
$$x \diagup \diagdown -6$$
$$-6x + x = -5x（不合）$$

$$x \diagdown \diagdown -3$$
$$x \diagup \diagdown +2$$
$$2x - 3x = -x（不合）$$

$$x \diagdown \diagdown +3$$
$$x \diagup \diagdown -2$$
$$-2x + 3x = x（不合）$$

故 $x^2 + 5x - 6 = 0$

$\Rightarrow (x-1)(x+6) = 0$

$\Rightarrow x - 1 = 0$ 或 $x + 6 = 0$

$\Rightarrow x = 1$ 或 $x = -6$

（註：當測試到一種合即可，其餘可不再測試）

⌛ 例 **4** 解方程式 $6 - 5x - x^2 = 0$。

⌛ 解 二次方程式的二次項係數最好是正的

所以等號兩邊每一項同乘以 (-1)

得到 $x^2 + 5x - 6 = 0$

再如上例求解

⌛ 例 **5** 解方程式 $6x^2 + 13x + 6 = 0$。

⌛ 解 因為 x^2 項係數與常數項皆不為 1，所以我們必須更多次利用十字交乘法測試，看哪一組能得到一次項 $+13x$，如：

$$3x \diagdown +2$$
$$2x \diagup +3$$
$$+9x+4x=+13x \text{（合）}$$

$$\therefore \quad 6x^2+13x+6=0$$

$$\Rightarrow (3x+2)(2x+3)=0$$

$$\Rightarrow 3x+2=0 \quad 或 \quad 2x+3=0$$

$$\Rightarrow x=-\frac{2}{3} \quad 或 \quad x=-\frac{3}{2}$$

⧗ 例 **6**　解方程式 $\sqrt{3}x^2+(3-\sqrt{2})x-\sqrt{6}=0$。

⧗ 解　雖然 $\sqrt{3}$、$-\sqrt{6}$ 為無理數，但可視 $\sqrt{3}=\sqrt{3}\cdot 1=(-\sqrt{3})\cdot(-1)$ 及 $-\sqrt{6}=\sqrt{3}\cdot(-\sqrt{2})$

$(-\sqrt{3})\sqrt{2}=\sqrt{6}\cdot(-1)=(-\sqrt{6})\cdot 1$，經由測試知

$$\sqrt{3}x \diagdown -\sqrt{2}$$
$$x \diagup \sqrt{3}$$
$$3x-\sqrt{2}x=(3-\sqrt{2})x \text{（合）}$$

$$\therefore \sqrt{3}x^2+(3-\sqrt{2})x-\sqrt{6}=0$$

$$\Rightarrow (\sqrt{3}x-\sqrt{2})(x+\sqrt{3})=0$$

$$\Rightarrow \sqrt{3}x-\sqrt{2}=0 \quad 或 \quad x+\sqrt{3}=0$$

$$\Rightarrow x=\frac{\sqrt{2}}{\sqrt{3}}=\frac{\sqrt{6}}{3} \quad 或 \quad -\sqrt{3}$$

　　此外，同學們如果您熟記如 $a^2-b^2=(a-b)(a+b)$，$(a+b)^2=a^2+2ab+b^2$ 等公式的話，有些方程式的解法，我們亦可利用它來求解。

例 7 解方程式 $x^2 - 4 = 0$。

解 利用平方差公式 $a^2 - b^2 = (a-b)(a+b)$

$x^2 - 4 = 0$

$\Rightarrow x^2 - 2^2 = 0$

$\Rightarrow (x-2)(x+2) = 0$

$\Rightarrow x - 2 = 0$ 或 $x + 2 = 0$

$\Rightarrow x = 2$ 或 -2

例 8 解方程式 $25x^2 - 9 = 0$。

解 $25x^2 - 9 = 0$

$\Rightarrow (5x)^2 - 3^2 = 0$

$\Rightarrow (5x-3)(5x+3) = 0$

$\Rightarrow x = \dfrac{3}{5}$ 或 $-\dfrac{3}{5}$

隨堂練習

解下列方程式：

1. $6x^2 + x - 15 = 0$ A：$\dfrac{3}{2}$ 或 $-\dfrac{5}{3}$

2. $9x^2 - 1 = 0$ A：$-\dfrac{1}{3}$ 或 $\dfrac{1}{3}$

設 $x^2 = a$，其中 $a > 0$，則規定 $\sqrt{a}$ 為 a 之正平方根，另知 $-\sqrt{a}$ 為 a 之負平方根，它們可合併寫成 $\pm\sqrt{a}$。因此，可得如下結論：

一元二次方程式 $x^2 = a$，$a > 0$，其解為 $x = \pm\sqrt{a}$

例 9 解下列方程式

　　1. $x^2 = 81$　　2. $9x^2 = 16$　　3. $x^2 = 3$

解 1. $x^2 = 81 \Rightarrow x = \pm\sqrt{81} = \pm 9$

2. $9x^2 = 16 \Rightarrow x^2 = \dfrac{16}{9}$

$\Rightarrow x = \pm\sqrt{\dfrac{16}{9}}$

$= \pm\dfrac{4}{3}$

3. $x^2 = 3 \Rightarrow x = \pm\sqrt{3}$

設 $(x-b)^2 = a$，$a > 0$，則易知

$x - b = \pm\sqrt{a}$

再利用等量公理（等號兩邊同加 b），可得

$x = b \pm\sqrt{a}$

由上述討論，可得以下結論：

一元二次方程式 $(x-b)^2 = a$，$a > 0$，其解為 $x = b \pm\sqrt{a}$

例 10 解下列方程式

　　1. $(x+1)^2 = 6$　　2. $(2x+3)^2 + 2 = 5$

解 1. $(x+1)^2 = 6$　　　　　2. $(2x+3)^2 + 2 = 5$

$\Rightarrow x + 1 = \pm\sqrt{6}$　　　　　$\Rightarrow (2x+3)^2 = 3$

$\Rightarrow x = -1 \pm\sqrt{6}$　　　　　$\Rightarrow 2x + 3 = \pm\sqrt{3}$

$$\Rightarrow 2x = -3 \pm \sqrt{3}$$
$$\Rightarrow x = \frac{-3 \pm \sqrt{3}}{2}$$

隨堂練習

解方程式：

$(2x+5)^2 = 1$ A：-2 或 -3

二、配方法

以上所討論的都是完全平方的形式：$x^2 = a$ 與 $(x-b)^2 = a$。至於一般的一元二次方程式 $ax^2 + bx + c = 0$，我們必須先把它配為完全平方的形式，再求解。此法稱為**配方法**。舉例討論如下：

例 11　用配方法，求方程式 $x^2 + 12x - 7 = 0$ 的解。

解　$x^2 + 12x - 7 = 0$

$\Rightarrow x^2 + 12x = 7$（移項）

$\Rightarrow x^2 + 12x + 6^2 = 7 + 6^2$

（x 項的係數 12，取其一半即 $12 \div 2 = 6$，再兩邊同加 6^2）

$\Rightarrow (x+6)^2 = 43$

$\Rightarrow x + 6 = \pm\sqrt{43}$

$\Rightarrow x = -6 \pm \sqrt{43}$

例 12 用配方法求 $2x^2 + 3x - 1 = 0$ 的解。

解 當方程式中的領導係數不為 1 時，先利用等量公理將它改為 1，再以配方法求解。

$$2x^2 + 3x - 1 = 0$$
$$\Rightarrow x^2 + \frac{3}{2}x - \frac{1}{2} = 0$$

再以配方法求解

$$x^2 + \frac{3}{2}x + (\frac{3}{4})^2 = \frac{1}{2} + (\frac{3}{4})^2$$
$$\Rightarrow (x + \frac{3}{4})^2 = \frac{17}{16}$$
$$\Rightarrow x + \frac{3}{4} = \pm\sqrt{\frac{17}{16}}$$
$$= \pm\frac{\sqrt{17}}{4}$$
$$\Rightarrow x = -\frac{3}{4} \pm \frac{\sqrt{17}}{4}$$
$$= \frac{-3 \pm \sqrt{17}}{4}$$

例 13 用配方法求 $x^2 + x + 1 = 0$ 的解。

解 $x^2 + x + 1 = 0$
$$\Rightarrow x^2 + x + (\frac{1}{2})^2 = -1 + (\frac{1}{2})^2$$
$$\Rightarrow (x + \frac{1}{2})^2 = -\frac{3}{4}$$

因為對任意實數 x 而言，$(x + \frac{1}{2})^2 \geq 0$。所以並無任意實數 x 可滿足方程式 $(x + \frac{1}{2})^2 = -\frac{3}{4}$。因此，原方程式無實數解

隨堂練習

用配方法求解：

1. $3x^2 + 6x + 1 = 0$　　2. $3x^2 - 6x + 1 = 0$

　A：$-1 \pm \dfrac{\sqrt{6}}{3}$　　　　A：$1 \pm \dfrac{\sqrt{6}}{3}$

三、公式解

　　看過上面配方法的例子，現在我們要用配方法將標準的一元二次方程式 $ax^2 + bx + c = 0$ 找出它的公式解並討論如下：

$$ax^2 + bx + c = 0 \text{，} a \neq 0$$

$$\Rightarrow x^2 + \frac{b}{a}x + \frac{c}{a} = 0 \qquad （等號兩邊同除以 \ a）$$

$$\Rightarrow x^2 + \frac{b}{a}x = -\frac{c}{a} \qquad （移項）$$

$$\Rightarrow x^2 + \frac{b}{a}x + \left(\frac{b}{2a}\right)^2 = -\frac{c}{a} + \left(\frac{b}{2a}\right)^2 \qquad （等號兩邊同加 \left(\frac{b}{2a}\right)^2）$$

$$\Rightarrow \left(x + \frac{b}{2a}\right)^2 = \frac{b^2}{4a^2} - \frac{c}{a}$$

$$\Rightarrow \left(x + \frac{b}{2a}\right)^2 = \frac{b^2 - 4ac}{4a^2} \qquad （等號右邊通分再相減）$$

　　設 $D = b^2 - 4ac$，D 稱為此方程式的判別式。上式方程式的解，再繼續討論如下：

1. $D > 0$，則 $\left(x + \dfrac{b}{2a}\right)^2 = \dfrac{b^2 - 4ac}{4a^2}$（此時，$\dfrac{b^2 - 4ac}{4a^2} > 0$）

$$\Rightarrow x + \frac{b}{2a} = \pm\sqrt{\frac{b^2 - 4ac}{4a^2}} \qquad （利用平方根）$$

$$= \pm\frac{\sqrt{b^2 - 4ac}}{2a}$$

$$\Rightarrow x = -\frac{b}{2a} \pm \frac{\sqrt{b^2 - 4ac}}{2a} \quad （移項）$$

$$= \frac{-b \pm \sqrt{b^2 - 4ac}}{2a}$$

此時，方程式 $ax^2 + bx + c = 0$ 有兩相異實數解（實根）

$$x = \frac{-b \pm \sqrt{b^2 - 4ac}}{2a}$$

2. $D = 0$，則 $\left(x + \dfrac{b}{2a}\right)^2 = \dfrac{b^2 - 4ac}{4a^2} = 0$

即 $\left(x + \dfrac{b}{2a}\right)^2 = 0$

$\Rightarrow x + \dfrac{b}{2a} = 0$

即 $x = -\dfrac{b}{2a}$

此時，方程式 $ax^2 + bx + c = 0$ 有兩相等實數解（實根）

$$x = -\frac{b}{2a}$$

3. $D < 0$，則 $\left(x + \dfrac{b}{2a}\right)^2 = \dfrac{b^2 - 4ac}{4a^2} < 0$

　　此時，由於負數的平方根如 $\sqrt{-2}$，$\sqrt{-3}$，$\sqrt{-7}$ 等，本書現在尚未討論，下節另闢單元討論。又如上述例 13：求 $x^2 + x + 1 = 0$ 的解，我們知道對所有實數 x 而言，均無法滿足方程式 $(x + \dfrac{1}{2})^2 = -\dfrac{3}{4}$，所以方程式 $x^2 + x + 1 = 0$ 無實數解。

　　因此，獲得結論如下：

　　當判別式 $D < 0$ 時，方程式 $ax^2 + bx + c = 0$ 無實數解。

　　綜覽上述討論，歸納結論如下：

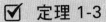

☑ **定理 1-3**

一元二次方程式 $ax^2 + bx + c = 0$，$a \neq 0$，a,b,c 為實數，$D = b^2 - 4ac$，則

1. $D > 0$，方程式有二相異實數解 $x = \dfrac{-b \pm \sqrt{b^2 - 4ac}}{2a}$。

2. $D = 0$，方程式有二相等實數解 $x = -\dfrac{b}{2a}$。

3. $D < 0$，方程式無實數解。

例 14 利用公式，求例 12. $2x^2 + 3x - 1 = 0$ 的解。

解 對照一般一元二次方程式 $ax^2 + bx + c = 0$，

易知 $a = 2$，$b = 3$，$c = -1$，則

判別式 $D = b^2 - 4ac$

$\qquad = 3^2 - 4 \cdot 2 \cdot (-1)$

$\qquad = 17$

依公式 $x = \dfrac{-b \pm \sqrt{b^2 - 4ac}}{2a}$，得知方程式有兩相異實根 $x = \dfrac{-3 \pm \sqrt{17}}{4}$

例 15 利用公式，求例 13. $x^2 + x + 1 = 0$ 的解。

解 設 $a = 1$，$b = 1$，$c = 1$

得知 $D = b^2 - 4ac$

$\qquad = 1^2 - 4 \cdot 1 \cdot 1$

$\qquad = -3 < 0$

所以方程式無實數解

隨堂練習

利用公式，求下列方程式的解：

1. $x^2 - x + 1 = 0$ A：無實數解

2. $3x^2 - 2x - 3 = 0$ A：$\dfrac{1 \pm \sqrt{10}}{3}$

3. $x^2 + 2\sqrt{3}x + 3 = 0$ A：$(-\sqrt{3}) \text{ or} (-\sqrt{3})$

☑ 習題 1-3

求下列方程式的解

1. $4x^2 - 6x = 0$

2. $(2x-1)^2 - (x+2)(2x-1) = 0$

3. $x^2 - 5x + 6 = 0$

4. $4x^2 + 4x - 15 = 0$

5. $\sqrt{2}x^2 + (2\sqrt{2}+1)x + 2 = 0$

6. $9x^2 = 4$

7. $(2x+1)^2 = 8$

8. $(2-x)^2 = 5$

9. $2(x-1)^2 + 3 = 6$

10. $x^2 + x - 1 = 0$

11. $3x^2 - x + 5 = 0$

12. 下列哪一個方程式無實數解？

    (1) $4x^2 - 12x + 9 = 0$

    (2) $2x^2 - 2x - 1 = 0$

    (3) $x^2 + x + 1 = 0$

    (4) $x^2 - 2x - 3 = 0$

1-4 多項式方程式

在解方程式 $x^2 + 1 = 0$ 時，發現在實數系中無解，於是數學家們引「虛數」，把實數系擴張成一個較大的數系－複數系，使得所有的多項式方程式在這個數系中都有解。

一、複數

在解例 13. $x^2 + x + 1 = 0$，配方得 $(x + \frac{1}{2})^2 = -\frac{3}{4}$，$x$ 無實數解。如果將 -3 的平方根寫成 $\pm\sqrt{-3}$，那麼 $x = -\frac{1}{2} \pm \frac{\sqrt{-3}}{2}$ 就是方程式的解了。

令 $i = \sqrt{-1}$ 且 i 滿足

1. $i^2 = -1$

2. 當 $b > 0$ 時，$\sqrt{-b} = \sqrt{b}i$

例如 $\sqrt{-3} = \sqrt{3}i$ $\qquad \sqrt{-4} = \sqrt{4}i = 2i$

由於 i 的引入使得 $x^2 + x + 1 = 0$ 之解成為 $x = -\frac{1}{2} \pm \frac{\sqrt{3}}{2}i$，便是 $x^2 + x + 1 = 0$ 之解

二、複數的定義

設 a，b 為實數，形如 $a + bi$ 的數稱為複數，其中 a 稱為 $a + bi$ 的實部，b 稱為 $a + bi$ 的虛部。

三、複數的相等

設 a，b，c，d 為實數，當 $a = c$ 且 $b = d$ 時

$$a + bi = c + di$$

例 1 已知 a，b 為實數
且 $(a-1) + 3i = 2 + bi$，求 a，b 之值

解 $\begin{cases} a-1=2 \\ 3=b \end{cases}$ 解得 $a=3$ ， $b=3$

四、複數的運算與性質

設 a ， b ， c ， d 為實數，我們有

1. 加法 $(a+bi)+(c+di)=(a+c)+(b+d)i$

2. 減法 $(a+bi)-(c+di)=(a-c)+(b-d)i$

3. 乘法 $(a+bi)(c+di)=(ac-bd)+(ad+bc)i$

例 2 已知複數 $z_1=1+2i$ ， $z_2=3-4i$ ，求下列各值

   (1) z_1+z_2 (2) z_1-z_2 (3) $z_1 \cdot z_2$

解 (1) $z_1+z_2=(1+2i)+(3-4i)=(1+3)+(2-4)i=4-2i$

   (2) $z_1-z_2=(1+2i)-(3-4i)=(1-3)+(2-(-4))i=-2+6i$

   (3) $z_1 \cdot z_2=(1+2i)(3-4i)=(1+2i)3+(1+2i)(-4i)$
   $$=3+6i-4i-8i^2(\because i^2=-1)$$
   $$=(3+8)+(6-4)i$$
   $$=11+2i$$

當複數 $a+bi$ 乘以 $a-bi$ 時

$$(a+bi)(a-bi)=a^2+b^2 \text{ 是一個實數}$$

我們稱 $a-bi$ 為 $a+bi$ 的共軛複數

記為 $\overline{a+bi}=a-bi$

利用兩共軛複數的乘積為實數的特性，我們來看複數除法該如何規定：

$$\frac{a+bi}{c+di}=\frac{(a+bi)(c-di)}{(c+di)(c-di)}=\frac{(ac+bd)+(bc-ad)i}{c^2+d^2}$$

$$=\frac{ac+bd}{c^2+d^2}+\frac{bc-ad}{c^2+d^2}i$$

4. 除法 $\dfrac{a+bi}{c+di}=(\dfrac{ac+bd}{c^2+d^2})+(\dfrac{bc-ad}{c^2+d^2})i$ （ c，d 不同時為 0）

例 3 $z_1=1+2i$，$z_2=3-4i$，求 $\dfrac{z_1}{z_2}=?$

解 $\dfrac{z_1}{z_2}=\dfrac{1+2i}{3-4i}=\dfrac{(1+2i)(3+4i)}{(3-4i)(3+4i)}=\dfrac{(3-8)+(6+4)i}{25}=\dfrac{-1+2i}{5}$

所以實係數一元二次方程式 $ax^2+bx+c=0$

當 $b^2-4ac<0$ 時，在複數系也就有解

$$x=\frac{-b\pm\sqrt{b^2-4ac}}{2a}$$

例 4 求解 $2x^2-2x+5=0$

解 $a=2$，$b=-2$，$c=5$

$$x=\frac{-(-2)\pm\sqrt{(-2)^2-4\cdot2\cdot5}}{2\cdot2}$$

$$=\frac{2\pm\sqrt{-36}}{4}$$

$$=\frac{2\pm\sqrt{36}i}{4}$$

$$=\frac{2\pm6i}{4}$$

$$=\frac{1}{2}\pm\frac{3}{2}i$$

五、根與係數的關係

實係數的一元二次方程式 $ax^2 + bx + c = 0$ 之兩根為 $\dfrac{-b \pm \sqrt{b^2 - 4ac}}{2a}$

若令　　　$\alpha = \dfrac{-b + \sqrt{b^2 - 4ac}}{2a}$ ，$\beta = \dfrac{-b - \sqrt{b^2 - 4ac}}{2a}$

則(1)　$\alpha + \beta = \dfrac{-b + \sqrt{b^2 - 4ac}}{2a} + \dfrac{-b - \sqrt{b^2 - 4ac}}{2a}$

$$= \dfrac{-2b}{2a}$$

$$= -\dfrac{b}{a}$$

(2)　$\alpha\beta = \dfrac{-b + \sqrt{b^2 - 4ac}}{2a} \times \dfrac{-b - \sqrt{b^2 - 4ac}}{2a}$

$$= \dfrac{(-b)^2 - (\sqrt{b^2 - 4ac})^2}{4a^2}$$

$$= \dfrac{4ac}{4a^2} = \dfrac{c}{a}$$

於是這樣稱為一元二次方程式根與係數的關係

若 α，β 為實係數一元二次方程式 $ax^2 + bx + c = 0$ 的兩根，則 $\begin{cases} \alpha + \beta = -\dfrac{b}{a} \\ \alpha\beta = \dfrac{c}{a} \end{cases}$

⧖例 **5**　已知 α，β 為方程式 $x^2 + 2x + 3 = 0$ 之兩根，求下列各式的值

(1) $\alpha^2 + \beta^2$　　(2) $\dfrac{1}{\alpha} + \dfrac{1}{\beta}$　　(3) $\alpha - \beta$

⧖解　由根與係數的關係

$$\begin{cases} \alpha + \beta = -2 \\ \alpha\beta = 3 \end{cases}$$

(1) $\alpha^2 + \beta^2 = (\alpha + \beta)^2 - 2\alpha\beta$

$$= (-2)^2 - 2 \cdot 3$$

$$= 4 - 6 = -2$$

(2) $\dfrac{1}{\alpha}+\dfrac{1}{\beta}=\dfrac{\beta+\alpha}{\alpha\beta}=\dfrac{-2}{3}$

(3) 令 $\alpha-\beta=k$

則 $(\alpha-\beta)^2=k^2$

$\alpha^2-2\alpha\beta+\beta^2=k^2$

$-2-2\cdot3=k^2$

$k^2=-8$

$k=\pm\sqrt{-8}=\pm2\sqrt{2}i$

$\therefore \alpha-\beta=2\sqrt{2}i \quad$ or $\quad -2\sqrt{2}i$

求 $x^3-1=0$ 方程式的解題

$x^3-1^3=0$

$(x-1)(x^2+x+1)=0$

$x_1=1 \quad$ or $\quad x_2=\dfrac{-1+\sqrt{3}i}{2} \quad x_3=\dfrac{-1-\sqrt{3}i}{2}$

像 $x^3-1=0$ 這樣的方程式,稱為三次多項式方程式。令 $f(x)$ 為 n 次多項式,我們稱 $f(x)=0$ 為 n 次多項方程式,簡稱為 n 次方程式。如果有一個數 α 滿足 $f(\alpha)=0$,就稱 α 為 $f(x)=0$ 的根或解。

$$f(\dfrac{-1+\sqrt{3}i}{2})=f(\dfrac{-1-\sqrt{3}i}{2})=0$$

所以 $\dfrac{-1}{2}+\dfrac{\sqrt{3}}{2}i$ 及 $\dfrac{-1}{2}-\dfrac{\sqrt{3}}{2}i$ 都是 $f(x)=0$ 之根。此時稱 $\dfrac{-1}{2}+\dfrac{\sqrt{3}}{2}i$, $\dfrac{-1}{2}-\dfrac{\sqrt{3}}{2}i$ 為共軛虛根。

德國數學家高斯就曾經證明:

任意一個複數係數 n 次方程式,只要次數 $n\geq1$,就至少有一個複數根。因此,不難推出一個實係數的 n 次方程式恰好有 n 個複數根。

設 $z = a + bi$ 為 $f(x) = a_n x^n + a_{n-1} x^{n-1} + \cdots + a_1 x + a_0$ 之一根（ $a_n \cdots a_0$ 為實係數），$\overline{z}$ 為其共軛複數。

則　$f(z) = a_n z^n + a_{n-1} z^{n-1} + \ldots + a_1 z + a_0 = 0$

$$\overline{a_n z^n + a_{n-1} z^{n-1} + \ldots + a_1 z + a_0} = \overline{0}$$

$$a_n \overline{z}^n + a_{n-1} \overline{z}^{n-1} + \ldots + a_1 \overline{z} + a_0 = 0$$

$$\therefore f(\overline{z}) = 0$$

亦即 $\overline{z} = a - bi$ 也是 $f(x)$ 之一根

因此有下列之定理

設 $f(x)$ 是實係數 $n(n \geq z)$ 次多項式。若 $a + bi$（ a ，b 是實數，$b \neq 0$ ）是方程式 $f(x) = 0$ 之一虛根，則其共軛複數 $a - bi$ 也是 $f(x) = 0$ 之一虛根。

☑ 習題 **1-4**

1. 計算 $1+i+i^2+i^3+i^4+i^5+i^6+i^7+\ldots+i^{98}+i^{99}$

2. 計算 $(1+2i)(2+i)+(2-3i)(4+i)$

3. 計算 $\dfrac{3-i}{2+3i}+\dfrac{3+i}{2-3i}$

4. 方程式 $x^2+3x+4=0$ 之解，設其兩根為 α, β，求：

   (1) $\alpha+\beta$ (2) $\alpha \cdot \beta$

5. 設 a, b 是實數，實係數方程式 $x^3+ax+b=0$ 有一虛根 $2+\sqrt{3}i$，求 a, b 之值與另一實根。

6. 設方程式為 $x^3-2x^2-3x-5=0$ 之三根為 α, β, γ，求：

   (1) $\alpha+\beta+\gamma$ (2) $\alpha\beta+\beta\gamma+\gamma\alpha$ (3) $\alpha\beta\gamma$

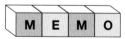

02
CHAPTER

直角坐標系

2-1　數　線

　　在介紹數線的觀念之前，首先我們必須先具備實數的概念。實數包括了自然數，整數，有理數、無理數等等，並將其介紹於後：

一、自然數

　　1，2，3，4，5，……，我們稱之為自然數，又稱計物數，也稱正整數，它是人類用來計算物品的數。它的概念來自古時候的牧童，為了想知道他所牧羊群的個數？為此，人類起先用結繩計數的方法，後來發明了自然數。有了自然數之後，我們計算物品的個數，就很方便了。

二、整　數

　　人類用自然數來計算物品的個數，或來表示各種數的意義，但有時會有不足的情況發生，或有難以表示的地方，因此而有了負數的概念與應用。比如做生意，賺錢 30 元或賠錢 30 元，則賠錢可用 -30 元來表示。還有氣溫有高有低，攝氏零下 5℃，我們可以 -5℃來表示。如此我們有了 -1，-2，-3，……的負整數概念，再加上 0，1，2，3，……，統稱為整數。

三、有理數

　　當我們把一物品分成三等分時，如何來表示這其中的一等分或二等分呢？答案分別是 $\frac{1}{3}$ 及 $\frac{2}{3}$，這是分數的概念。而凡是可表為分數形式的數，就統稱為有理數。因此，整數，分數，小數（有限小數，循環小數），均為有理數。如 $3 = \frac{3}{1}$，$0.3 = \frac{3}{10}$，$0.\overline{3} = \frac{3}{9} = \frac{1}{3}$。

四、無理數

　　一個數若不能表為分數的形式，則稱之為無理數。換句話說，一個數若不為有理數，則為無理數。如圓周率 $\pi = 3.14159\cdots$，$\sqrt{3} - 1.7321\cdots$ 都不能表示作分數的形式，所以都是無理數。其他如 $\sqrt[3]{2}$，$\sqrt[5]{5}$，$\sqrt{2} + 1$，$e = 2.71828\cdots$ 等，均為無理數。

五、實　數

　　上述之有理數與無理數，統稱為實數。茲將自然數，整數，有理數，分數，無理數，實數，這些數系之間的關係整理如下：

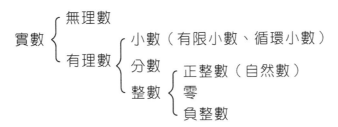

六、數線與直線坐標系

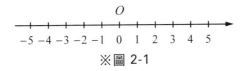

※圖 2-1

　　如圖 2-1，在一直線上取一點 O 代表零。在其右邊任取一點代表 1，0 與 1 的距離稱為單位長。則依序可在原點右方取二單位長，三單位長，……，分別代表 2，3，……。另外，在原點左方依序取一單位長，二單位長，三單位長，……則分別代表 -1，-2，-3，……。又如圖 2-2，對於任一有理數，在直線上我們可用尺規作圖來找到一個點代表它。至於有些無理數如 $\sqrt{2}$，$\sqrt{3}$，$\sqrt{5}$，……等亦可用尺規作圖在直線上找到一個代表它的點。可是有些無理數，像 $\sqrt[3]{2}$，π，$\pi+1$，……等，就無法以尺規作圖的方法，找出其所代表的點。

　　但事實上，對於任意實數，在直線上都有一個代表此數的點；反之，直線上的每一點，也都代表一個實數；如此，所有實數與直線上的點，則形成一個 1 對 1 的對應關係；也可以說，所有實數布滿整條直線。設若直線上一點 P 所對應的實數為 a，則稱 a 為 P 點的坐標，常記作 $P(a)$。此即所謂直線坐標系，又稱此直線為數線。如下例所示。

例 1 於數線上描出點 $\dfrac{10}{3}$ 及 $1+\sqrt{2}$ 的點？

解 $\dfrac{10}{3}=3+\dfrac{1}{3}$：將 3 與 4 之間的線段三等分，再自 3 向右取第一個分點，即是 $\dfrac{10}{3}$ 的點。

$1+\sqrt{2}$：即是自 1 向右再取 $\sqrt{2}$ 長度的點，即 $1+\sqrt{2}$，如圖 2-2 所示。

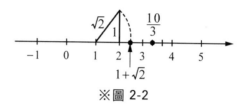

※圖 2-2

隨堂練習

於數線上描出點 $\dfrac{5}{4}$ 及 $\sqrt{2}-1$ 的點？　A：$\sqrt{2}-1=-1+\sqrt{2}$

七、實數的大小關係

x，y 為任意兩實數，符號「$x<y$」和「$y>x$」分別表示「x 小於 y」和「y 大於 x」，其實意思相同，如 $5<6$。符號「$\leq$」表示「小於或等於」的意思。如 5 與 6 的大小關係，亦可以寫作「$5\leq6$」。至於式子「$3\leq3$」表示「3 小於或等於 3」，亦是一正確的說法。

八、絕對值 $|x|$

對於任意實數 x 而言，x 的絕對值 $|x|$ 定義為

$$|x|=\begin{cases} x，當 x\geq0 \\ -x，當 x<0 \end{cases}$$

如 $|3| = 3$，$|-5| = -(-5) = 5$

依絕對值的意義，易知對任意實數 x 而言，$|x| \geq 0$。

例 2 解下列方程式？

1. $|x| = 3$

2. $|x - 1| = 2$

3. $|x| = 0$

4. $|x + 5| = -2$

解 1. $|x| = 3 \Rightarrow x = \pm 3$

2. $|x - 1| = 2 \Rightarrow x - 1 = \pm 2$

　　$\Rightarrow x - 1 = 2$ 或 $x - 1 = -2$

　　$\Rightarrow x = 3$ 或 -1

3. $|x| = 0 \Rightarrow x = 0$

4. $|x + 5| \geq 0$，對任意實數 x 而言

　　$\therefore$ 此題無解

九、數線上兩點的距離

當我們知道數線上 P、Q 兩點之坐標分別為 3、5 時，如圖 2-3 所示。

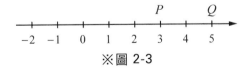

※圖 2-3

則可知 P，Q 兩點的距離為 $5 - 3 = 2$。但如果我們只知道數線上 P、Q 兩點的坐標分別為 x、y，卻不知道 $x > y$ 或 $x < y$ 時，如何表示 P、Q 兩點的距離？此時，不論 x、y 哪個大，用 $|x - y|$ 表示 P、Q 兩點的距離。$\overline{PQ} = |x - y|$ 或 $\overline{PQ} = |y - x|$。

說明 1. 若 $x > y$ ，則 $x - y > 0 \Rightarrow |x - y| = x - y$ ；例： $x = 5$ 、 $y = 3$ ，則 $|x - y| = |5 - 3| = 2$ 表示了 P 、 Q 兩點的距離。

2. 若 $x < y$ ，則 $x - y < 0 \Rightarrow |x - y| = -(x - y) = y - x$ ；例： $x = 3$ 、 $y = 5$ ，則 $|x - y| = |3 - 5| = -(3 - 5) = 5 - 3 = 2$ 亦表示了 P 、 Q 兩點的距離。

所以，在不知 $x > y$ 或 $x < y$ 時，以 $|x - y|$ 來表示 P 、 Q 兩點的距離是可行的。

3. $|x|$ 可視為 $|x - 0|$ ，亦即數線上 x 點與原點 0 之距離。

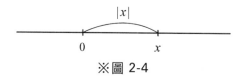

※圖 2-4

隨堂練習

A 點介於 B, C 兩點之間， B, C 之坐標分別為 $-2, 8$ ，試求 $\overline{BA} + \overline{AC} = ?$ 　A：10

一、平面直角坐標系

在國中階段，大家已學過平面上直角坐標的基本觀念，現在再來複習一下。

在上一節裡，我們已介紹了直線坐標系（數線）的觀念。且看我們如何在平面上來建立一直角坐標系？首先，在平面上取二條互相垂直的直線，並設定其交點為 O，稱為原點。而此原點分別也當作此兩條直線的原點及據此作出兩直線的坐標系。此即建立了所謂平面直角坐標系，如圖 2-5 所示。其中水平線稱為 x 軸，鉛直線稱為 y 軸。兩直線將平面平分分割成四部分，分別稱為第一、二、三、四象限。

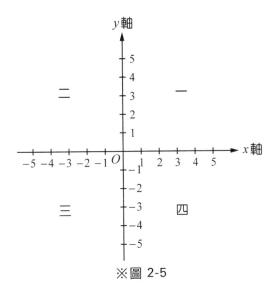

※圖 2-5

設 P 為坐標平面上任一點，過 P 點對 x、y 軸作垂直線，並交 x、y 軸於兩點。設此交於 x、y 軸的兩點之坐標分別為 a 與 b，如圖 2-6 所示，則有序數對 (a, b) 稱為 P 點在平面上的坐標。常記作 $P(a, b)$。反之，亦不難在平面上畫出坐標為所予有序數對 (c, d) 的點，步驟如下：

1. 在 x、y 軸分別找出坐標為 c、d 的點。

2. 過此兩點分別作出垂直 x、y 軸的直線並相交於一點 Q。此點 Q 即為所求之點。如圖 2-7 所示。

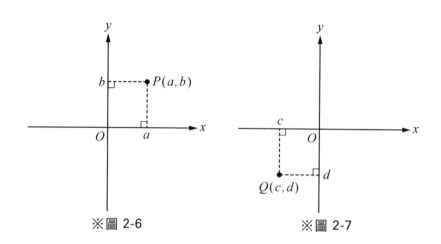

※圖 2-6　　　　　　　　　　　　　　　※圖 2-7

例 1 在平面上畫出坐標為$(-3, 0)$，$(0, 3)$，$(-1, 2)$，$(-1, -3)$的點。

解 各點位置如圖 2-8 所示：

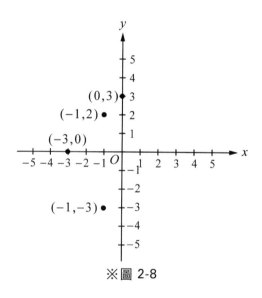

※圖 2-8

隨堂練習

坐標平面上兩點 $A(a+3, -2b+5)$，$B(3b+1, 3a+3)$，若 A 點向左平移 7 單位，再向上平移 2 單位，則 A 與 B 重合，求 a, b 及 A 坐標？　A：$a=2, b=-1, A(5,7)$

二、分點坐標

設 $P(x_1, y_1)$，$Q(x_2, y_2)$ 為坐標平面上相異兩點，$R(x, y)$ 為線段 $\overline{PQ}$ 上一點並介於 P，Q 兩點之間，如圖 2-9 所示。

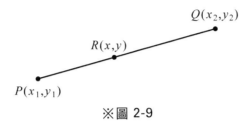

※圖 2-9

則稱 R 為線段 $\overline{PQ}$ 的內分點。

✓ **定理 2-1**　　**分點定理**

設 $R(x, y)$ 為 $\overline{PQ}$ 線段之內分點如上圖，且 $\dfrac{\overline{PR}}{\overline{RQ}} = r$，則 $x = \dfrac{x_1 + rx_2}{1+r}$，$y = \dfrac{y_1 + ry_2}{1+r}$

為分點公式。

證明　如圖 2-10 所示，$\overline{RS} \mathbin{/\mkern-5mu/} \overline{QT}$

$\therefore \dfrac{\overline{PS}}{\overline{ST}} = \dfrac{\overline{PR}}{\overline{RQ}} = r$

又因 $\overline{PS} = x - x_1$

$\overline{ST} = x_2 - x$

$\therefore \dfrac{x - x_1}{x_2 - x} = r$

$\Rightarrow x - x_1 = r(x_2 - x) = rx_2 - rx$

$\Rightarrow (1+r)x = x_1 + rx_2$

$\Rightarrow x = \dfrac{x_1 + rx_2}{1+r}$，同理可證 $y = \dfrac{y_1 + ry_2}{1+r}$

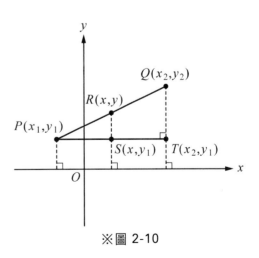

※圖 2-10

推論 如圖 2-11 所示，若 $\overline{PR} : \overline{RQ} = m : n$，即 $r = \dfrac{m}{n}$

$$\therefore x = \frac{x_1 + \dfrac{m}{n}x_2}{1 + \dfrac{m}{n}}$$

$$y = \frac{y_1 + \dfrac{m}{n}y_2}{1 + \dfrac{m}{n}}$$

等式右端，分母、分子同乘 n，可得下式：

則 $x = \dfrac{nx_1 + mx_2}{m+n}$ ， $y = \dfrac{ny_1 + my_2}{m+n}$ ……此亦為分點公式。

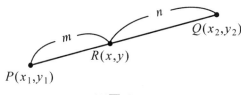

※圖 2-11

例 2 設坐標平面上兩點 $P(-2, 1)$ ， $Q(4, 3)$ ，求 $\overline{PQ}$ 中點之坐標？

解 設 $R(x, y)$ 為 $\overline{PQ}$ 之中點， $\overline{PR} : \overline{RQ} = 1 : 1$，依分點公式知

$$x = \frac{1 \cdot (-2) + 1 \cdot 4}{1 + 1} = \frac{2}{2} = 1$$

$$y = \frac{1 \cdot 1 + 1 \cdot 3}{1 + 1} = \frac{4}{2} = 2$$

$\therefore \overline{PQ}$ 中點之坐標為 $(1, 2)$

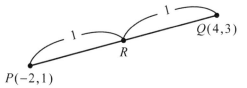

※圖 2-12

例 3 承上例，將 $\overline{PQ}$ 線段三等分，如圖 2-13 所示，分別求出兩點 $S(x, y)$ ， $T(a, b)$ 之坐標？

1. 依題意知 $\overline{PS} : \overline{SQ} = 1 : 2$

$$\therefore \quad x = \frac{2 \cdot (-2) + 1 \cdot 4}{1 + 2} = \frac{0}{3} = 0$$

$$y = \frac{2 \cdot 1 + 1 \cdot 3}{1 + 2} = \frac{5}{3}$$

2. $\overline{PT} : \overline{TQ} = 2 : 1$

$$\therefore \quad a = \frac{1 \cdot (-2) + 2 \cdot 4}{1 + 2} = \frac{6}{3} = 2$$

$$b = \frac{1 \cdot 1 + 2 \cdot 3}{1 + 2} = \frac{7}{3}$$

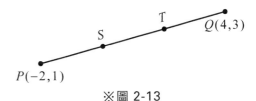

※圖 2-13

設坐標平面上兩點 $A(-2,0)$ ， $B(3,2)$ ， C 介於 A、B 兩點之間且 $\dfrac{\overline{AC}}{\overline{CB}} = \dfrac{2}{3}$ ，求 C 之坐標？ A： $0, \dfrac{4}{5}$

 例 4 設 $A(0,2)$、 $B(6,0)$、 $C(3,4)$ 為 $\triangle ABC$ 的三頂點，求 $\triangle ABC$ 之重心坐標？

 解 $\triangle ABC$ 之重心 G 即其三中線 $\overline{AE}$、 $\overline{BF}$、 $\overline{CD}$ 的交點，如圖 2-14 所示。

1. 先求出中點 D 之坐標為 $(\dfrac{0+6}{2}, \dfrac{2+0}{2}) = (3,1)$

2. 依重心的性質，知 $\overline{CG} : \overline{GD} = 2 : 1$

　　∴ 依分點公式求出重心 $G(x,y)$ 之坐標

$$x = \frac{1 \cdot 3 + 2 \cdot 3}{1 + 2} = 3$$

$$y = \frac{1 \cdot 4 + 2 \cdot 1}{1 + 2} = 2$$

即所求 $\triangle ABC$ 之重心為 $(3, 2)$

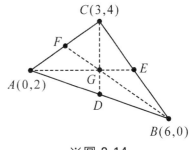

※圖 2-14

同理，可求出重心公式如下：

設 $A(x_1, y_1)$，$B(x_2, y_2)$，$C(x_3, y_3)$ 為 $\triangle ABC$ 的三頂點，則 $\triangle ABC$ 的重心坐標為

$(\dfrac{x_1 + x_2 + x_3}{3}, \dfrac{y_1 + y_2 + y_3}{3})$

三、平面上兩點的距離

如圖 2-15 所示，$P(x_1, y_1)$，$Q(x_2, y_2)$，$R(x_2, y_1)$為平面上三點且 $\overline{QR} \perp \overline{PR}$，我們易知 P，R 兩點的距離 $\overline{PR} = |x_2 - x_1|$，$Q$，$R$ 兩點的距離 $\overline{QR} = |y_2 - y_1|$。

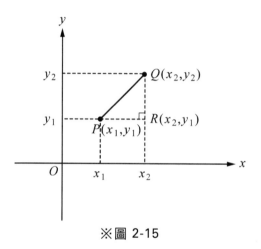

※圖 2-15

所以，依「畢式定理」，可知 P，Q 兩點的距離 $\overline{PQ}$ 滿足：

$$\overline{PQ}^2 = \overline{PR}^2 + \overline{QR}^2$$
$$\Rightarrow \overline{PQ} = \sqrt{\overline{PR}^2 + \overline{QR}^2}$$
$$= \sqrt{|x_2 - x_1|^2 + |y_2 - y_1|^2}$$
$$= \sqrt{(x_2 - x_1)^2 + (y_2 - y_1)^2}$$

（$\because |x_2 - x_1|^2 = (x_2 - x_1)^2$ 且 $|y_2 - y_1|^2 = (y_2 - y_1)^2$）

上述之討論，寫成定理如下：

☑ 定理 2-2　　距離公式

設 $P(x_1, y_1)$，$Q(x_2, y_2)$為平面上任意二點，則其距離

$$\overline{PQ} = \sqrt{(x_2 - x_1)^2 + (y_2 - y_1)^2} \ 。$$

利用距離公式，可得下面定理：

☑ 定理 2-3

設 $P(x_1, y_1)$，$Q(x_2, y_2)$為平面上相異兩點，則線段 $\overline{PQ}$ 之中點 R 之坐標為 $(\dfrac{x_1 + x_2}{2}, \ \dfrac{y_1 + y_2}{2})$。

⧗ 例 5　求 $P(-1, 2)$，$Q(3, -1)$兩點之距離及線段 $\overline{PQ}$ 之中點 R 之坐標？

⧗ 解　1. 距離 $\overline{PQ} = \sqrt{(3 - (-1)^2) + (-1 - 2)^2}$
$\qquad\qquad\quad = \sqrt{16 + 9}$
$\qquad\qquad\quad = 5$

2. $\overline{PQ}$ 之中點 R 之坐標為 $(\dfrac{-1 + 3}{2}, \ \dfrac{2 + (-1)}{2}) = (1, \ \dfrac{1}{2})$

隨堂練習

1. 求 $A(2, 0)$、$B(1, 3)$兩點之距離及線段 $\overline{AB}$ 中點 C 之坐標？　A：$\sqrt{10}$,(3/2,3/2)

2. 承上題，A、B、D 三點在一直線上，且 D 介於 A、B 之間及 $\overline{AD} : \overline{DB} = 1 : 3$，求 D 的坐標？　A：$\dfrac{7}{4}, \dfrac{3}{4}$

四、圓的方程式

平面上與定點 C 的距離為一正數 $r(r>0)$ 的所有點所成的圖形，稱為圓，如圖 2-16 所示。定點 C 稱為此圓的圓心。

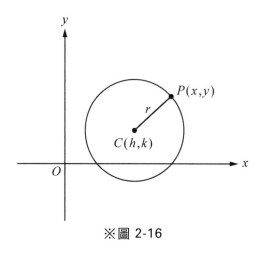

※圖 2-16

如上圖所示，設 $P(x, y)$ 為以 $C(h, k)$ 為圓心，半徑為 r 的圓上任一點

$$\Longleftrightarrow \overline{PC} = r$$
$$\Longleftrightarrow \sqrt{(x-h)^2 + (y-k)^2} = r$$
$$\Longleftrightarrow (x-h)^2 + (y-k)^2 = r^2 \text{（兩邊平方）}$$

如此，我們可得下面定理：

☑ 定理 2-4

以 $C(h, k)$ 為圓心，半徑為 r 的圓之方程式為 $(x-h)^2 + (y-k)^2 = r^2$ ⋯⋯圓方程式之標準式。

例 6 求以 $(0, 0)$ 為圓心，半徑為 1 的圓方程式？

解 $(h, k) = (0, 0)$，$r = 1$

易知所求圓方程式為 $x^2 + y^2 = 1$

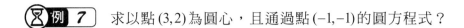

例 7 求以點 $(3,2)$ 為圓心，且通過點 $(-1,-1)$ 的圓方程式？

解 半徑 $r = \sqrt{(3-(-1))^2 + (2-(-1))^2}$

$\qquad = \sqrt{16+9}$

$\qquad = 5$

∴ 所求圓的方程式為 $(x-3)^2 + (y-2)^2 = 5^2$

例 8 設 $A(-1,2)$、$B(3,4)$，求以 $\overline{AB}$ 為直徑的圓方程式？

解 $\overline{AB}$ 的中點 $C(\dfrac{-1+3}{2}, \dfrac{2+4}{2}) = (1,3)$ 即為圓心。

半徑 $r = \sqrt{(-1-1)^2 + (2-3)^2} = \sqrt{5}$

∴所求圓的方程式為

$(x-1)^2 + (y-3)^2 = \sqrt{5}^2 = 5$

將圓的標準式

$\qquad (x-h)^2 + (y-k)^2 = r^2$ 展開後得

$\qquad x^2 + y^2 - 2hx - 2ky + h^2 + k^2 - r^2 = 0$

若設 $-2h = d$，$-2k = e$，$h^2 + k^2 - r^2 = f$，上式可簡化成

$\qquad x^2 + y^2 + dx + ey + f = 0$ 稱為圓的一般式

我們可利用圓的一般式求解一些圓的問題。

例 9 試求通過 $(0, 0)$，$(1, 1)$，$(0, 2)$的圓方程式，並求其圓心及半徑？

解 可設圓的方程式為 $x^2 + y^2 + dx + ey + f = 0$

∵ 三點$(0, 0)$，$(1, 1)$，$(0, 2)$在圓上，所以得聯立方程式如下：

$$\begin{cases} 0+0+d\cdot 0+e\cdot 0+f=0 \\ 1+1+d\cdot 1+e\cdot 1+f=0 \\ 0+4+d\cdot 0+e\cdot 2+f=0 \end{cases} \Rightarrow \begin{cases} f=0 \\ d+e+f=-2 \\ 2e+f=-4 \end{cases}$$

解聯立方程式，得 $f = 0$，$e = -2$，$d = 0$

∴ 所求圓方程式為 $x^2 + y^2 - 2y = 0$

$\Rightarrow x^2 + (y-1)^2 = 1$（配方）

∴ 圓心$(0, 1)$，半徑 1

隨堂練習

求通過三點 $P(0, 1)$，$Q(2, -1)$，$R(1, 3)$的圓方程式。

A：$x^2 + y^2 - \dfrac{13}{3}x - \dfrac{7}{3}y + \dfrac{4}{3} = 0$

例 10 求圓：$x^2 + y^2 - 4x + 2y - 4 = 0$之圓心，半徑？

解 $x^2 + y^2 - 4x + 2y - 4 = 0$

$\Rightarrow (x^2 - 4x) + (y^2 + 2y) = 4$

$\Rightarrow (x^2 - 4x + 4) + (y^2 + 2y + 1) = 4 + 4 + 1$

$\Rightarrow (x-2)^2 + (y+1)^2 = 3^2$

∴ 圓心 $(2, -1)$，半徑 3

例 7 的一般式討論如下：

$x^2 + y^2 + dx + ey + f = 0$

由配方法知，

$x^2 + y^2 + dx + ey + f = 0 \Leftrightarrow x^2 + dx + (\dfrac{d}{2})^2 + y^2 + ey + (\dfrac{e}{2})^2 = \dfrac{d^2}{4} + \dfrac{e^2}{4} - f$

$$\Leftrightarrow (x + \dfrac{d}{2})^2 + (y + \dfrac{e}{2})^2 = \dfrac{d^2 + e^2 - 4f}{4}$$

可知，

1. 當 $d^2 + e^2 - 4f > 0$ 時，方程式 $x^2 + y^2 + dx + ey + f = 0$ 的圖形為以 $(-\dfrac{d}{2}, -\dfrac{e}{2})$ 為圓

   心，半徑為 $\dfrac{\sqrt{d^2 + e^2 - 4f}}{2}$ 的圓。

2. 當 $d^2 + e^2 - 4f = 0$ 時，即 $(x + \dfrac{d}{2})^2 + (y + \dfrac{e}{2})^2 = 0$

   此時方程式的圖形為一點 $(-\dfrac{d}{2}, -\dfrac{e}{2})$。

3. 當 $d^2 + e^2 - 4f < 0$ 時，即 $(x + \dfrac{d}{2})^2 + (y + \dfrac{e}{2})^2 < 0$

   此時方程式無圖形。

   設 $D = d^2 + e^2 - 4f$ 又稱為圓的判別式。

例 11 方程式 $2x^2 + 2y^2 - 6x + 4y - \dfrac{3}{2} = 0$ 的圖形為何？若為一圓，試求其圓心

及半徑？

解 $2x^2 + 2y^2 - 6x + 4y - \dfrac{3}{2} = 0$

$\Rightarrow x^2 + y^2 - 3x + 2y - \dfrac{3}{4} = 0 \cdots\cdots ①$

$\therefore d = -3，e = 2，f = -\dfrac{3}{4}$

$\therefore$ 其判別式 $D = d^2 + e^2 - 4f$

$$= (-3)^2 + 2^2 - 4(-\frac{3}{4})$$

$$= 16 > 0$$

$\therefore$ 其圖形為一圓

又①式由配方法可得

$$(x - \frac{3}{2})^2 + (y+1)^2 = 4 = 2^2$$

$\therefore$ 圓心 $(\frac{3}{2}, -1)$，半徑 2

（代公式：圓心 $(-\frac{d}{2}, -\frac{e}{2})$，半徑 $= \dfrac{\sqrt{d^2 + e^2 - 4f}}{2}$ 亦可）

⏳ 例 **12**　方程式 $2x^2 + 2y^2 - 2x + 10y + 13 = 0$ 在坐標平面上的圖形為何？

⏳ 解　$2x^2 + 2y^2 - 2x + 10y + 13 = 0$

$\Rightarrow x^2 + y^2 - x + 5y + \dfrac{13}{2} = 0$

$\therefore d = -1$，$e = 5$，$f = \dfrac{13}{2}$

$\therefore$ 其判別式　$D = d^2 + e^2 - 4f$

$$= (-1)^2 + 5^2 - 4 \cdot \frac{13}{2}$$

$$= 0$$

$\therefore$ 其圖形為一點 $(-\dfrac{d}{2}, -\dfrac{e}{2}) = (\dfrac{1}{2}, -\dfrac{5}{2})$

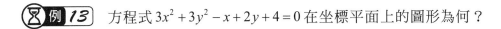

例 13 方程式 $3x^2 + 3y^2 - x + 2y + 4 = 0$ 在坐標平面上的圖形為何？

解 $3x^2 + 3y^2 - x + 2y + 4 = 0$

$\Rightarrow x^2 + y^2 - \dfrac{1}{3}x + \dfrac{2}{3}y + \dfrac{4}{3} = 0$

$\therefore d = -\dfrac{1}{3}$，$e = \dfrac{2}{3}$，$f = \dfrac{4}{3}$

$\therefore$ 其判別式 $D = d^2 + e^2 - 4f$

$$= (-\dfrac{1}{3})^2 + (\dfrac{2}{3})^2 - 4 \cdot \dfrac{4}{3}$$

$$= -\dfrac{43}{9} < 0$$

$\therefore$ 無圖形

若欲判斷平面上任一點 $P(a,b)$ 與圓 $(x-h)^2 + (y-k)^2 = r^2$ 的關係，可藉由比較半徑和點 $P(a,b)$ 與圓心 (h,k) 之距離而得知；若 $P(a,b)$ 在圓 $(x-h)^2 + (y-k)^2 = r^2$ 的內部，則 P 點與圓心之距離會小於半徑，

$$\Rightarrow \sqrt{(a-h)^2 + (b-k)^2} < r$$
$$\Rightarrow (a-h)^2 + (b-k)^2 < r^2$$

因此，

1. 當 $(a-h)^2 + (b-k)^2 < r^2$ 時，點 $P(a,b)$ 在圓 $(x-h)^2 + (y-k)^2 = r^2$ 的內部。

2. 當 $(a-h)^2 + (b-k)^2 = r^2$ 時，點 $P(a,b)$ 在圓 $(x-h)^2 + (y-k)^2 = r^2$ 上。

3. 當 $(a-h)^2 + (b-k)^2 > r^2$ 時，點 $P(a,b)$ 在圓 $(x-h)^2 + (y-k)^2 = r^2$ 的外部。

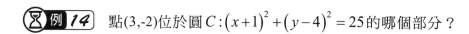
図例 14 點(3,-2)位於圓 $C:(x+1)^2+(y-4)^2=25$ 的哪個部分？

図解 比較 $(a-h)^2+(b-k)^2$ 和 r^2 的大小，

$(3+1)^2+(-2-4)^2=16+36=52>25$，

因此點(3,-2)位於圓 C 的外部，即點(3,-2)位於圓外。

隨堂練習

求原點位於圓 $C:x^2+6x+y^2=7$ 的哪個部分？　A：圓內

五、複數平面

　　複數坐標就如一般的直角坐標，把水平軸 x 軸當作實軸，實軸上每一點的坐標都是實數 a，垂直於水平軸的鉛直軸 y 軸稱為虛軸。虛軸上除 O 點外，每一點的坐標都是 b。

　　於是 $a+bi$

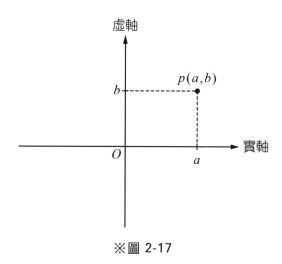

※圖 2-17

這時定義 $|a+bi| = \overline{OP} = \sqrt{a^2+b^2}$

$x^3 - 1 = 0$ 之三根為 1 ， $\dfrac{-1}{2} + \dfrac{\sqrt{3}}{2}i$ ， $\dfrac{-1}{2} - \dfrac{\sqrt{3}}{2}i$

描繪在複數坐標如下

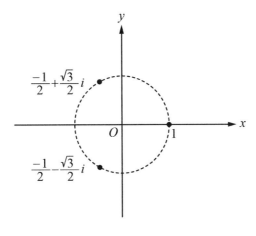

※圖 2-18

且 $\left| \dfrac{-1}{2} + \dfrac{\sqrt{3}}{2}i \right| = \left| \dfrac{-1}{2} - \dfrac{\sqrt{3}}{2}i \right| = |1| = 1$

所以三個根為單位圓上的三個點

☑ 習題 **2-2**

1. 求圓心在 $(0, 0)$，半徑為 2 的圓方程式。

2. $A(0, 0)$，$B(4, 0)$，$C(0, 3)$，求 $\triangle ABC$ 的外接圓方程式。

3. 求 $x^2 + y^2 + 4x + 8y + 16 = 0$ 的圓心、半徑。

4. 點 $P(-3, 1)$ 位於圓 C： $(x-1)^2 + (y+2)^2 = 9$ 的哪個部分？（即內部，在圓上或外部？）

5. 承上題，求 P 點和圓 C 的最長和最短距離？

6. 若方程式 $x^2 + y^2 + 2x - ky + 10 = 0$ 的圖形為一點，$k > 0$，則 $k = ?$

7. 平面上兩點 $A(-2, 1)$，$B(3, 0)$，P 介於 A、B 兩點之間，且 $3\overline{AP} = 2\overline{PB}$，求 P 的坐標？

8. 設過 $(-1, 2)$，$(0, 0)$，$(3, -2)$ 三點之圓方程式為 $x^2 + y^2 + dx + ey + f = 0$，則 $d + e + f = ?$

9. 設 $A(5, 8)$，$B(7, 0)$，$C(-3, 2)$ 是三角形 ABC 的三頂點，若 D、E、F 分別是 $\overline{AB}$、$\overline{BC}$、$\overline{CA}$ 的中點，則三角形 DEF 的重心坐標？

10. 已知平面上三點 $A(3, 4)$，$B(5, -2)$，$C(x, y)$ 共線，且 B 在線段 $\overline{AC}$ 上，若 $\overline{AB} = 2\overline{BC}$，則 $x + y = ?$

11. 設 $P(a, b)$，$Q(2, 3)$ 兩點之中點坐標為 $(-2, 3)$，則 $a + b = ?$

12. 若氣象局最初發布某一颱風之暴風圈其外緣以圓方程式表示：
    $x^2 + y^2 - 4x - 6y - 3 = 0$，因受大氣環流影響，經過數小時後颱風中心（即圓心）坐標 (h, k) 向西和向北各移動一單位（即新圓心坐標為 $(h-1, k+1)$），且暴風半徑增為原來的 1.5 倍，問新暴風圈外緣之圓方程式為何？

13. 在複數平面上標示出坐標分別為 $2i, 1-i, 1+i, 4$ 的點 A, B, C, D，並計算 $\triangle ABC$ 的周長與 $\triangle BCD$ 的面積。

2-3　函數與函數圖形

一、函數的意義

　　在日常生活中，我們常發現：有些量與量（或數與數）之間存在著某種關係。而這關係在於：當其中一種量確定，會導致另一種量依循此種關係而跟著確定。例如：

1. 攝氏與華氏溫度之間的關係如下：

攝氏	-10	0	10	20	30
華氏	14	32	50	68	86

若以 x 代表攝氏溫度，y 代表華氏溫度，則兩種溫度存在的關係為：

$$y = \frac{9}{5}x + 32$$

易知，當攝氏溫度 x 確定，華氏溫度 y 會依循上式關係而跟著確定。

2. 一杯珍奶 15 元，兩杯 30 元，某人購買珍奶杯數與應付金額之間的關係如下：

珍奶杯數	1	2	3	5	10
應付金額	15	30	45	75	150

若以 x 代表杯數，y 代表金額，則杯數與金額之間存在的關係為：

$$y = 15x$$

易知，當杯數 x 確定，金額 y 會依循上式關係而跟著確定。

3. 圓的半徑與面積兩種量之間的關係如下：

半徑	1	2	3	5	10
面積	π	4π	9π	25π	100π

若以 x 代表圓的半徑，y 代表圓面積，則兩者之間存在的關係為：

$$y = \pi x^2$$

易知，當半徑 x 確定，面積 y 會依循上式關係而跟著確定。

　　從上述例子，我們可以了解：上述的兩個數量（ x 與 y ）之間，確實存在某種特別對應關係，這種關係即為函數的概念。

1. 華氏溫度為攝氏溫度的函數。

2. 應付金額為珍奶杯數的函數。

3. 圓面積為其半徑的函數。

　　一般來說，設 x、y 代表兩個量（或數），當量 x 確定，量 y 就會依循某種關係跟著確定，我們則稱 y 是 x 的函數。

二、函數的表示法

　　當兩種量 x 與 y 具有 y 是 x 的函數關係時，我們常用英文字母如 f 來表示此一函數。

　　　　　可記作 $f : x \rightarrow y$

　　　　　x 稱為自變數，y 稱為應變數

並用符號 $f(x)$ 表示 x 所對應到的函數值 y。

亦即 $y = f(x)$

　　所以若已知一函數 f，我們就常以

　　　　　$f(x) = \cdots$ 或 $y = f(x) = \cdots$ （簡寫為 $y = \cdots$）

來表示此函數。

 例 1　如何表示華氏溫度是攝氏溫度的函數關係？

 解　設 f 表此一函數，x 表攝氏溫度，y 表華氏溫度

　　　則可將此函數關係表為

　　　$f : x \rightarrow \dfrac{9}{5}x + 32$　或

　　　$f(x) = \dfrac{9}{5}x + 32$　或

$$y = \frac{9}{5}x + 32$$

（後兩者較被常用）

例 2 設函數 $f(x) = \frac{9}{5}x + 32$，求下列各函數值？

1. $f(0)$　　2. $f(10)$　　3. $f(20)$

解 $f(x) = \frac{9}{5}x + 32$

1. 以 $x = 0$ 代入上式，得 $f(0) = 32$

2. 同理可得 $f(10) = 50$

3. $f(20) = 68$

隨堂練習

設函數 $g(x) = \pi x^2$，求下列各函數值？
1. $g(1)$　　2. $g(3)$　　3. $g(5)$
　A：π　　　A：9π　　　A：25π

例 3 已知正方形面積（設為 y）是其邊長（設為 x）的函數，並設此函數為 h，試寫出其函數關係？

解 其函數關係可表示為

$h(x) = x^2$　或

$\quad y = x^2$

例 4 若 $f(x) = 3x^2 - 12x + k$，且 $f(2) = 9$，則 $k = ?$

解 $f(2) = 3 \cdot 2^2 - 12 \cdot 2 + k = 9$

$\Rightarrow -12 + k = 9$

$\Rightarrow k = 21$

三、一次函數及其圖形

函數 $f(x) = ax + b$，$a \neq 0$，稱為一次函數，如 $f(x) = 3x + 2$，$g(x) = -x + 5$ 均為一次函數。

設一函數 f，則坐標平面上所有這些點 $(a, f(a))$ 所構成的圖形，就稱為函數 f 的圖形。至於如何來畫出一函數的圖形？最基本的方法，就是利用描點法。

將一次函數 $f(x) = ax + b$ 寫成 $y = ax + b$（或 $-ax + y - b = 0$），其實就是二元一次方程式。

在國中的數學課程裡，我們學過二元一次方程式的圖形為平面一直線，亦即一次函數 $y = ax + b$ 的圖形為平面一直線。

例 5 試作函數 $g(x) = -x + 5$ 的圖形

解 易知函數 g 的圖形為平面上一直線

∴ 選取直線上任意兩點

$(0, g(0)) = (0, 5)$，$(1, g(1)) = (1, 4)$

再以直線加以連結，即為所求圖形。

如圖 2-19 所示。

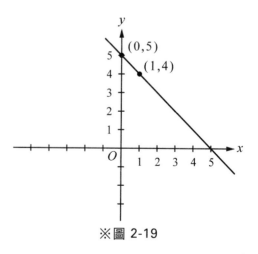

※圖 2-19

隨堂練習

作出函數 $h(x) = x + 2$ 的圖形。　　A：略

例 6 某次考試數學分數不理想，老師想利用一次函數 $y = ax + b$ 來將原分數 x 調整至 y。若原分數 40 分調整後為 52 分及 100 分不變，請問若一學生調整後為 60 分，則原始分數為何？

解 依題意得知 $\begin{cases} 52 = 40a + b \cdots\cdots\cdots\cdots ① \\ 100 = 100a + b \cdots\cdots\cdots\cdots ② \end{cases}$

由②－①　$48 = 60a$　$\therefore a = 0.8$ 代入①

$\Rightarrow 52 = 32 + b$　$\therefore b = 20$

故此一次函數為 $y = 0.8x + 20$，所以 $0.8x + 20 = 60$，$0.8x = 40$，則 $x = 50$ 分。

四、二次函數及其圖形

已知圓的面積是其半徑的函數，可以寫作：面積 $y = f(r) = \pi r^2$，r 為半徑；又如正方形的面積是其邊長的函數，可以寫作：面積 $y = g(x) = x^2$，x 為邊長。上述兩個函數的例子，有一個共通性，它們都是一個二次函數。一般的二次函數，可表成如下之式子：

$$f(x) = ax^2 + bx + c \ , \quad a \neq 0$$

例 7　$f(x) = x^2 + x + 1$ 及 $g(x) = -2x^2 + x - 3$ 都是二次函數。

二次函數的圖形，我們知道它是一個拋物線，但如何畫出一更正確的拋物線圖形？那麼就必須對於拋物線的特性加以了解，比如其開口向上或向下，頂點在哪裡？哪條直線為對稱軸？有無與 x 軸或 y 軸相交？交點在哪裡？…等等。一般而

言，先描出拋物線圖形上的一些點，然後用平滑的曲線加以連結，則可得函數的部分圖形。以下，我們將以實例來作說明。

例 8 在坐標平面上，畫出二次函數 $f(x) = x^2$ 的圖形。

解 (1) 首先將圖形上的點 $(x, f(x))$ 列表出來。

※表 2-1

x	...	-3	-2	-1	0	1	2	3	...
$f(x)$	...	9	4	1	0	1	4	9	...

(2) 然後在平面上描出點 $(-3, 9)$，$(-2, 4)$，…，$(3, 9)$，再以平滑的曲線連結而得函數 f 之部分圖形。如圖 2-20 所示。

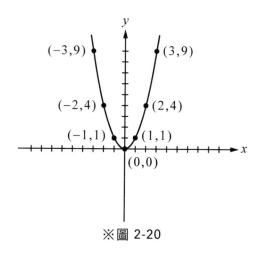

※圖 2-20

從上圖觀察，我們可以了解，拋物線開口向上，有最低點 $(0, 0)$，且 y 軸是其對稱軸。

隨堂練習

試作出兩函數 $g(x) = 2x^2$ 及 $h(x) = \dfrac{1}{2}x^2$ 之圖形，並與函數 $f(x) = x^2$ 作比較。A：略

例 **9** 作出二次函數 $f(x) = -x^2$ 之圖形。

 解 1. 仿上例，列表如下：

※表 2-2

x	$\cdots$	-3	-2	-1	0	1	2	3	$\cdots$
$f(x)$	$\cdots$	-9	-4	-1	0	-1	-4	-9	$\cdots$

2. 然後於平面上描出點 $(-3, -9)$，$(-2, -4)$，$\cdots$，$(3, -9)$，並以平滑的曲線加以連結，則可得 f 之部分圖形。

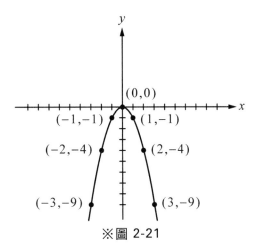

※圖 2-21

由圖 2-21 觀察，我們可知道，拋物線開口向下，圖形有最高點$(0, 0)$，且 y 軸為其對稱軸。

隨堂練習

畫出兩函數 $g(x) = -2x^2$，與 $h(x) = -\dfrac{1}{2}x^2$ 之圖形，並與函數 $f(x) = -x^2$ 作比較。

A：略

例 10 畫出二次函數 $f(x) = (x-1)^2$ 之圖形。

解 1. 列表如下：

※表 2-3

x	$\cdots$	-2	-1	0	1	2	3	4	$\cdots$
$f(x)$	$\cdots$	9	4	1	0	1	4	9	$\cdots$

2. 描點並以平滑曲線連結而得函數 f 之部分圖形。且易知 $(1,0)$ 為其頂點，
直線 $x=1$ 為其對稱軸。

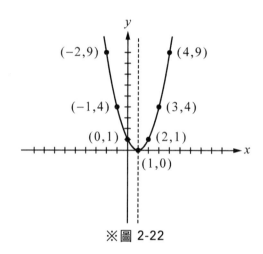

※圖 2-22

若將 $f(x) = (x-1)^2$ 之圖形與 $f(x) = x^2$ 之圖形作比較，不難發現將 $f(x) = x^2$
之圖形向右平移 1 單位，即得 $f(x) = (x-1)^2$ 之圖形。

隨堂練習

畫出二次函數 $g(x) = (x+1)^2$ 之圖形。A：略

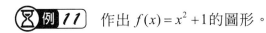

例11 作出 $f(x) = x^2 + 1$ 的圖形。

解 1. 列表如下：

※表 2-4

x	$\cdots$	-3	-2	-1	0	1	2	3	$\cdots$
$f(x)$	$\cdots$	10	5	2	1	2	5	10	$\cdots$

2. 描點並以平滑曲線加以連結而得函數 f 之部分圖形。

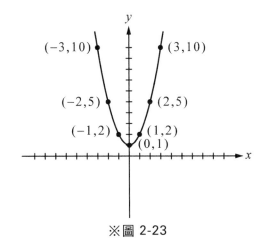

※圖 2-23

顯然，$(0,1)$ 為其頂點，y 軸為其對稱軸。若將其圖形與 $y = x^2$ 圖形作比較，可知將 $y = x^2$ 之圖形向上平移一單位，可得 $y = x^2 + 1$ 的圖形。

隨堂練習

試作 $h(x) = x^2 - 1$ 之圖形。A：略

例12 作出二次函數 $f(x) = (x-1)^2 + 2$ 之圖形。

解 本題可從兩個方向來思考作圖。

作法 1. 列表，描點，並以平滑曲線連結而得。

※表 2-5

x	$\cdots$	-2	-1	0	1	2	3	4	$\cdots$
$f(x)$	$\cdots$	11	6	3	2	3	6	11	$\cdots$

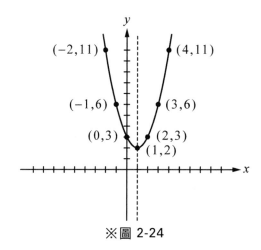

※圖 2-24

作法 2. 先作 $y = x^2$ 之圖形（如圖 2-25），然後將 $y = x^2$ 之圖形向右平移一單位而得 $y = (x-1)^2$ 圖形，再將 $y = (x-1)^2$ 的圖形向上平移兩單位即可得 $f(x) = (x-1)^2 + 2$ 之圖形。且必與作法 1 所作之圖形相同。

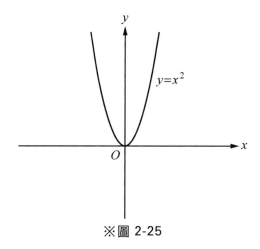

※圖 2-25

圖 2-25 向右平移一單位得圖 2-26。

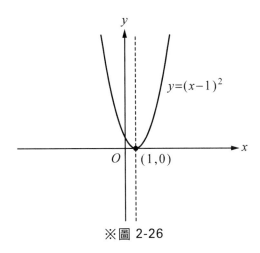

※圖 2-26

圖 2-26 向上平移二單位得圖 2-27。

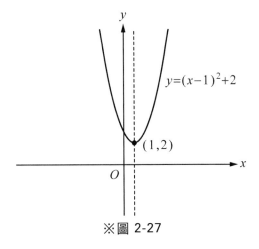

※圖 2-27

圖 2-27 即為所求。

　　不論上述哪一種作圖方法，我們均可從代數方法的討論，了解到當 $x=1$ 時，$(x-1)^2+2=2$ 為 f 之最小值，亦即在圖形上，將容易知道 $(1,2)$ 為最低點。可知，幾何作圖與代數方法的討論，結果是一致的。而直線 $x=1$ 為其對稱軸。

隨堂練習

作出二次函數 $f(x)=(x+1)^2-2$ 之圖形。A：略

例 13 作出二次函數 $f(x)=2(x-1)^2+3$ 之圖形。

解 仿前例，可知此函數之圖形亦可由列表，描點，…之方法直接作出圖形。但我們在此將利用已知 $y=2x^2$ 的圖形，向右平移一單位，再向上平移三單位，而求出 $f(x)=2(x-1)^2+3$ 之圖形。$(1,3)$ 為其頂點，即最低點。而直線 $x=1$ 為其對稱軸。其作法、過程及圖形如下：

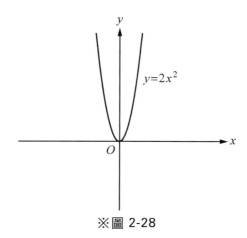

※圖 2-28

圖 2-28 向右平移一單位，得圖 2-29。

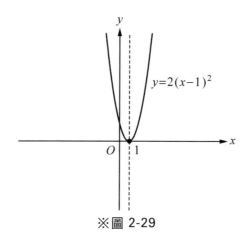

※圖 2-29

圖 2-29 向上平移三單位，得圖 2-30。

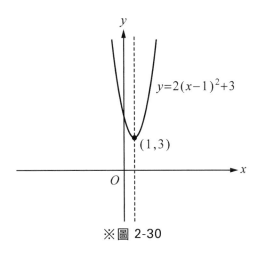

$y=2(x-1)^2+3$

$(1,3)$

※圖 2-30

圖 2-30 為所求。

隨堂練習

作出二次函數 $f(x)=2(x-1)^2-3$ 之圖形。Ａ：略

由以上實際描點作圖與討論，我們得到以下結論：

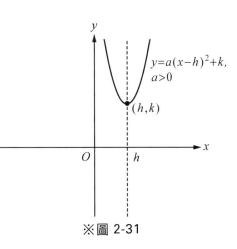

$y=a(x-h)^2+k,$
$a>0$

(h,k)

h

※圖 2-31

二次函數 $f(x)=a(x-h)^2+k$ ， $a>0$ 時，其圖形為開口向上之拋物線，並且可知 (h,k) 為其頂點（即最低點），直線 $x=h$ 為其對稱軸。

又當 $h,k>0$ 時，圖形如下。

其餘 $h>0$ ， $k<0$ ； $h<0$ ， $k>0$ ； $h<0$ ， $k<0$ ，讀者可自行作出圖形。

例 14 作出二次函數 $f(x) = -(x+1)^2 - 2$ 之圖形。

解 本題作圖可經由列表,描點,…之方法而直接作出圖形。但我們在此,將

1. 先作出 $y = -x^2$ 的圖形。

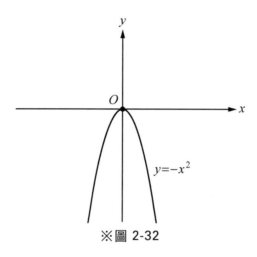

※圖 2-32

2. 將圖 2-32 向左平移一單位,得 $y = -(x+1)^2$ 之圖形。

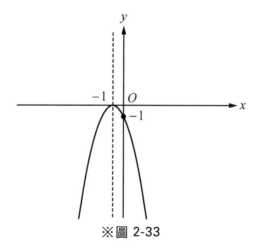

※圖 2-33

3. 將圖 2-33 再向下平移兩單位，得 $f(x) = -(x+1)^2 - 2$ 之圖形。

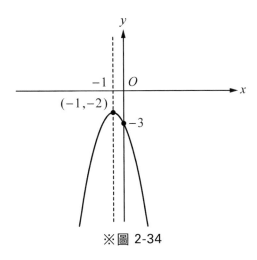

※圖 2-34

綜覽上述討論，可知二次函數 $f(x) = a(x-h)^2 + k$ ， $a < 0$ 時，其圖形為開口向下之拋物線，並且可知 (h,k) 為其頂點（即最高點），直線 $x = h$ 為其對稱軸。而 $f(x) = a(x-h)^2 + k$ ， $a < 0$ 之圖形，以 $h < 0$ ， $k > 0$ 為例，圖形如下：

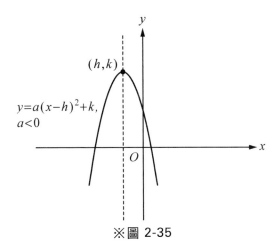

※圖 2-35

其餘 $h > 0$ ， $k > 0$ ； $h < 0$ ， $k < 0$ ； $h > 0$ ， $k < 0$ 之情況，讀者應可了解。

現在，讓我們回過頭來討論一下：一般式的二次函數 $f(x) = ax^2 + bx + c$ ， $a \neq 0$ 之圖形如何？

我們先舉一實例來作說明：

求函數 $f(x) = 2x^2 - 4x + 1$ 的圖形？

可利用配方法

$$
\begin{aligned}
f(x) &= 2x^2 - 4x + 1 \\
&= 2(x^2 - 2x) + 1 \\
&= 2(x^2 - 2x + 1 - 1) + 1 \\
&= 2[(x-1)^2 - 1] + 1 \\
&= 2(x-1)^2 - 1
\end{aligned}
$$

然後，對比前面的討論，求出函數圖形。

但亦可作更深入的一般性探討，並求出一些相關公式如下：

利用配方法，

$$
\begin{aligned}
f(x) &= ax^2 + bx + c \\
&= a(x^2 + \frac{b}{a}x) + c = a\left[x^2 + \frac{b}{a}x + (\frac{b}{2a})^2 - (\frac{b}{2a})^2\right] + c \\
&= a\left[(x + \frac{b}{2a})^2 - \frac{b^2}{4a^2}\right] + c \\
&= a(x + \frac{b}{2a})^2 - \frac{b^2}{4a} + c \\
&= a(x + \frac{b}{2a})^2 + \frac{4ac - b^2}{4a}
\end{aligned}
$$

上式與前述 $y = a(x-h)^2 + k$ 比較，得

$$
h = -\frac{b}{2a}
$$

$$
k = \frac{4ac - b^2}{4a}
$$

可得結論如下：

二次函數 $f(x) = ax^2 + bx + c$，$a \neq 0$ 之圖形為

1. 當 $a > 0$ 時，圖形為開口向上之拋物線；

   當 $a < 0$ 時，圖形為開口向下之拋物線。

2. 點 $(-\dfrac{b}{2a}, \dfrac{4ac - b^2}{4a})$ 為其頂點。

3. 直線 $x = -\dfrac{b}{2a}$ 為其對稱軸。

（※ 其實，當 $x = -\dfrac{b}{2a}$ 時，$f(-\dfrac{b}{2a}) = \dfrac{4ac - b^2}{4a}$。亦即若要求 $\dfrac{4ac - b^2}{4a}$ 之值，就求 $f(-\dfrac{b}{2a})$ 是一樣的。）

又考慮拋物線與 x 軸相交的問題，即考慮聯立方程組 $\begin{cases} y = f(x) \\ y = 0 \end{cases}$ 的解的問題。以 $y = 0$ 代入得 $f(x) = 0$，即 $ax^2 + bx + c = 0$。由第一章二元一次方程式的解的討論，易得

1. 當 $b^2 - 4ac > 0$ 時，方程式 $ax^2 + bx + c = 0$ 有兩實數解 $x = \dfrac{-b + \sqrt{b^2 - 4ac}}{2a}$ 或 $\dfrac{-b - \sqrt{b^2 - 4ac}}{2a}$，亦即告訴我們函數 $f(x) = ax^2 + bx + c$ 之拋物線圖形與 x 軸相交於 $(\dfrac{-b + \sqrt{b^2 - 4ac}}{2a}, 0)$ 與 $(\dfrac{-b - \sqrt{b^2 - 4ac}}{2a}, 0)$ 兩點。

(1) $a > 0$ 時，拋物線可能圖形之一。

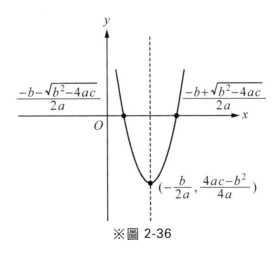

※圖 2-36

(2) $a < 0$ 時，拋物線可能圖形之一。

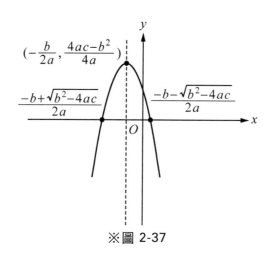

※圖 2-37

2. 當 $b^2 - 4ac = 0$ 時，方程式 $ax^2 + bx + c = 0$ 恰有一實數解 $x = -\dfrac{b}{2a}$，此即告訴我們函數 $f(x) = ax^2 + bx + c$ 之拋物線圖形與 x 軸相切於點 $(-\dfrac{b}{2a}, 0)$。

同理可知，有以下可能圖形：

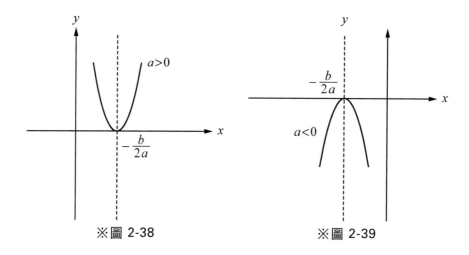

※圖 2-38   ※圖 2-39

3. $b^2 - 4ac < 0$ 時，則方程式 $ax^2 + bx + c = 0$ 無實數解；亦即拋物線與 x 軸無交點。圖形如下：

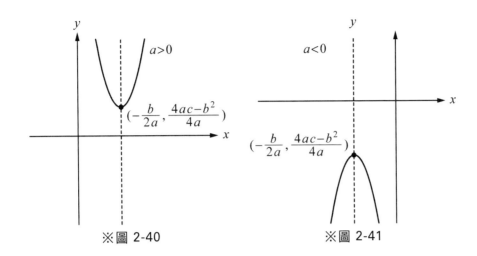

※圖 2-40　　　　　　　　　　※圖 2-41

4. 如何求拋物線與 y 軸之交點 (x, y)？即求聯立方程組 $\begin{cases} y = ax^2 + bx + c \\ x = 0 \end{cases}$ 之解。將

$x = 0$ 代入，可得 $y = c$，則易知交點坐標 $(x, y) = (0, c)$。

例 15　求作一般式之二次函數 $f(x) = 2x^2 - 4x - 1$ 之圖形並求出其與 x、y 軸之交點？

解　1. 可先討論圖形之性質：

(1)　$a = 2 > 0$，拋物線開口向上。

(2)　$b^2 - 4ac = 16 + 8 = 24 > 0$，所以拋物線與 x 軸相交於兩點 $(\dfrac{2 - \sqrt{6}}{2}, 0)$ 與

$(\dfrac{2 + \sqrt{6}}{2}, 0)$。

(3)　拋物線頂點為 $(-\dfrac{b}{2a}, \dfrac{4ac - b^2}{4a}) = (1, -3)$。

(4)　直線 $x = -\dfrac{b}{2a} = 1$ 為其對稱軸。

相信從已知上述拋物線之性質，將可幫助我們作出更正確的函數圖形。

2. 作圖如下：

(1) 列表：

※表 2-6

x	$\cdots$	-2	-1	0	1	2	3	4	$\cdots$
$f(x)$	$\cdots$	15	5	-1	-3	-1	5	15	$\cdots$

(2) 然後描點並以平滑曲線連結而得知函數 f 之部分圖形：

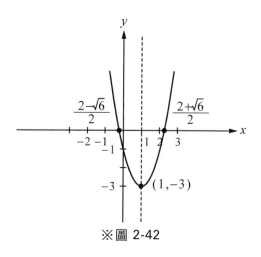

※圖 2-42

3.圖形與 y 軸之交點 $(0,c)=(0,-1)$。

※ 4.此函數圖形亦可透過以下配方的方法來作出。

$$f(x) = 2x^2 - 4x - 1$$
$$= 2(x^2 - 2x) - 1$$
$$= 2(x-1)^2 - 3$$

∴ 可知頂點 $(1,-3)$，對稱直線 $x=1$，及拋物線開口向上等性質，然後藉由 $y=2x^2$ 之圖形向右平移一單位，再向下平移 3 單位而求出函數 f 之圖形。

隨堂練習

求作二次函數 $f(x) = -x^2 + x + 1$ 之圖形，並求出與 x，y 軸之交點？

A：$(\dfrac{1+\sqrt{5}}{2}, 0), (\dfrac{1-\sqrt{5}}{2}, 0)$ ；$(0,1)$

例 16 試畫出二次函數 $f(x) = -x^2 + 2x - 1$ 之圖形。

解 1. $a = -1 < 0$，拋物線開口向下。

2. $b^2 - 4ac = (2)^2 - 4(-1) \cdot (-1) = 0$

   所以拋物線與 x 軸相切於點 $(-\dfrac{b}{2a}, 0) = (1, 0)$，此點亦恰為頂點。

3. 對稱軸為直線 $x = -\dfrac{b}{2a} = 1$。

4. 作圖 $f(x) = -x^2 + 2x - 1$
   $$= -(x^2 - 2x + 1)$$
   $$= -(x - 1)^2$$

∴ f 之圖形可由 $y = -x^2$ 之圖形向右平移一單位而得。亦可由列表，描點畫出。

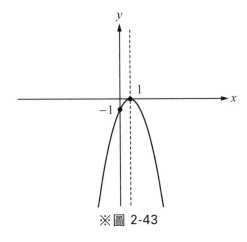

※圖 2-43

5. 圖形與 y 軸之交點 $(0, c) = (0, -1)$。

隨堂練習

試畫出二次函數 $f(x) = x^2 - 4x + 4$ 之圖形。A：略

例 17 試畫出二次函數 $f(x) = x^2 + x + 1$ 之圖形。

解 1. $a = 1$，拋物線開口向上。

2. $b^2 - 4ac < 0$，∴ f 之圖形與 x 軸無交點

3. 頂點 $(-\dfrac{b}{2a}, \dfrac{4ac - b^2}{4a}) = (-\dfrac{1}{2}, \dfrac{3}{4})$ 或以下求法亦可。

   頂點為 $(-\dfrac{b}{2a}, f(-\dfrac{b}{2a})) = (-\dfrac{1}{2}, \dfrac{3}{4})$。

4. 對稱軸為直線 $x = -\dfrac{1}{2}$。

5. 作圖如下：

   (1) 列表

   ※表 2-7

x	$\cdots$	-3	-2	-1	$-\dfrac{1}{2}$	0	1	2	$\cdots$
y	$\cdots$	7	3	1	$\dfrac{3}{4}$	1	3	7	$\cdots$

   (2) 描點並以平滑曲線加以連結而
      得 f 之部分圖形：

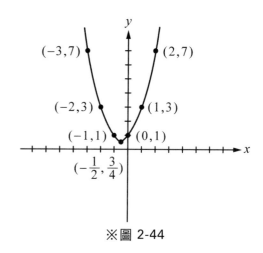

※圖 2-44

隨堂練習

作出二次函數 $f(x) = -x^2 - x - 1$ 之圖形。A：略

五、多項式函數圖形

每一個多項式 $f(x) = a_n x^n + a_{n-1} x^{n-1} + \ldots + a_1 x + a_0$ 都可以看成一個函數，利用不同的 x 值可以求得唯一的 $y = f(x)$，於是在坐標平面上描繪出 (x, y)，可以得其函數圖形。

例 18 利用電子試算表作出 $f(x) = x^3 - 1$ 之圖形。

解 如圖 2-45，把這些點 (x, y) 在坐標平面上以平滑的曲線連接起來，如圖 2-46 所示，這就是 $f(x) = x^3 - 1$ 的圖形。

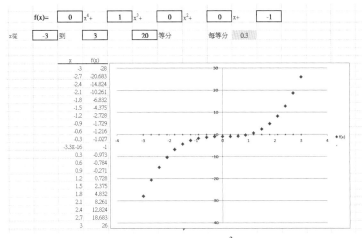

※圖 2-45 　作出 $f(x) = x^3 - 1$ 之圖形

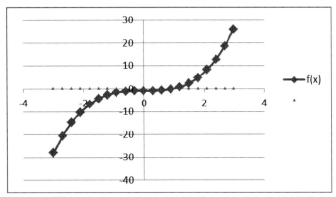

※圖 2-46 　這些點 (x, y) 在坐標平面上以平滑的曲線連接起來

　　為什麼描了很多點後，我們可用平滑曲線將這些點連接起來？其實這是以下的定理：

　　多項函數的中間值定理：設 $f(x)$ 是一多項函數，如果 m 是介於 $f(a)$、$f(b)$ 之間的任一數，那麼在 a, b 間必有一數 c，滿足 $f(c) = m$。

　　利用中間值定理不難看出設 $f(x) = 0$ 為一實係數多項方程式，如果 $f(a) \cdot f(b) < 0$，那麼 a, b 之間至少有 $f(x) = 0$ 的實根，這個定理就是**勘根定理**。

　　從圖形上亦可說求 $f(x) = 0$ 之實根，就是看函數圖形與 x 軸之交點，亦即視為 x 軸 $y = 0$ 與 $y = f(x)$ 之聯立方程式。

☑ 習題 **2-3**

1. 作出下列函數之圖形

    (1) $f(x) = 2x + 1$

    (2) $g(x) = -3x + 2$

    (3) $h(x) = x + 5$

    (4) $i(x) = -3x^2$

    (5) $j(x) = -3(x+1)^2$

    (6) $k(x) = -3(x+1)^2 + 2$

    (7) $l(x) = -x^2 - 2x + 3$

    (8) $m(x) = x^2 + 2x + 1$

    (9) $n(x) = x^2 - x + 1$

2. 求二次函數 $y = x^2 + x - 1$ 之圖形及與直線 $y = 0$ 之交點？

3. 求二次函數 $y = x^2 + x - 1$ 之圖形及與直線 $x = 0$ 之交點？

4. 求二次函數 $y = x^2 + x + 1$ 之圖形及與直線 $y = 3x$ 之交點？

5. 求二次函數 $y = x^2 + x + 1$ 之圖形及與 $y = x^2 - x - 3$ 之交點？

6. 函數 $y = x^2$ 向右平移 4 個單位，再向下平移 3 個單位，所得新函數為何？

7. 若 $y = -x^2 + 6x + 8$，求此函數拋物線圖形的(1)開口方向、(2)頂點坐標、(3)對稱軸方程式、(4)與 x 軸的交點、(5)與 y 軸的交點？

2-4　空間坐標

在本章第二節，我們曾經介紹了平面上直角坐標系的概念。今從 xy 平面的原點 O 作一垂直於 xy 平面的直線並給予坐標化（稱為 z 軸），如此則建立了空間之一直角坐標系。此時，如果我們選取各軸的正方向如下圖所示，則稱此空間直角坐標系為右手系。這乃是：若以右手大拇指以外四指表出「由 x 軸正向繞向 y 軸正向的方向時」，豎起的大拇指指向 z 軸正向而言。但換是左手，則稱左手系。

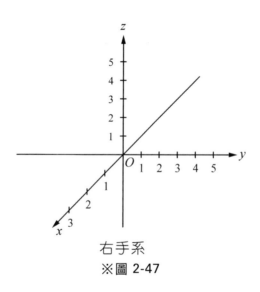

右手系
※圖 2-47

通常右手系常被採用。三坐標軸決定了三個平面，除熟知的 xy 平面外，另有 yz 平面與 xz 平面。此三個坐標平面將空間分割成八個部分，每一部分稱為一個卦限。

一、空間中一點的坐標

設 P 為空間中任意一點，過 P 向 x、y、z 三軸分別作垂直線。若其垂足在 x、y、z 三軸之坐標分別為 a、b、c，則有序三元組 (a, b, c) 即為 P 之坐標，常記作 $P(a, b, c)$，如圖 2-48 所示。

此外，常稱坐標均為正的那個卦限為第一卦限，其餘卦限，則一般不稱其為第幾卦限。

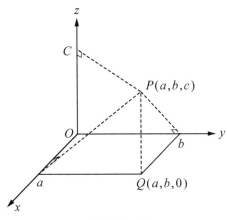

※圖 2-48

反之，任意給予有序三元組 (a, b, c)，如何找出坐標為 (a, b, c) 的點 P？我們可先在 xy 平面找出點 $Q(a, b)$。過 Q 作直線 L 垂直 xy 平面，然後在直線 L 上取坐標為 c 的點（設此直線之坐標系正向與 z 軸相同），則此點即為所求空間坐標為 (a, b, c) 的點 P。如上圖虛線所示。

隨堂練習

描出空間坐標為 $(1, 0, 0)$，$(1, 2, 3)$，$(1, 2, -3)$ 的點。A：略

二、空間中兩點的距離

仿照平面上求兩點 $P(x_1, y_1)$，$Q(x_2, y_2)$ 距離公式 $\overline{PQ} = \sqrt{(x_2 - x_1)^2 + (y_2 - y_1)^2}$ 之方法，我們同理可求得空間中兩點 $P(x_1, y_1, z_1)$，$Q(x_2, y_2, z_2)$ 之距離公式為

$$\overline{PQ} = \sqrt{(x_2 - x_1)^2 + (y_2 - y_1)^2 + (z_2 - z_1)^2}$$

例 1 設空間中三點 $P(-3, 6, 0)$，$Q(-2, -5, -1)$，$R(1, 4, 2)$，問 $\triangle PQR$ 是否為直角三角形？

解 利用距離公式，求得

$$\overline{PQ} = \sqrt{(-3 - (-2))^2 + (6 - (-5))^2 + (0 - (-1))^2} = \sqrt{123}$$

$$\overline{PR} = \sqrt{(-3-1)^2 + (6-4)^2 + (0-2)^2} = \sqrt{24}$$

$$\overline{QR} = \sqrt{(-2-1)^2 + (-5-4)^2 + (-1-2)^2} = \sqrt{99}$$

得 $\overline{PR}^2 + \overline{QR}^2 = \overline{PQ}^2$，依畢氏定理可知，$\Delta PQR$ 為直角三角形。

三、分點定理

回顧坐標平面上相異兩點 $P(x_1, y_1)$，$Q(x_2, y_2)$，設 $R(x, y)$ 為 $\overline{PQ}$ 線段一內分點，則在當 $\dfrac{\overline{PR}}{\overline{RQ}} = r$ 時，R 之坐標為 $x = \dfrac{x_1 + rx_2}{1+r}$，$y = \dfrac{y_1 + ry_2}{1+r}$。今仿上述坐標平面上之分點定理的公式與推論，同理可求得空間坐標之分點定理如下：

$P(x_1, y_1, z_1)$，$Q(x_2, y_2, z_2)$ 為坐標空間中兩相異點，$R(x, y, z)$ 為 $\overline{PQ}$ 線段上一點，且 R 介於 P、Q 兩點之間。

若 $\dfrac{\overline{PR}}{\overline{RQ}} = r$，則 $x = \dfrac{x_1 + rx_2}{1+r}$，$y = \dfrac{y_1 + ry_2}{1+r}$，$z = \dfrac{z_1 + rz_2}{1+r}$

若 $\overline{PR} : \overline{RQ} = m : n$，則 $x = \dfrac{nx_1 + mx_2}{m+n}$，$y = \dfrac{ny_1 + my_2}{m+n}$，$z = \dfrac{nz_1 + mz_2}{m+n}$

例 2 　設 $A(0, 3, 2)$、$B(5, -2, 2)$、$C(x, y, z)$ 在同一直線上，C 介於 A、B 兩點之間，且 $\overline{AC} : \overline{CB} = 2 : 3$，求 C 之坐標？

解 　依分點定理知，C 之坐標

$$x = \frac{3 \cdot 0 + 2 \cdot 5}{2+3} = \frac{10}{5} = 2$$

$$y = \frac{3 \cdot 3 + 2 \cdot (-2)}{2+3} = \frac{5}{5} = 1$$

$$z = \frac{3 \cdot 2 + 2 \cdot 2}{2+3} = \frac{10}{5} = 2$$

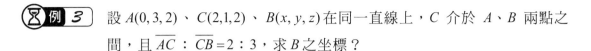

例 3 設 $A(0, 3, 2)$、$C(2,1,2)$、$B(x, y, z)$ 在同一直線上，C 介於 A、B 兩點之間，且 $\overline{AC} : \overline{CB} = 2 : 3$，求 B 之坐標？

解 依分點定理知，B 之坐標 (x, y, z) 滿足下列各式：

$$\begin{cases} 2 = \dfrac{3 \cdot 0 + 2 \cdot x}{2 + 3} \\[2mm] 1 = \dfrac{3 \cdot 3 + 2 \cdot y}{2 + 3} \\[2mm] 2 = \dfrac{3 \cdot 2 + 2 \cdot z}{2 + 3} \end{cases}$$

$$\Rightarrow \begin{cases} x = 5 \\ y = -2 \\ z = 2 \end{cases}$$

1. 空間中三點 $A(7, 3, 4)$ ， $B(4, 5, -2)$ ， $C(1, 0, 6)$ ，問 $\triangle ABC$ 是否為等腰或直角三角形？

2. 空間中三點 $A(3, -1, 2)$ ， $B(3, 7, -4)$ ， $C(0, 3, 2)$ ，求 $\triangle ABC$ 之重心坐標？

3. 空間中 $A(1, 3, -3)$ ， $B(1, -2, 2)$ 兩點， C 點在線段 $\overline{AB}$ 上，且 $2\overline{AC} = 3\overline{CB}$ ，求 C 之坐標？

03 CHAPTER

平面上的直線方程式

3-1 直線的斜率

首先讓我們來介紹平面上兩條特殊的直線——水平線與鉛直線。在坐標平面上與 x 軸平行的直線（包括 x 軸）稱為水平線，而與水平線垂直的直線稱為鉛直線。如圖 3-1 所示。

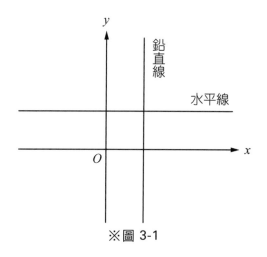

※圖 3-1

就坐標平面而言，水平線與鉛直線一為水平，一為鉛直；此兩直線都不傾斜，而除此兩直線外之直線，都有其傾斜的現象。在此，我們想藉著「傾斜率」（以下簡稱斜率，或稱陡率）的概念，來描述直線傾斜的現象。

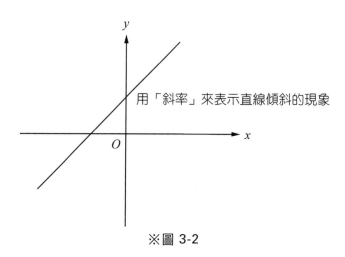

※圖 3-2

數學上，我們如何來計算坐標平面上一直線 L 之斜率？簡述如下：

☑ 定理 3-1

設直線 L 通過坐標平面上相異兩點 $P_1(x_1, y_1)$，$P_2(x_2, y_2)$，則 L 的斜率 $m = \dfrac{y_2 - y_1}{x_2 - x_1} = \dfrac{y_1 - y_2}{x_1 - x_2}$（通常以 m 表示直線的斜率）。

依上述定理，我們將可容易求出所予直線之斜率。

⊠ 例 1 求通過兩點 $P_1(1, -1)$，$P_2(3, 3)$ 之直線 L 的斜率？

⊠ 解 L 的斜率 $m = \dfrac{y_2 - y_1}{x_2 - x_1} = \dfrac{3 - (-1)}{3 - 1} = 2$

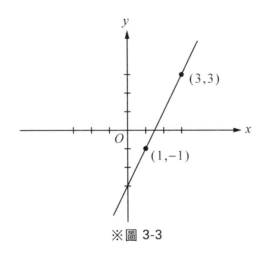

※圖 3-3

※L 的斜率 $m = 2 > 0 \Rightarrow L$ 由左而右向上升，

就任意直線 L 而言，

L 的斜率 $m > 0 \Leftrightarrow L$ 由左而右向上升。

例 2　求通過 $P_3(0,3)$，$P_4(2,1)$ 之直線 L 的斜率？

解　L 的斜率 $m = \dfrac{y_2 - y_1}{x_2 - x_1} = \dfrac{1-3}{2-0} = -1$

※L 的斜率 $m = -1 < 0 \Rightarrow L$ 由左而右向下降，

就任意直線 L 而言，

L 的斜率 $m < 0 \Leftrightarrow L$ 由左而右向下降。

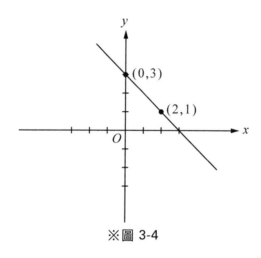

※圖 3-4

隨堂練習

1. 求過兩點 $(1,1)$，$(3,1)$ 之直線的斜率？A：此直線為水平線

2. 求通過兩點 $(1,0)$，$(1,2)$ 之直線的斜率？A：此直線為鉛直線

由上述之練習可知，水平線之斜率為 0，鉛直線無斜率可言。

例 3　若一直線垂直 y 軸，則此直線斜率為何？

解　因為垂直 y 軸，則此直線為一水平線，所以斜率為 0。

求過點 $P(1,2)$ 作出斜率為 $\frac{1}{3}$ 之直線？

 1. 先於坐標平面上作出點 $P(1,2)$

2. 然後，由此點向右平移 3 單位，再向上平移 1 單位，到點 $Q(4,3)$。此時，直線 $\overleftrightarrow{PQ}$ 為所求。其斜率即為 $\frac{1}{3}$

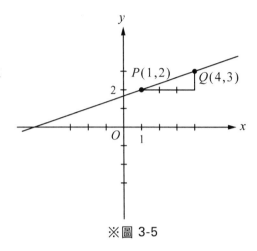

※圖 3-5

求過點 $P(1,2)$，作出斜率為 $-\frac{1}{2}$ 之直線？A：略

至於方程式為 $ax+by+c=0$，$b \neq 0$ 之直線的斜率如何？討論如下：

 求出直線 L：$ax+by+c=0$，$b \neq 0$ 之斜率？

解 任取直線上兩點 $(0,-\frac{c}{b})$ 及 $(1,-\frac{a+c}{b})$

$$\therefore L \text{ 的斜率 } m = \frac{-\dfrac{a+c}{b}-(-\dfrac{c}{b})}{1-0} = -\frac{a}{b}$$

（※上例之解，可視為求直線斜率之一重要公式）

例 6 分別求出直線 L_1：$x+y-1=0$ 及 L_2：$2x-y+3=0$ 之斜率？

解 依上例可求得，L_1，L_2 之斜率分別為 $m_1 = -\dfrac{a}{b} = -\dfrac{1}{1} = -1$，

$m_2 = -\dfrac{a}{b} = -\dfrac{2}{-1} = 2$。

隨堂練習

1. 求出直線 $3x+2y-1=0$ 之斜率？　A：$-\dfrac{3}{2}$

2. 求出直線 $2x-3=0$ 之斜率？　A：無斜率

3. 求出直線 $y+1=0$ 之斜率？　A：0

有關直線斜率的性質的應用，請重視以下定理。證明從略。

☑ 定理 3-2

設直線 L_1 與 L_2 均不為鉛直線，且其斜率分別為 m_1 與 m_2，

則　(1) L_1 與 L_2 平行或重合 $\Leftrightarrow m_1 = m_2$

　　(2) L_1 與 L_2 互相垂直 $\Leftrightarrow m_1 \cdot m_2 = -1$

例 7 平面上三點 $A(a,3), B(-2,5), C(1,2)$，若此三點共線，求 $a = ?$

解 因此三點共線，故 $\overleftrightarrow{AB}$ 的斜率 $=\overleftrightarrow{BC}$ 的斜率

$\therefore m_{\overline{AB}} = \dfrac{5-3}{-2-a} = \dfrac{2}{-2-a}$ ，$\therefore m_{\overline{BC}} = \dfrac{2-5}{1-(-2)} = -1$

$\Rightarrow \dfrac{2}{-2-a} = -1$ 　$\therefore 2 = 2+a$ 　$\therefore a = 0$

例 8 試問下列四點 $A(-4, -2)$，$B(2, 0)$，$C(8, 6)$，$D(2, 4)$ 所連成的四邊形是否為平行四邊形？

解 直線 $\overleftrightarrow{AB}$ 之斜率 $m_{\overleftrightarrow{AB}} = \dfrac{-2-0}{-4-2} = \dfrac{1}{3}$

直線 $\overleftrightarrow{CD}$ 之斜率 $m_{\overleftrightarrow{CD}} = \dfrac{6-4}{8-2} = \dfrac{1}{3}$

即 $m_{\overleftrightarrow{AB}} = m_{\overleftrightarrow{CD}}$

$\therefore \overleftrightarrow{AB} /\!/ \overleftrightarrow{CD}$

同理 $\overleftrightarrow{AD} /\!/ \overleftrightarrow{BC}$

$\therefore$ 四邊形 $ABCD$ 為一平行四邊形。

（兩雙對邊分別平行的四邊形即為平行四邊形）

例 9 設兩直線 L_1： $(a+2)x + y - 3 = 0$

$\qquad L_2$： $x + (a-2)y + 2 = 0$ $\quad (a \neq 2)$

互相垂直，求 a 之值？

解 直線 L_1 之斜率為 $-(a+2)$

直線 L_2 之斜率為 $\dfrac{-1}{a-2}$

依題意，可知

$-(a+2) \cdot \dfrac{-1}{a-2} = -1$

$\Rightarrow a+2 = 2-a$

$\Rightarrow 2a = 0 \Rightarrow a = 0$

即 L_1 與 L_2 垂直時，則 $a = 0$

☑ 習題　**3-1**

1. 求出下列各直線 $\overleftrightarrow{PQ}$ 之斜率？

  (1) $P(1, 2)$，$Q(-2, 1)$

  (2) $P(3, 1)$，$Q(2, 1)$

  (3) $P(2, -1)$，$Q(2, -3)$

2. 三角形的三頂點為 $A(3, 2)$，$B(6, 5)$，$C(3, 8)$，求各中線的斜率？

3. 求過點 $P(2, 1)$，分別作出斜率為 0 與 $\dfrac{3}{2}$ 之直線？

4. 設 $A(5, 1)$，$B(3, -3)$，$C(-6, 2)$，$D(-2, h)$

  (1) 若 $\overleftrightarrow{AB} /\!/ \overleftrightarrow{CD}$，則 $h = ?$

  (2) 若 $\overleftrightarrow{AB} \perp \overleftrightarrow{CD}$，則 $h = ?$

5. 平面上三點 $A(2, 1)$，$B(0, -3)$，$C(a, 2)$ 共線，求 $a = ?$

6. 平面上四個點 $A(2, 1)$，$B(0, -3)$，$C(-3, 1)$，$D(a, b)$，若 $\square ABCD$ 為平行四邊形，則 $(a, b) = ?$

3-2　直線方程式的類型

　　以前我們學會畫出二元一次方程式 $ax+by+c=0$（a，b 不同時為零的實數）的圖形為平面上一直線。現在，再來複習一下。

 試作出二元一次方程式 $x+y-1=0$ 之圖形？

 1. 可知二元一次方程式之圖形為平面上一直線。

　　2. 列表

※表 3-1

x	1	0
y	0	1

　　即任取兩點 $P(1,0)$，$Q(0,1)$

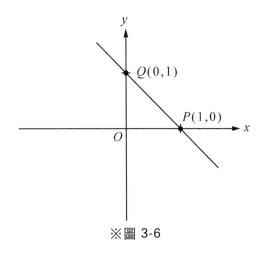

※圖 3-6

　　然後連結此兩點，即得直線 $\overleftrightarrow{PQ}$ 為所求。

隨堂練習

試作出直線 $L：2x-y+3=0$ 之圖形。A：略

此外，我們亦知平面上任意一直線，其方程式都可寫成形如 $ax+by+c=0$ 的一個二元一次方程式。

若將二元一次方程式 $ax+by+c=0$ 視為平面上直線方程式之一般式。而除了此直線方程式之一般式外，另外為應用方便起見，直線方程式又可分成以下幾種類型來表示之。

1. 點斜式。

2. 兩點式。

3. 斜截式。

4. 截距式。

茲分述於後：

一、點斜式

顧名思義，「點」代表所求直線通過此一已知點。「斜」代表所求直線的已知斜率。將此寫成下面定理。

☑ 定理 3-3

設直線 L 通過一點 (x_1, y_1) 且其斜率為 m，則其方程式為

$$y-y_1=m(x-x_1) \cdots\cdots L \text{ 之點斜式}$$

說明如下：設點 (x, y) 為直線 L 上異於 (x_1, y_1) 之任一點，易知 $\dfrac{y-y_1}{x-x_1}=m$

$\Rightarrow y-y_1=m(x-x_1)$

 例 **2** 　過點 $(1, -3)$ 且斜率為 $\dfrac{1}{2}$ 的直線方程式？

解 　依點斜式公式 $y - y_1 = m(x - x_1)$

易知，所求方程式為

$$y - (-3) = \dfrac{1}{2}(x - 1)$$

$$\Rightarrow y + 3 = \dfrac{1}{2}(x - 1)$$

可化簡得 $x - 2y - 7 = 0$。

 例 **3** 　求滿足下列條件之直線方程式？

　　1. 過 $(1, 2)$ 且平行於直線 $x + y + 1 = 0$

　　2. 過 $(2, 3)$ 且垂直於直線 $2x - y + 2 = 0$

解 　1. 直線 $x + y + 1 = 0$ 之斜率 $m = -\dfrac{a}{b} = -1$，所以所求直線之斜率亦為 -1。由點

斜式，知所求之直線方程式為

$$y - 2 = -1(x - 1)$$

$$\Rightarrow x + y - 3 = 0$$

2. 直線 $2x - y + 2 = 0$ 之斜率 $m = -\dfrac{a}{b} = 2$，所以所求直線之斜率為 $-\dfrac{1}{2}$。由點

斜式，知所求之直線方程式為

$$y - 3 = -\dfrac{1}{2}(x - 2)$$

$$\Rightarrow x + 2y - 8 = 0$$

隨堂練習

求過點 $(-1, -2)$ 且斜率為 -3 之直線方程式？　A：$y + 2 = -3(x + 1)$

二、兩點式

兩點即指直線通過兩已知點。寫成定理如下：

☑ 定理 3-4

設直線 L 通過兩相異點 (x_1, y_1) 與 (x_2, y_2)，則

1. 若 $x_1 \neq x_2$，則其方程式為 $y - y_1 = \dfrac{y_2 - y_1}{x_2 - x_1}(x - x_1)$

   （此時，L 之斜率 $m = \dfrac{y_2 - y_1}{x_2 - x_1}$ 代入點斜式公式，即可得上式）

2. 若 $x_1 = x_2$，則直線與 y 軸平行（或說直線與 x 軸垂直於 $(x_1, 0)$ 處），其方程式為 $x = x_1$

⏳ 例 4　求過兩點 $(5, -1)$，$(2, -3)$ 之直線方程式？

⏳ 解　依兩點式之公式，可求得方程式如下：

$$y - (-1) = \frac{-3 - (-1)}{2 - 5}(x - 5)$$

$$\Rightarrow y + 1 = \frac{-2}{-3}(x - 5)$$

$$\Rightarrow 2x - 3y - 13 = 0$$

隨堂練習

求過兩點 $(2,1)$，$(3,2)$ 之直線方程式？　　A：$y-1=x-2$

⏳ 例 5　一直線與 x 軸、y 軸分別交於 $(a,0)$，$(0,b)$，如圖 3-7 所示。試證其方程式為 $\dfrac{x}{a}+\dfrac{y}{b}=1$（$a \neq 0$，$b \neq 0$）

證明　由兩點式，得此直線之方程式為

$$y-0=\frac{b-0}{0-a}(x-a)$$

$$\Rightarrow y=\frac{b}{-a}(x-a)$$

$$\Rightarrow -ay=bx-ab$$

$$\Rightarrow bx+ay=ab$$

上式以 ab 除之，得 $\dfrac{x}{a}+\dfrac{y}{b}=1$

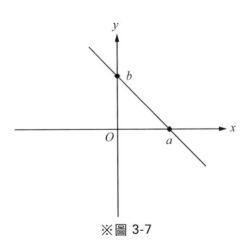

※圖 3-7

上例中，a，b 分別稱為此直線在 x 軸、y 軸上的截距。而上式之方程式叫做直線「截距式」。寫成下面之定理。

三、截距式

截距式即指依直線 L 分別在 x 軸、y 軸上的截距所寫成的方程式形式。

☑ 定理 3-5

設直線 L 在 x 軸、y 軸之截距分別為 a 與 $b(a \neq 0, \ b \neq 0)$

則其方程式為

$$\frac{x}{a} + \frac{y}{b} = 1 \cdots\cdots L \text{ 之截距式}$$

⧗例 6 已知 L 在 x 軸、y 軸之截距分別為 -3 與 -5，求其截距式？

⧗解 由截距式之公式，易得方程式之截距式為

$$\frac{x}{-3} + \frac{y}{-5} = 1$$

四、斜截式

「斜」代表斜率，而此處的「截」所指的是 y 軸的截距。

☑ 定理 3-6

設直線 L 之斜率為 m，y 軸之截距為 b，則其方程式為

$$y = mx + b \cdots\cdots L \text{ 之斜截式}$$

證明 已知 L 之 y 軸截距為 b，可知 L 通過點 $(0, b)$，由點斜式知 L 之方程式為

$$y - b = m(x - 0)$$

$$\Rightarrow y = mx + b$$

例 7 設直線 L 之斜率為 3，y 軸截距為 5，求其方程式？

解 依斜截式 $y = mx + b$

易知 L 之方程式為 $y = 3x + 5$

 隨堂練習

1. 求出直線方程式 $\dfrac{x}{-2} + \dfrac{y}{5} = 1$ 之 x 軸與 y 軸上之截距？　A：$-2, 5$

2. 直線 L 之斜率為 -5，且其 y 軸之截距為 3，求 L 之方程式？

　A：$y = -5x + 3$

☑ 習題　3-2

1. 求直線 $L: 2x + 3y + 4 = 0$ 之斜率？

2. 求過點 $(3, 8)$，斜率為 $-\dfrac{4}{5}$ 之直線方程式。

3. 求過點 $(2, 4)$ 而平行於直線 $x + y - 1 = 0$ 之直線方程式？

4. 求過點 $(1, 2)$ 而與直線 $x - y + 2 = 0$ 垂直之直線方程式？

5. 求過兩點 $(3, 1)$，$(0, 2)$ 之直線方程式及其在 x 軸與 y 軸之截距？

6. 設兩直線 L_1：$x + y + 1 = 0$，L_2：$x - y + 1 = 0$ 交於 P 點，求過 P 點而斜率為 2 的直線方程式？

7. 設平面上兩點 $A(3, 2)$，$B(-1, 4)$，求線段 $\overline{AB}$ 之垂直平分線方程式？

8. 直線 L_1：$7x - 2y + 4 = 0$，L_2：$4x + ky - 5 = 0$，若 $L_1 \perp L_2$，則 $k = $？

9. 若二直線 $y = 3x + 2$ 與 $y = ax + 3$ 互相垂直，則 $a = $？

10. 設過點 $(1, 2)$ 且平行於 $2x + 3y = 1$ 的直線為 $ax + by = 1$，則 $a - b = $？

11. 設直線 L 的 x 截距為 2，y 截距為 -3，則 L 的方程式為何？

3-3 二元一次方程式組的圖形

　　從前節之討論與說明，同學們早已經了解到二元一次方程式的圖形為平面上一直線。而本節的討論將聚焦於聯立的二元一次方程組的求解情形。換句話說，我們將討論平面上兩直線的相交、重合或平行情形。

☑ 定理 3-7

　　設平面上二直線 L_1, L_2 之方程式分別為

L_1：$a_1 x + b_1 y + c_1 = 0$

L_2：$a_2 x + b_2 y + c_2 = 0$

則

(1) $\dfrac{a_1}{a_2} = \dfrac{b_1}{b_2} = \dfrac{c_1}{c_2} \iff L_1 = L_2$（即 L_1 與 L_2 重合）

(2) $\dfrac{a_1}{a_2} = \dfrac{b_1}{b_2} \neq \dfrac{c_1}{c_2} \iff L_1 /\!/ L_2$（即 L_1 平行 L_2）

(3) $\dfrac{a_1}{a_2} \neq \dfrac{b_1}{b_2} \iff L_1$ 與 L_2 相交於一點

　　由下列的說明，可幫助您對上述定理的理解。

例 1 求下列各組平面上的直線平行或重合或相交於一點？

1. $L_1 : x + 2y - 3 = 0$，$L_2 : 2x + 4y - 6 = 0$

2. $L_1 : 2x - y + 1 = 0$，$L_2 : x - \dfrac{1}{2}y + 3 = 0$

3. $L_1 : x + 2y - 3 = 0$，$L_2 : 2x - y + 4 = 0$

⏳解 1. 說明：$x + 2y - 3 = 0 \cdots$①

①×2　得

$2x + 4y - 6 = 0 \cdots$②

易知，所得方程式即為直線 L_2 之方程式

∴ L_1 與 L_2 重合

解：依定理：$\dfrac{1}{2} = \dfrac{2}{4} = \dfrac{-3}{-6}$，∴ $L_1 = L_2$

2. 說明：$x - \dfrac{1}{2}y + 3 = 0 \cdots$②

②×2　得

$2x - y + 6 = 0$ 與 $L_1 : 2x - y + 1 = 0$ 比較

易知，L_1、L_2 兩直線平行。（斜率相等，但不重合）

解：依定理：$\dfrac{2}{1} = \dfrac{-1}{-\dfrac{1}{2}} \neq \dfrac{1}{3}$，∴ $L_1 \,/\!/\, L_2$

3. 解：

依定理：$\dfrac{1}{2} \neq \dfrac{2}{-1}$，∴ L_1 與 L_2 相交於一點

求交點如下：

$x + 2y - 3 = 0 \cdots$①

$2x - y + 4 = 0 \cdots$②

②×2＋①　得

$5x + 5 = 0 \Rightarrow x = -1$ 代入①

得　$y = 2$

即 L_1、L_2 相交於點 $(-1, 2)$

例 2 求下列各組直線是否相交於一點？

1. L_1：$2x+y-1=0$，L_2：$x-y-2=0$，L_3：$x+2y+3=0$

2. L_1：$2x+y-1=0$，L_2：$x-y-2=0$，L_3：$x+2y+1=0$

解 1. $\begin{cases} 2x+y-1=0 \cdots\cdots\cdots ① \\ x-y-2=0 \cdots\cdots\cdots ② \end{cases}$

①＋② 得 $3x-3=0 \Rightarrow x=1$ 代入①

得 $y=-1$

以上表示 L_1、L_2 交於一點 $(1,-1)$，將其代入 L_3，

得 $1+2(-1)+3=2 \neq 0$

即表示點 $(1,-1)$ 不滿足方程式 $x+2y+3=0$

即表示 L_1、L_2 之交點 $(1,-1)$ 不在 L_3 上（ L_3 不通過 $(1,-1)$ ）

所以 L_1、L_2、L_3 不交於一點

2. 承上題，L_1、L_2 交於一點 $(1,-1)$，將其代入 L_3

易知 $(1,-1)$ 滿足方程式 L_3

即 $(1,-1)$ 在直線 L_3 上（ L_3 通過 $(1,-1)$ ）

即 L_1、L_2、L_3 交於一點 $(1,-1)$

隨堂練習

求三直線 $L_1：x+y+1=0$，$L_2：x-y+3=0$，$L_3：3x+2y-1=0$ 是否相交於一點？

A：不交於一點

☑ 習 題 **3-3**

1. 判斷下列各組平面上直線之相交情形？

    (1) L_1： $x+2y-3=0$，L_2： $2x-y-1=0$

    (2) L_1： $3x-y-1=0$，L_2： $x-2y+3=0$

    (3) L_1： $2x-3y+1=0$，L_2： $x-\dfrac{3}{2}y+\dfrac{1}{2}=0$

2. 求三直線 L_1： $x-y+5=0$，L_2： $3x+y-1=0$，L_3： $x+y+1=0$ 是否相交於一點？

3. 兩直線 L_1： $ax+2y-3=0$，L_2： $x+(a+1)y-1=0$，若 $L_1 /\!/ L_2$，求 $a=$？

4. L_1： $2x-y-1=0$，L_2： $x+3y-4=0$，L_3： $x+ay+3=0$，若 L_1，L_2，L_3 三線相交於一點，則 $a=$？

5. L_1： $mx+3y=m$

    L_2： $3x+my=2m-3$

    (1) 若 $L_1 /\!/ L_2$，則 $m=$？

    (2) 若 $L_1 = L_2$，則 $m=$？

3-4　點與直線的關係

　　如前節所述，我們先來釐清一個簡單的觀念：若點 (x_0, y_0) 在直線 L：$ax + by + c = 0$ 上，則點 (x_0, y_0) 滿足方程式 $ax + by + c = 0$，即 $ax_0 + by_0 + c = 0$。

　　例如：點 $(1,1)$ 在直線 L：$x - 2y + 1 = 0$ 上，則點 $(1,1)$ 滿足方程式 $x - 2y + 1 = 0$，即 $1 - 2 \cdot 1 + 1 = 0$。反之，點 $(2,2)$ 不在直線 L 上，則點 $(2,2)$ 不滿足方程式 $x - 2y + 1 = 0$，即 $2 - 2 \cdot 2 + 1 \neq 0$。

　　接下來，讓我們來探討直線 L 外一點 P 至直線 L 的距離的相關問題。

　　平面上點 $(-3, 2)$ 到直線 $3x - 4y + 5 = 0$ 之距離，

1. 我們先求出過 P 點且與直線 $3x - 4y + 5 = 0$ 垂直之直線，設為 $4x + 3y + m = 0$

   因為 $P(-3, 2)$ 在直線 $4x + 3y + m = 0$ 上

   $$\therefore 4(-3) + 3(2) + m = 0$$

   $$m = 6$$

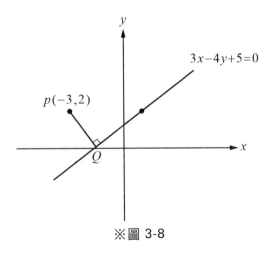

※圖 3-8

2. 再求直線 $4x + 3y + 6 = 0$ 與直線

   $$3x - 4y + 5 = 0 \text{ 之交點}$$

即為 $\begin{cases} 4x + 3y + 6 = 0 \\ 3x - 4y + 5 = 0 \end{cases}$

求出 $x = -\dfrac{39}{25}$　　$y = \dfrac{2}{25}$

此為 $Q\left(-\dfrac{39}{25}, \dfrac{2}{25}\right)$

3. 最後再求出 $\overline{PQ}$ 之長度即為所求

$$\sqrt{[-3 - (\dfrac{-39}{25})]^2 + (2 - \dfrac{2}{25})^2}$$

$$= \sqrt{\dfrac{(-36)^2 + (48)^2}{25^2}}$$

$$= \sqrt{\dfrac{12^2(3^2 + 4^2)}{25^2}}$$

$$= \dfrac{12}{5}$$

4. $\sqrt{3^2 + (-4)^2} = 5$，將 $(-3, 2)$ 代入 $3x - 4y + 5$ 為 $3(-3) - 4(2) + 5 = -12$

一、點至直線的距離

若 $P(x_0, y_0)$ 到直線 $ax + by + c = 0$ 的距離 d

$$d = \dfrac{|ax_0 + by_0 + c|}{\sqrt{a^2 + b^2}}$$

☑ 定理 3-8

平面上點 $P(x_0, y_0)$ 到直線 $ax+by+c=0$ 的距離為 $d = \dfrac{|ax_0+by_0+c|}{\sqrt{a^2+b^2}}$

證明從略。

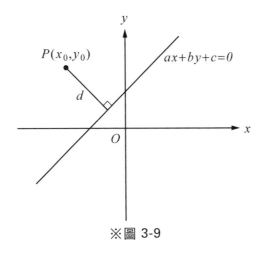

P(x_0, y_0)

$ax+by+c=0$

d

※圖 3-9

例 1 求點 $P(-4, -3)$ 到直線 $3x-4y+1=0$ 之距離？

解 $d = \dfrac{|3(-4)-4(-3)+1|}{\sqrt{3^2+(-4)^2}} = \dfrac{1}{5}$

隨堂練習

求點 $P(3, 2)$ 到直線 $12x-5y=0$ 之距離？ A：2

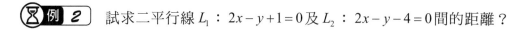

例 2 試求二平行線 L_1： $2x - y + 1 = 0$ 及 L_2： $2x - y - 4 = 0$ 間的距離？

解 兩平行線的距離即指同時垂直於兩直線之線段長。求法：可在 L_1 上任取一點 $P(0,1)$，然後求 $P(0,1)$ 至直線 L_2 之距離，即為所求。

$$\therefore 所求距離\ d = \frac{|2(0) - 1 - 4|}{\sqrt{2^2 + (-1)^2}} = \frac{5}{\sqrt{5}} = \sqrt{5}$$

隨堂練習

1. 設 L_1： $ax + by + c_1 = 0$， L_2： $ax + by + c_2 = 0$， $b \neq 0$，試求 L_1 與 L_2 之距離為多少？　　A： $\dfrac{|c_2 - c_1|}{\sqrt{a^2 + b^2}}$

2. 求二平行線 L_1： $2x + y - 1 = 0$， L_2： $x + \dfrac{1}{2}y + 1 = 0$ 的距離？　　A： $\dfrac{3}{\sqrt{5}}$

例 3 設 $\triangle PQR$ 之三頂點為 $P(1, 2)$， $Q(-1, 1)$， $R(0, 3)$，求 $\triangle PQR$ 之面積？

解 1. 先求直線 $\overleftrightarrow{PR}$ 之方程式，利用兩點式公式得

$$y - 2 = \frac{-1}{1}(x - 1)$$
$$\Rightarrow x + y - 3 = 0$$

2. 線段 $\overline{PR}$ 之長 $\sqrt{1^2 + (-1)^2} = \sqrt{2}$ …三角形之底長

3. 求 Q 到直線 $\overleftrightarrow{PR}$ 的距離 $d = \dfrac{\left|-1+1-3\right|}{\sqrt{1^2+1^2}} = \dfrac{3}{\sqrt{2}}$ …三角形的高

$\therefore \triangle PQR$ 之面積為 $\dfrac{1}{2} \cdot \sqrt{2} \cdot \dfrac{3}{\sqrt{2}} = \dfrac{3}{2}$ （平方單位）

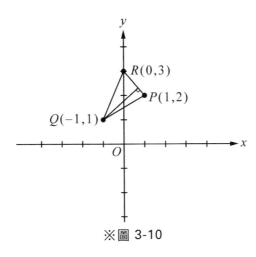

※圖 3-10

☑ 習題 **3-4**

1. 求平面上點 $P(-1,1)$ 至直線 L：$x+2y-1=0$ 之距離？

2. 求平面上兩平行線 L_1：$x+y-3=0$，L_2：$x+y-5=0$ 間的距離？

3. $A(2,1)$，$B(-4,-6)$，$C(6,\dfrac{3}{2})$，求 $\triangle ABC$ 之面積？

4. 已知 L_1、L_2 為與直線 $3x+4y=0$ 平行的二直線。若 L_1 過點 $(-29, 23)$，L_2 過點 $(31, 23)$，則此二平行線間的距離為何？

5. 已知直角坐標平面上有三點 $A(3, 1)$，$B(5, -2)$，$C(-7, 3)$，求點 A 到直線 $\overleftrightarrow{BC}$ 的距離？

04 CHAPTER

指數與對數

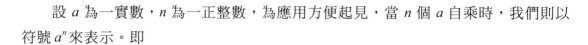

4-1　指數及其運算

設 a 為一實數，n 為一正整數，為應用方便起見，當 n 個 a 自乘時，我們則以符號 a^n 來表示。即

$$a^n = \underbrace{a \cdot a \cdots\cdots a}_{n\text{個}a\text{自乘}}\text{，}n\text{ 為正整數}$$

此時稱 a 為底，n 為指數。

例 1　$5^3 = 5 \cdot 5 \cdot 5 = 125$

又為擴大指數的用途，我們乃將指數的範圍推廣至 0 及負整數，並規定如下：

$$a^0 = 1\text{，}\quad a \neq 0$$

$$a^{-n} = \frac{1}{a^n}\text{，}\quad a \neq 0$$

例 2　$3^0 = 1$，$3^{-2} = \dfrac{1}{3^2} = \dfrac{1}{9}$，而 0^0，0^{-3} 均無意義可言。

接著又將指數推廣至有理數，此時規定：

當 m, n 均為正整數，規定

$$a^{\frac{m}{n}} = \sqrt[n]{a^m} \text{ 或 } (\sqrt[n]{a})^m \quad \text{及} \quad a^{-\frac{m}{n}} = \frac{1}{a^{\frac{m}{n}}}\text{，亦可知 } a^{\frac{1}{n}} = \sqrt[n]{a}$$

但當 n 為偶數時，必須限制 $a \geq 0$

例 3 以上述兩種方法，求 $81^{\frac{3}{2}}$ 的值並比較之。

解 $81^{\frac{3}{2}} = \sqrt[2]{81^3} = \sqrt[2]{531441} = 729$ （較難）

或 $81^{\frac{3}{2}} = (\sqrt[2]{81})^3 = 9^3 = 729$ （較易）

又仿照指數為負整數時的情形，乃規定

$$a^{-\frac{m}{n}} = \frac{1}{a^{\frac{m}{n}}} \ , \ \ a \neq 0$$

例 4 計算 $(\frac{81}{625})^{-0.75}$ 之值。

解 $(\frac{81}{625})^{-0.75} = (\frac{81}{625})^{-\frac{3}{4}}$

$= \dfrac{1}{(\frac{81}{625})^{\frac{3}{4}}}$

$= \dfrac{1}{(\sqrt[4]{\frac{81}{625}})^3}$

$= \dfrac{1}{(\frac{3}{5})^3}$

$= \dfrac{125}{27}$

在此，要向讀者說明的是，為何當指數為有理數 $\frac{m}{n}$，n 為偶數時，指數之底 a 必須大於或等於 0？這可由下面不合理的現象加以了解：

$$-1 = \sqrt[3]{-1}$$

$$= (-1)^{\frac{1}{3}} = (-1)^{\frac{2}{6}}$$

$$= \sqrt[6]{(-1)^2} = \sqrt[6]{1} = 1 \text{，這是矛盾的。}$$

至於指數為任意無理數 x 時，又如何規定 $a^x(a \geq 0)$ 之意義呢？舉個例來說，我們想知道像 $2^{\sqrt{3}}$ 之值為何？因 $\sqrt{3} = 1.73205\ldots$，此時考慮數列

$$2^{1.7}, \ 2^{1.73}, \ 2^{1.732}, \ 2^{1.73205}, \ \ldots\ldots$$

由電算器實際的計算，易知

$$2^{1.7} < 2^{1.73} < 2^{1.732} < 2^{1.73205} < \ldots\ldots$$

為一遞增數列，且其各項之值恆比 $2^{1.8}$ 小，這種數列在無窮多項時，一定會越來越接近某一個實數，這個實數即所謂 $2^{\sqrt{3}}$ 之值。至此，可謂已把指數推廣到所有實數了。

現在讓我們來複習一下，國中階段所學過的一些指數的性質。而當指數擴充到實數時，這些性質依然成立。今敘述如下：

☑ 定理 4-1　　指數律

設 a，b，m，n 為任意實數且 $a > 0$，$b > 0$，則下列性質成立。

1. $a^m a^n = a^{m+n}$

2. $\dfrac{a^m}{a^n} = a^{m-n}$

3. $(a^m)^n = a^{mn}$

4. $(ab)^n = a^n b^n$

5. $(\dfrac{a}{b})^n = \dfrac{a^n}{b^n}$

以下將舉一些實例，好讓讀者熟悉一下有關指數之運算。

例 5 化簡 $\dfrac{(\sqrt{a^3}\sqrt[4]{ab^3})}{\sqrt[4]{a^3b}\sqrt{b}}$ ，$(a>0 \, , \, b>0)$

解 $\dfrac{(\sqrt{a^3}\sqrt[4]{ab^3})}{\sqrt[4]{a^3b}\sqrt{b}}$

$= \dfrac{a^{\frac{3}{2}}a^{\frac{1}{4}}b^{\frac{3}{4}}}{a^{\frac{3}{4}}b^{\frac{1}{4}}b^{\frac{1}{2}}}$

$= a^{\frac{3}{2}+\frac{1}{4}-\frac{3}{4}} \cdot b^{\frac{3}{4}-\frac{1}{4}-\frac{1}{2}}$

$= a^1 b^0 = a$

例 6 試求 $(a^{\frac{1}{3}}+1)(a^{\frac{2}{3}}-a^{\frac{1}{3}}+1)$ 的積。

解 展開 $(a^{\frac{1}{3}}+1)(a^{\frac{2}{3}}-a^{\frac{1}{3}}+1)$

$= a - a^{\frac{2}{3}} + a^{\frac{1}{3}} + a^{\frac{2}{3}} - a^{\frac{1}{3}} + 1$

$= a + 1$

隨堂練習

化簡 $(a^{-2}+b^{-2})(a^{-2}-b^{-2})$。　A：$a^{-4}-b^{-4}$

例 7 已知 $3^x = 2$，求 9^x，9^{-x} 之值？

解

$$9^x = (3^2)^x$$
$$= 3^{2x}$$
$$= (3^x)^2$$
$$= 2^2$$
$$= 4$$

$$9^{-x} = \frac{1}{9^x}$$
$$= \frac{1}{4}$$

隨堂練習

承例 7，求 27^x，27^{-x} 之值？　A：$8, \dfrac{1}{8}$

例 8 已知 $9^x = 2$，求 3^x，3^{-x} 之值？

解

$$9^x = 2$$
$$\Rightarrow (3^2)^x = 2$$
$$\Rightarrow (3^x)^2 = 2$$
$$\Rightarrow 3^x = \sqrt{2} \quad (\ 3^x > 0 ，\ 3^x = -\sqrt{2}\ 不合\ )$$
$$又 \quad 3^{-x} = \frac{1}{3^x} = \frac{1}{\sqrt{2}} = \frac{\sqrt{2}}{2}$$

隨堂練習

已知 $27^x = 2$，求 3^x，3^{-x} 之值？　A：$\sqrt[3]{2}, \dfrac{1}{\sqrt[3]{2}}$

一、指數方程式

例 9 解指數方程式。

(1) $2^{x+1} = \dfrac{1}{32}$

(2) $2^{2x+1} + 2^x - 1 = 0$

解 (1) $2^{x+1} = \dfrac{1}{32}$

$\Rightarrow 2^{x+1} = 2^{-5}$

$\Rightarrow x + 1 = -5$

$\Rightarrow x = -6$

(2) $2^{2x+1} + 2^x - 1 = 0$

$\Rightarrow 2(2^x)^2 + 2^x - 1 = 0$

$\Rightarrow 2(2^x)^2 + 2^x - 1 = 0$

設 $2^x = X > 0$

$\therefore 2X^2 + X - 1 = 0$

$\Rightarrow (2X - 1)(X + 1) = 0$

$\Rightarrow 2X - 1 = 0$ 或 $X + 1 = 0$

$\Rightarrow X = \dfrac{1}{2}$ 或 $X = -1$（不合）

即 $2^x = \dfrac{1}{2} = 2^{-1} \Rightarrow x = -1$

隨堂練習

$9^{2x+1} = (\dfrac{1}{3})^{-2}$，求 x？A：0

☑ 習 題　**4-1**

1. $(a - a^{-1})(a^2 + a^{-2})$

2. $\dfrac{(\sqrt[3]{a^2 b^5})^3}{(\sqrt[6]{a^4 b^{10}})^3}$

3. $32^{\frac{1}{5}} + 1024^{-\frac{1}{10}}$

4. 設 $2^{0.5} = 1.414$，$2^{0.03} = 1.021$，求 $2^{0.53}$ 之值？

5. 設 $a > 0$ 且 $a^{\frac{1}{2}} + a^{-\frac{1}{2}} = 2$，求 $a + a^{-1}$ 及 $a^2 + a^{-2} + 1$ 之值？

6. 解方程式 $(\dfrac{2}{3})^{2x-1} = (\dfrac{2}{3})^{3x-5}$

7. 解方程式 $7^x - 7^{1-x} - 6 = 0$

8. 解方程組 $\begin{cases} 2 \cdot 3^x - 3^y - 3 = 0 \\ 3^x + 3^y - 6 = 0 \end{cases}$

9. 已知 $a^x = 4$，求 $(a^{3x} + a^{-3x}) \div (a^x + a^{-x})$ 之值？

10. 若 $3^{x+2} = 3^x + 24\sqrt{3}$，則 $x =$?

11. 若 x、y 為整數，且 $6^x \cdot 8^y = 2^8 \cdot 3^5$，則 $x + y =$?

12. 設 $\dfrac{1}{3^x} = 9^2$，求 x ?

4-2　指數函數及其圖形

設 $a > 0$，對任意實數 x 而言，a^x 已有明確的定義。在此將進一步定義函數 $f : x \to a^x$（常寫作 $f(x) = a^x$）稱為以 a 為底的指數函數。例如 $f(x) = 2^x$。

至於有關指數函數的一些性質是重要的。在此，我們想從若干實例著手，來讓讀者從中加以了解。

例 1　求作函數 $y = f(x) = 2^x$ 與 $y = g(x) = 3^x$ 之圖形並作比較。

解　(1) 列表如下：

※表 4-1

x	……	-2	-1	0	1	2	3	……
$y = 2^x$	……	$\dfrac{1}{4}$	$\dfrac{1}{2}$	1	2	4	8	……
$y = 3^x$	……	$\dfrac{1}{9}$	$\dfrac{1}{3}$	1	3	9	27	……

(2) 描點並用平滑曲線將這些點連結起來，可得兩函數之部分圖形。

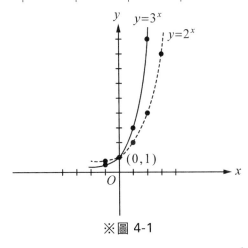

※圖 4-1

由圖 4-1，我們發現：

(1) 圖形完全落於 x 軸上方而不與 x 軸相交，即 $y = 2^x > 0$，$y = 3^x > 0$，對所有實數 x 而言均成立。

(2) 圖形均由左而右向上升。

(3) 當 $x > 0$ 時，$y = 3^x$ 的圖形恆在 $y = 2^x$ 之上方；而當 $x < 0$ 時，卻相反。

隨堂練習

試問 $y = a^x$，$a > 1$ 之圖形是否與上述 $y = 2^x$，$y = 3^x$ 類似？ A：是

又當 $0 < a < 1$ 時，$y = a^x$ 的圖形是如何？與 $a > 1$ 時有何不同或有什麼關係？我們想從下面的例子來加以說明。

例 2 求作 $y = f(x) = (\frac{1}{2})^x$ 的圖形並與 $y = 2^x$ 作比較。

解 (1) 列表如下：

※表 4-2

x	……	-2	-1	0	1	2	3	……
$y = (\frac{1}{2})^x$	……	4	2	1	$\frac{1}{2}$	$\frac{1}{4}$	$\frac{1}{9}$	……

(2) 描點並作圖

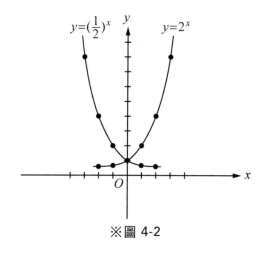

※圖 4-2

(3) 圖形由左而右向下降，與上例相反。

(4) $y=(\frac{1}{2})^x$ 與 $y=2^x$ 之圖形作一比較，當可發現，上述二函數圖形對 y 軸對稱。

隨堂練習

1. 比較 $y=(\frac{1}{2})^x$ 與 $y=(\frac{1}{3})^x$ 之圖形。A：略

2. $y=(\frac{1}{3})^x$ 與 $y=3^x$ 之圖形是否對 y 軸為對稱？　A：是

綜上觀之，有關指數函數之性質，可歸納成以下之定理。

☑ 定理 4-2

設 $f(x)=a^x$，$a>0$，為一指數函數，則下列性質成立。

1. f 之圖形均在 x 軸上方。

2. 若 $0<a<1$，則 $f(x)$ 之圖形由左而右向下降。

　若 $a>1$，則 $f(x)$ 之圖形由左而右向上升。

3. $y=a^x$ 與 $y=(\frac{1}{a})^x$ 之圖形對 y 軸對稱。

例 3 試比較 $2^{\frac{3}{4}}$ 與 $(\frac{1}{2})^{-\frac{2}{3}}$ 之大小。

解 $(\frac{1}{2})^{-\frac{2}{3}}=(2^{-1})^{-\frac{2}{3}}=2^{\frac{2}{3}}$

$\therefore 2^{\frac{3}{4}}>(\frac{1}{2})^{-\frac{2}{3}}$

例 4 試比較 $(\frac{1}{2})^{3.1}$ 與 $(\frac{1}{2})^{2.5}$ 之大小。

解 易知 $(\frac{1}{2})^{3.1} < (\frac{1}{2})^{2.5}$

例 5 試比較 3^{-2}，3.1^{-2}，4^{-2} 之大小。

解 $3^{-2} = \frac{1}{3^2}$，$3.1^{-2} = \frac{1}{3.1^2}$，$4^{-2} = \frac{1}{4^2}$

易知，$3^2 < 3.1^2 < 4^2$

$\therefore \frac{1}{3^2} > \frac{1}{3.1^2} > \frac{1}{4^2}$

即 $3^{-2} > 3.1^{-2} > 4^{-2}$

例 6 試比較 $\sqrt{5}$ 與 $\sqrt[3]{7}$ 之大小。

解 (1) $\sqrt{5} > \sqrt{4} = 2 = \sqrt[3]{8} > \sqrt[3]{7}$

或(2) $\sqrt{5} = \sqrt[6]{5^3} = (125)^{\frac{1}{6}}$，

$\sqrt[3]{7} = \sqrt[6]{7^2} = (49)^{\frac{1}{6}}$

$\therefore \sqrt{5} > \sqrt[3]{7}$

隨堂練習

1. 試比較 0.5^{-2}，0.6^{-2}，1.3^{-2} 之大小。　A：$1.3^{-2} < 0.6^{-2} < 0.5^{-2}$

2. 試比較 $3^{2.1}$ 與 $2^{2.9}$ 之大小。　A：$3^{2.1} > 2^{2.9}$

　　指數函數在日常生活可能的應用，如細菌的繁殖，存款複利計算本利和，城鎮人口成長等問題，都與指數函數有密切關係。今舉例以為說明。

例 7　某人某日感染 SARS 病毒，已知病毒量為 10000，設病毒每日之增加率（複製率）為 $\frac{2}{3}$，求 10 日後，其病毒量若干？

解　1 日後之病毒量為 $10000 \times (1 + \frac{2}{3})$

2 日後之病毒量為 $10000 \times (1 + \frac{2}{3})^2$

3 日後之病毒量為 $10000 \times (1 + \frac{2}{3})^3$

以下類推

∴ 10 日後之病毒量為 $10000 \times (1 + \frac{2}{3})^{10} = 10000 \times (\frac{5}{3})^{10}$

例 8　某人存入銀行 10000 元，言明年利率 $r = 0.06$，且每年複利一次，問 20 年後，其可得本利和若干？

解　1 年後本利和為 $10000 \times (1.06)$

2 年後本利和為 $10000 \times (1.06)^2$

3 年後本利和為 $10000 \times (1.06)^3$

⋮

20 年後本利和為 $10000 \times (1.06)^{20}$

習題 4-2

1. 將下列(1)~(3)題各題，由大而小排列。

(1) $2^{\frac{2}{3}}$, $4^{\frac{1}{2}}$, 8^{-1} , $(\frac{1}{2})^{-\frac{2}{3}}$

(2) $(\sqrt{0.8})^5$, $(\sqrt[3]{0.8})^7$, $(\sqrt[4]{0.8})^9$

(3) $\sqrt{3}$, $\sqrt[3]{6}$

2. 已知某種細菌每半小時繁殖 1 倍，問一天後，細菌變成原來的幾倍？

3. 若 $f(x) = a^{kx}$, $a > 0$, 且 $f(2) = 3$, 求 $f(4) = ?$

4. 同一坐標平面上作出 $y = 4^x$ 及 $y = 4^{-x}$ 的圖形。

5. 設 $2^x = 6$, 求 $\dfrac{2^{2(x-1)} + 2^{x-1}}{2^{x+1} + 2^{2x-1}}$ 的值？

6. 設於某實驗中，細菌數 1 日後增加 1 倍。(1) $n+5$ 日後的細菌數是 $n+2$ 日後的細菌數的幾倍？(2) 一星期後的細菌數是 3 日前的細菌數的幾倍？(3)如果 100 日後會有 N 個細菌，則什麼時候有 $\dfrac{N}{4}$ 個細菌？

7. 設 $x > 0$, $x^{\frac{1}{2}} + x^{-\frac{1}{2}} = 3$, 則 $\dfrac{x^{\frac{3}{2}} + x^{-\frac{3}{2}} + 12}{x^2 + x^{-2} - 7}$ 的值為何？

8. 設 $f(x) = \dfrac{7^x - 7^{-x}}{2}$, $f(\alpha) = 5$, 則 $f(3\alpha) = ?$

9. 函數 $y = 4^x$ 與 $y = 2^{3x+2}$ 的圖形交點坐標？

10. 發現一種新的病毒，已知此病毒數量 1 日增加 a 倍，3 日後病毒數量為 20000，5 日後數量為 320000，求 a 值與原本的病毒數量？

4-3　對數及其運算

　　給予一底數 3，我們想知道一正數 9 是 3 的幾次方？而當我們知道 $9 = 3^2$ 時，則稱 9 以 3 為底的對數為 2。記作 $\log_3 9 = 2$，即 $\log_3 3^2 = 2$。

　　同樣地，$8 = 2^3$，則稱 8 以 2 為底的對數為 3，記作 $\log_2 8 = 3$，即 $\log_2 2^3 = 3$。

　　一般而言，設 $a > 0$，且 $a \neq 1$，對任意正數 y 來說，若 $y = a^x$，則稱 y 以 a 為底的對數為 x，用符號 $\log_a y$ 表之。即

$$\log_a y = \log_a a^x = x$$

　　綜上觀之，當 $y = a^x$，$a > 0$ 時，記作 $\log_a y = x$；反之，當 $\log_a y = x$ 時，即知 $y = a^x$。亦即

$$y = a^x \Leftrightarrow \log_a y = x$$

　　從而易知，下列二式恆成立。

1. $\log_a a^x = x$

2. $a^{\log_a y} = y$，$y > 0$

　　在此，請讀者注意的是，為何底 a 必須大於 0 且不等於 1？那是因為討論指數 a^x 時，a 必須大於 0，所以討論對數時，我們也要規定 $a > 0$。

　　又因為 $1^x = 1$，所以除 1 以外的任何正數 y，將無法表示為 1 的任何次方，亦即 $\log_1 y$ 將是無意義的。因此，我們也規定 $a \neq 1$。又 y 為何亦須大於 0 呢？那是因為 $a^x > 0$，所以當實數 $y \leq 0$ 時，y 將無法表示作 $y = a^x$，那麼 $\log_a y$ 也就無意義了，所以 y 亦須大於 0。

　　至於有關對數的一些重要性質，於此我們將利用以下定理來加以介紹，它對於對數的運算，將給予我們很大的幫助。

☑ **定理 4-3**

設 $0 < a \neq 1$，x，$y > 0$，則下列各式成立。

1. $\log_a xy = \log_a x + \log_a y$

2. $\log_a \dfrac{x}{y} = \log_a x - \log_a y$

3. $\log_a \dfrac{1}{y} = -\log_a y$

4. $\log_a x^r = r \log_a x$

 證明 設 $\log_a x = r$，$\log_a y = s$，可得

$$x = a^r \text{，} y = a^s$$

$$\therefore xy = a^{r+s}$$

$$\Leftrightarrow \log_a xy = r + s$$

$$= \log_a x + \log_a y$$

其餘性質，讀者可仿照證明即得。

☑ **定理 4-4** **換底公式**

設 $0 < a \neq 1$，$0 < b \neq 1$，$c > 0$，則 $\log_a c = \dfrac{\log_b c}{\log_b a}$

 證明 設 $\log_a c = r$，$\log_b a = s$，可得

$$c = a^r \text{，} a = b^s$$

$$\therefore c = (b^s)^r = b^{sr}$$

$$\Leftrightarrow \log_b c = sr = \log_b a \cdot \log_a c$$

$$\Leftrightarrow \log_a c = \dfrac{\log_b c}{\log_b a}$$

上式之公式之所以叫做換底公式，係因把以 a 為底之對數 $\log_a c$ 換成以 b 為底的兩個對數 $\log_b c$ ， $\log_b a$ 相除的緣故。

以下我們再舉些例子來作練習，俾能使讀者對於對數之性質更加熟練。

例 1 設 a ， b 均為正數且不等於 1，試證 $\log_a b = \dfrac{1}{\log_b a}$ 。

解 利用換底公式，易得

$$\log_a b = \frac{\log_b b}{\log_b a} = \frac{1}{\log_b a}$$

隨堂練習

試證 1. $\log_{a^r} b = \dfrac{1}{r}\log_a b$ A：略

2. $\log_a b \cdot \log_b c = \log_a c$ A：略

例 2 求下列各數的值

$$\log_3 81 ，\log_2(\log_2(\log_3 81))，\log_3 \frac{1}{9}，\log_{\sqrt{2}} 8，(\log_2 3)(\log_3 4)$$

解 $\log_3 81 = \log_3 3^4 = 4$

$\log_2(\log_2(\log_3 81)) = \log_2(\log_2 4) = \log_2 2 = 1$

$\log_3 \dfrac{1}{9} = \log_3 9^{-1} = -\log_3 9 = -2$

$\log_{\sqrt{2}} 8 = \log_{2^{\frac{1}{2}}} 8 = 2\log_2 8 = 2 \cdot 3 = 6$

$(\log_2 3)(\log_3 4) = \log_2 4 = 2$

隨堂練習

求 $\log_2(\log_{10}10000)$，$\log_{\frac{1}{2}}4$，$\log_{27}81$，$\log_{\frac{3}{5}}1$ 之值。

A：(2)、(-2)、$(\dfrac{4}{3})$、(0)

例 3 求 $\log_2 12 + \log_4 9 + \log_2 \dfrac{4}{9}$ 之值。

解 $\log_4 9 = \dfrac{1}{2}\log_2 9 = \log_2 3$

∴ 原式 $= \log_2 12 + \log_2 3 + \log_2 \dfrac{4}{9} = \log_2(12 \cdot 3 \cdot \dfrac{4}{9}) = \log_2 16 = 4$

例 4 已知 $\log_{10} 2 = 0.3010$，試求 $\log_5 10$，$\log_{10} 20$，$\log_2 25$ 之值。

解 $\log_5 10 = \dfrac{1}{\log_{10} 5} = \dfrac{1}{\log_{10}\dfrac{10}{2}} = \dfrac{1}{\log_{10} 10 - \log_{10} 2}$

$\qquad = \dfrac{1}{1-0.3010} = \dfrac{1}{0.6990} = \dfrac{1000}{699}$

$\log_{10} 20 = \log_{10}(2 \times 10) = \log_{10} 2 + \log_{10} 10$

$\qquad = 0.3010 + 1 = 1.3010$

$\log_2 25 = \log_2 \dfrac{100}{4} = \log_2 10^2 - \log_2 4$

$\qquad = 2\log_2 10 - 2$

$\qquad = \dfrac{2}{\log_{10} 2} - 2$

$\qquad = \dfrac{2}{0.3010} - 2 = \dfrac{1398}{301}$

隨堂練習

設 $\log_{10} 2 = 0.3010$ ， $\log_{10} 3 = 0.4771$ ，求 $\log_3 2$ 之值。　A：$\dfrac{0.3010}{0.4771}$

⧗**例 5**　求 $3^{\log_3 \sqrt{2}}$ 之值。

⧗**解**　因 $a^{\log_a y} = y$ ，易知 $3^{\log_3 \sqrt{2}} = \sqrt{2}$

隨堂練習

求 $9^{\log_3 \frac{1}{4}}$ 之值。　A：$\dfrac{1}{16}$

⧗**例 6**　求下列各題 x 之值。

(1) $\log_x \dfrac{1}{6} = -1$

(2) $\log_2 x = 0$

⧗**解**　(1) 由對數之意義知

$$\frac{1}{6} = x^{-1}$$

$$x = 6$$

(2) 易知 $x = 2^0 = 1$

隨堂練習

若 $\log_x \dfrac{1}{8} = 3$，求 $x = ?$ A：$\dfrac{1}{2}$

一、對數方程式

 例 **7**　求滿足下式之 x：

$$\log_{10}(x-2) + \log_{10} 5 = 1$$

 解　$\log_{10}(x-2) + \log_{10} 5 = 1$

$\Rightarrow \log_{10}\left[(x-2)\cdot 5\right] = \log_{10} 10$

$\Rightarrow 5(x-2) = 10$

$\Rightarrow x - 2 = 2$

$\Rightarrow x = 4$

檢驗知 $x = 4$ 滿足所予之方程式

$\therefore x = 4$ 為所求

 例 **8**　解方程式 $(\log_{10} x)^2 - \log_{10} x^2 = 0$

 解　$(\log_{10} x)^2 - \log_{10} x^2 = 0$

$(\log_{10} x)^2 - 2\log_{10} x = 0$

$\log_{10} x(\log_{10} x - 2) = 0$

$\log_{10} x = 0$ 或 $\log_{10} x = 2$

$\therefore x = 10^0 = 1$ 或 $x = 10^2$

檢驗知 $x = 1$ 或 10^2 為所求

解方程式 $2\log_2 x - 3\log_x 2 + 5 = 0$。　　A：$\sqrt{2}, \dfrac{1}{8}$

二、常用對數

以 10 為底的對數，通常在應用上比較方便，稱為常用對數。習慣上，把常用對數 $\log_{10} x$ 簡記作 $\log x$，如 $\log 100 = \log_{10} 100 = 2$。

有時候，我們會碰到像 2^{50} 這樣很大的數，而想去求它是幾位數的問題。欲求此類問題，我們必須介紹有關對數之首數及尾數的概念。

一般而言，對任意正數 a 來說，均存在一介於 1 與 10 之間的數 b，使得

$$a = 10^n \cdot b，1 \le b < 10，n \text{ 為整數}$$

如 $31400 = 3.14 \times 10^4$，$0.000213 = 2.13 \times 10^{-4}$

此時

$$\log a = \log(10^n \cdot b)$$
$$= \log 10^n + \log b$$
$$= n + \log b，\text{其中 } 0 \le \log b < 1$$

則 n 稱為對數 $\log a$ 之首數，$\log b$ 稱為其尾數。

例如：

$$\log 31400 = \log(3.14 \times 10^4)$$
$$= 4 + \log 3.14 = 4.4969$$

（由計算器得知 $\log 3.14 = 0.4969$）

∴ 其首數為 4，

尾數為 0.4969

又如

$$\log 0.000213 = \log(2.13 \times 10^{-4})$$
$$= -4 + \log 2.13 = -4 + 0.3284$$
$$= -3.6716 \quad (\log 2.13 = 0.3284)$$

∴ 其首數為 −4，尾數為 0.3284。

∴ 上式或記作 $\overline{4}.3284$

由上例，我們可了解到對數的首數及尾數有下列性質：

1. 若 $a > 1$ 而 $\log a$ 之首數為 n 時，則 a 之整數部分為 $n+1$ 位數。

2. 若 $0 < a < 1$ 而 $\log a$ 之首數為 $-n$ 時，則 a 之小數點後第 n 位不為 0，而其以前均為 0。

 例 9 已知 $\log_{10} 2 = 0.3010$，$\log_{10} 3 = 0.4771$，求 $\sqrt[6]{12000}$ 為幾位數？

 解 $\log \sqrt[6]{12000} = \dfrac{1}{6} \log(12 \times 10^3)$

$$= \frac{1}{6}(3 + \log 12) = \frac{1}{6}(3 + \log 3 + \log 4) = \frac{1}{6}(3 + \log 3 + 2\log 2)$$

$$= \frac{1}{6}[3 + 0.4771 + 2 \times 0.3010]$$

$$\approx 0.68$$

即 $\log \sqrt[6]{12000}$ 之首數為 0，

∴ $\sqrt[6]{12000}$ 為 1 位數

隨堂練習

求 $\left(\dfrac{810}{25}\right)^{10}$ 為幾位數？A：16 位數

☑ 習題 **4-3**

1. 化去下列對數符號，求各數。

(1) $\log_{27} \sqrt[3]{9}$

(2) $\log_{\frac{1}{2}} \sqrt[5]{2}$

(3) $\log_{0.1} (100)^{\frac{1}{10}}$

(4) $\log_{\frac{1}{2}} (\log_2 16)$

2. 設 $0 < b \neq 1$，$\log_b x = A$，$\log_b y = B$，$\log_b z = C$，將下列各數以 A、B、C 表之：

(1) $\log_b x^2 y^3$

(2) $\log_b \dfrac{xy}{z^2}$

(3) $\log_b \sqrt[3]{\dfrac{x}{yz^2}}$

3. 解方程式 $3 = 2^{10x}$

4. 解方程式 $\log_2(x+3) - \log_2(x-1) = 1$

5. 解方程式 $(\log_2 x)^2 - \log_2 x^3 - 4 = 0$

6. 已知 $\log_{10} 2 \doteqdot 0.3010$，$\log_{10} 3 \doteqdot 0.4771$，求 $\log_6 4$ 與 $\log_4 6$ 之值？

7. 化簡 $(\log_2 9 + \log_4 9)(\log_3 4 + \log_9 2)$。

8. 設 $\log_{11} 2 = a$，$\log_{11} 3 = b$，試以 a 和 b 表示 $\log_{44} 66$。

9. 設 $a = \log_{10} 2$，$b = \log_{10} 3$，若以 a、b 表示 $\log_{10} 15$，則 $\log_{10} 15 = ?$

10. $\dfrac{1 + \dfrac{1}{4}\log_{10} 81 - \dfrac{1}{3}\log_{10} 125}{\dfrac{1}{4}\log_{10} 16 + \dfrac{1}{3}\log_{10} 27} = ?$

11. 設 $\log_{3x} 27 = 3$，則 $x = ?$

4-4 對數函數及其圖形

設 $a > 0$ 且 $a \neq 1$，定義函數 $f : x \to \log_a x$，$x > 0$（或記作 $f(x) = \log_a x$，$x > 0$），則稱 f 為以 a 為底的對數函數。

本節的目的和作法，是想藉由實際作圖來探討一些有關對數函數的性質，和指數函數一樣，我們願意從若干實例著手，從而得到一些結論。

例 1 試作函數 $y = f(x) = \log_2 x$ 及 $y = g(x) = \log_3 x$ 之圖形並作比較。

解 (1) 列表

※表 4-3

x	…… $\dfrac{1}{8}$，$\dfrac{1}{4}$，$\dfrac{1}{2}$，1，2，4，8……
$\log_2 x$	…… -3，-2，-1，0，1，2，3……

x	…… $\dfrac{1}{27}$，$\dfrac{1}{9}$，$\dfrac{1}{3}$，1，3，9，27……
$\log_3 x$	…… -3，-2，-1，0，1，2，3……

(2) 描點並作圖如下：

由圖 4-3 觀察發現：

(1) f, g 之圖形均落在 y 軸之右
方。
（$\because f(x)$，$g(x)$ 之變數 $x > 0$）

(2) f, g 之圖形均由左而右向上
升。

又若在同樣坐標平面上，畫
出指數函數 $y = 2^x$ 及 $y = 3^x$ 之
圖形，我們當可看出 $y = 2^x$

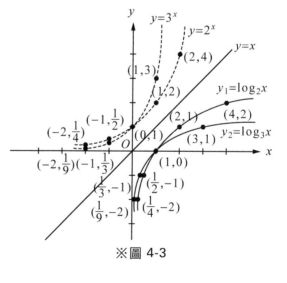

※圖 4-3

與 $y = \log_2 x$ 及 $y = 3^x$ 與 $y = \log_3 x$ 之兩組圖形對直線 $y = x$ 對稱。

隨堂練習

試問 $y = \log_a x$，$a > 1$ 之圖形是否與 $y = \log_2 x$，$y = \log_3 x$ 類似？A：略

例 2 試作函數 $y = \log_{\frac{1}{2}} x$ 之圖形並與前例 $y = \log_2 x$ 之圖形比較。

解 (1) 列表

※表 4-4

x	…… $\frac{1}{16}$，$\frac{1}{8}$，$\frac{1}{4}$，$\frac{1}{2}$，1，2，4，8，16……
$\log_{\frac{1}{2}} x$	…… 4，3，2，1，0，-1，-2，-3，-4……

(2) 描點並作圖形如下：

由圖 4-4 觀察可知：

(1) $y = \log_{\frac{1}{2}} x$ 之圖形和 $y = \log_2 x$ 一樣，均在 y 軸之右方。

(2) $y = \log_{\frac{1}{2}} x$ 之圖形由左而右向下降。與 $y = \log_2 x$ 相反。但兩圖形對 x 軸對稱。

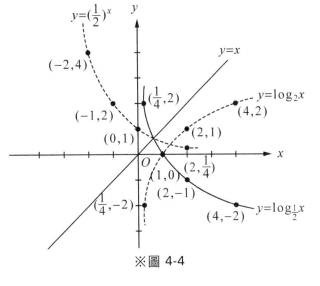

※圖 4-4

又若在同一坐標平面上，畫出 $y = (\frac{1}{2})^x$ 之圖形，是否 $y = (\frac{1}{2})^x$ 與 $y = \log_{\frac{1}{2}} x$ 兩圖形對直線 $y = x$ 為對稱？答案是肯定的。

隨堂練習

比較 $y = \log_{\frac{1}{2}} x$ 與 $y = \log_{\frac{1}{3}} x$ 兩圖形。A：略

上述有關對數函數性質的討論，將之歸納為以下定理。

☑ 定理 4-5

設函數 $f(x) = \log_a x$，$0 < a \neq 1$，則下列性質成立。

(1) 若 $0 < a < 1$，則 $f(x)$ 之圖形由左而右向下降；若 $a > 1$，則 $f(x)$ 之圖形由左而右向上升。

(2) $y = \log_a x$ 與 $y = \log_{\frac{1}{a}} x$ 兩圖形對 x 軸對稱。

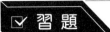

習題 **4-4**

將下列 1~4 題各數，由小而大排列。

1. $\log_3 0.4$ ， $\log_3 5$ ， $\log_3 3.5$

2. $\log_{0.2} 2$ ， $\log_{0.2} 0.5$ ， $\log_{0.2} 3$

3. $\log_{0.1} 2$ ， $\log_{0.3} 2$ ， $\log_{0.4} 2$

4. $\log_{0.2} \dfrac{1}{3}$ ， $\log_{0.3} \dfrac{1}{3}$ ， $\log_{0.5} \dfrac{1}{3}$

5. (1) 作 $y = \log_4 x$ 之圖形。

   (2) 利用 $y = \log_4 x$ 之圖形，作出 $y = \log_{\frac{1}{4}} x$ 之圖形。

6. 已知 $\log_{10} 2 \approx 0.3010$，$\log_{10} 3 \approx 0.4771$，試比較 2^{40}，6^{20}，3^{30} 之大小？

7. 在同一坐標平面上分別描繪 $y = \log_5 x$ 及 $y = \log_{10} x$ 之圖形？

8. 設 a、b、c 均為正數，且不為 1，試根據以下三個對數函數的部分圖形，比較 a、b、c 的大小？

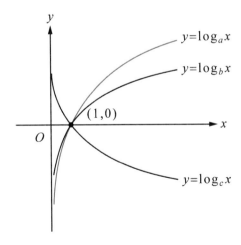

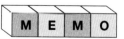

05
CHAPTER

三角函數

5-1　銳角三角函數

首先讓我們來複習一下國中時期所學過的有關三角的知識，設 ΔABC 為一直角三角形，其中 $\angle B = 90°$，則

(1) 當 $\angle A = 30°$ 時，如圖 5-1 所示，則從幾何知識知道，$30°$ 角所對邊長為斜邊的一半。

所以，若設斜邊 $\overline{AC} = 1$，則 $\overline{BC} = \dfrac{1}{2}$，並由畢氏定理，可求得另一邊長 $\overline{AB} = \dfrac{\sqrt{3}}{2}$。

(2) 當 $\angle A = 45°$ 時，如圖 5-2 所示，則 ΔABC 又為等腰三角形，$\overline{AB} = \overline{BC}$，由畢氏定理可求得：設 $\overline{AC} = 1$ 時，$\overline{AB} = \overline{BC} = \dfrac{1}{\sqrt{2}} = \dfrac{\sqrt{2}}{2}$。

(3) 當 $\angle A = 60°$ 時，如圖 5-3 所示，則從(1)可知道：$\overline{AC} = 1$ 時，$\overline{BC} = \dfrac{\sqrt{3}}{2}$，$\overline{AB} = \dfrac{1}{2}$。

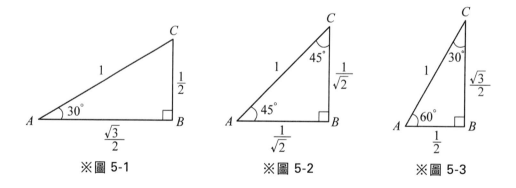

※圖 5-1　　　　※圖 5-2　　　　※圖 5-3

一、銳角三角函數

設 ΔABC 為一直角三角形，如下圖 5-4 所示，其中 $\angle B$ 為直角，$\overline{AC}$ 為斜邊，$\angle A = \theta$ 為銳角，並設 $\overline{BC} = a$，$\overline{AC} = b$，$\overline{AB} = c$。

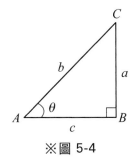

※圖 5-4

則定義六個三角函數如下：

$$\sin\theta = \frac{對邊}{斜邊} = \frac{\overline{BC}}{\overline{AC}} = \frac{a}{b} \qquad 稱為 \theta 的正弦函數值。$$

$$\cos\theta = \frac{鄰邊}{斜邊} = \frac{\overline{AB}}{\overline{AC}} = \frac{c}{b} \qquad 稱為 \theta 的餘弦函數值。$$

$$\tan\theta = \frac{對邊}{鄰邊} = \frac{\overline{BC}}{\overline{AB}} = \frac{a}{c} \qquad 稱為 \theta 的正切函數值。$$

$$\cot\theta = \frac{鄰邊}{對邊} = \frac{\overline{AB}}{\overline{BC}} = \frac{c}{a} \qquad 稱為 \theta 的餘切函數值。$$

$$\sec\theta = \frac{斜邊}{鄰邊} = \frac{\overline{AC}}{\overline{AB}} = \frac{b}{c} \qquad 稱為 \theta 的正割函數值。$$

$$\csc\theta = \frac{斜邊}{對邊} = \frac{\overline{AC}}{\overline{BC}} = \frac{b}{a} \qquad 稱為 \theta 的餘割函數值。$$

例 1 設 $\theta = 30°$，求 θ 的六個三角函數值？

解 即求 $\sin 30°$，$\cos 30°$，$\tan 30°$，$\cdots$ 之值。

如圖所示，易知

$$\sin 30° = \frac{\overline{BC}}{\overline{AC}} = \frac{\frac{1}{2}}{1} = \frac{1}{2}$$

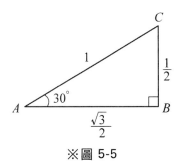

※圖 5-5

$$\cos 30° = \frac{\overline{AB}}{\overline{AC}} = \frac{\frac{\sqrt{3}}{2}}{1} = \frac{\sqrt{3}}{2}$$

$$\tan 30° = \frac{\overline{BC}}{\overline{AB}} = \frac{\frac{1}{2}}{\frac{\sqrt{3}}{2}} = \frac{1}{\sqrt{3}} = \frac{\sqrt{3}}{3}$$

$$\cot 30° = \frac{\overline{AB}}{\overline{BC}} = \sqrt{3}$$

$$\sec 30° = \frac{\overline{AC}}{\overline{AB}} = \frac{2}{\sqrt{3}} = \frac{2\sqrt{3}}{3}$$

$$\csc 30° = \frac{\overline{AC}}{\overline{BC}} = 2$$

例 2 設 $0° < \theta < 90°$ 為一銳角且 $\sin\theta = \frac{3}{5}$，求角 θ 的其餘 5 個三角函數值。

解 已知 $\sin\theta = \frac{3}{5}$，$0° < \theta < 90°$，則由圖所示，利用畢

氏定理，可求出 $\overline{AB} = 4$。

所以，其餘三角函數為

$$\cos\theta = \frac{4}{5}$$

$$\tan\theta = \frac{3}{4} , \quad \cot\theta = \frac{4}{3}$$

$$\sec\theta = \frac{5}{4} , \quad \csc\theta = \frac{5}{3}$$

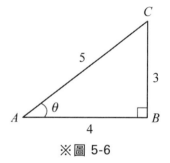

※圖 5-6

隨堂練習

設 $0° < \theta < 90°$ 且 $\tan\theta = \frac{3}{4}$，求 θ 之其餘 5 個三角函數值？

A：$\sin\theta = \frac{3}{5}$, $\cos\theta = \frac{4}{5}$, $\cot\theta = \frac{4}{3}$, $\sec\theta = \frac{5}{4}$, $\csc\theta = \frac{5}{3}$

☑ 習題 **5-1**

1. 設 $\theta = 45°$，求 θ 之六個三角函數值？

2. 設 $\theta = 60°$，求 θ 之六個三角函數值？

3. 已知 ΔABC 中，$\angle C$ 為直角，且 $\overline{BC} = 7$、$\overline{AC} = 24$。則 $\sin A$？

4. 設 θ 為銳角，若 $\tan\theta = \sqrt{2}$，試求 $\sqrt{3}\sin\theta + \sqrt{6}\cos\theta = $ ？

5. 求 $(\cos 30° + \sin 30°)(\cos 30° - \sin 30°) = $ ？

6. 設 $0 \leq \theta \leq \dfrac{\pi}{2}$，$\cot\theta = 1$，則 $\sin\theta\cos\theta = $ ？

7. 已知 ΔABC 中 $\angle A : \angle B : \angle C = 3 : 1 : 2$，求 $\dfrac{\overline{AB} + \overline{BC}}{\overline{AC} + \overline{BC}} = $ ？

8. $\log_2(\dfrac{\cos 30° - \tan 45°}{\tan 60° - 2\cot 45°}) = $ ？

5-2　三角函數的基本關係

一、三角函數的基本關係

兹介紹基本的三角函數關係如下：

（一）平方關係式

1. $\sin^2\theta + \cos^2\theta = 1$

2. $1 + \tan^2\theta = \sec^2\theta$

3. $1 + \cot^2\theta = \csc^2\theta$

 證明 由定義知

$$\sin\theta = \frac{a}{b} \ , \ \cos\theta = \frac{c}{b}$$

$$\sin^2 + \cos^2\theta$$

$$= (\frac{a}{b})^2 + (\frac{c}{b})^2 = \frac{a^2}{b^2} + \frac{c^2}{b^2} = \frac{a^2 + c^2}{b^2} = \frac{b^2}{b^2} = 1$$

同理可證 2.、3.兩式成立。

（二）倒數關係式

1. $\tan\theta = \frac{1}{\cot\theta}$

2. $\sec\theta = \frac{1}{\cos\theta}$

3. $\csc\theta = \frac{1}{\sin\theta}$

證明 由定義知

$$\tan\theta = \frac{a}{c} = \frac{1}{\frac{c}{a}} = \frac{1}{\cot\theta}$$

同理可證 2.、3.兩式成立。

（三）商數關係式

1. $\tan\theta = \dfrac{\sin\theta}{\cos\theta}$

2. $\cot\theta = \dfrac{\cos\theta}{\sin\theta}$

證明 由定義知

$$\frac{\sin\theta}{\cos\theta} = \frac{\dfrac{a}{b}}{\dfrac{c}{b}} = \frac{a}{c} = \tan\theta$$

同理可證 2.式成立

（四）餘角關係式

1. $\sin(\dfrac{\pi}{2} - \theta) = \cos\theta$

2. $\cos(\dfrac{\pi}{2} - \theta) = \sin\theta$

3. $\tan(\dfrac{\pi}{2} - \theta) = \cot\theta$

4. $\cot(\dfrac{\pi}{2} - \theta) = \tan\theta$

5. $\sec(\dfrac{\pi}{2} - \theta) = \csc\theta$

6. $\csc(\dfrac{\pi}{2} - \theta) = \sec\theta$

證明從略。例如 $\sin 31° = \sin(\dfrac{\pi}{2} - 59°) = \cos 59°$

例 1 已知 $\sec\theta = \dfrac{13}{5}$ 且 θ 為銳角，求 $\dfrac{\sin\theta + \cos\theta}{\sin\theta - \cos\theta}$ 之值？

解 已知 $\sec\theta = \dfrac{13}{5}$ $\therefore \cos\theta = \dfrac{5}{13}$

又 $\sin^2\theta + \cos^2\theta = 1$

$$\Rightarrow \sin^2\theta = 1 - \cos^2\theta = \frac{144}{169}$$

$$\Rightarrow \sin\theta = \frac{12}{13}$$

$$\therefore \quad \frac{\sin\theta + \cos\theta}{\sin\theta - \cos\theta} = \frac{\dfrac{12}{13} + \dfrac{5}{13}}{\dfrac{12}{13} - \dfrac{5}{13}} = \frac{17}{7}$$

🔲例 2 求 $\sin^2 15° - \tan 110° \cot 110° + \cos^2 15°$ 之值？

🔲解 原式 $= \sin^2 15° + \cos^2 15° - \tan 110° \cot 110°$

$\qquad = 1 - 1$

$\qquad = 0$

🔲例 3 設 $\tan\theta = 1$ 且 θ 為銳角，求 $\dfrac{3\cos\theta - \sin\theta}{\sin\theta + 2\cos\theta}$ 之值。

🔲解 本題以特殊解法較方便

$$\frac{3\cos\theta - \sin\theta}{\sin\theta + 2\cos\theta} = \frac{3 - \tan\theta}{\tan\theta + 2} \quad （分母，分子同除以 \cos\theta）$$

$$\qquad\qquad\qquad = \frac{2}{3}$$

⏳**例** *4* 　求 $\tan\dfrac{\pi}{4} - \sec\dfrac{\pi}{3} + \sin^2\dfrac{\pi}{6}$ 之值。

⏳**解** 　$\tan\dfrac{\pi}{4} - \sec\dfrac{\pi}{3} + \sin^2\dfrac{\pi}{6}$

$= 1 - 2 + (\dfrac{1}{2})^2$

$= -\dfrac{3}{4}$

隨堂練習

求 $\sin\dfrac{\pi}{4} + \cos\dfrac{\pi}{4} - \tan\dfrac{\pi}{4}$ 之值？　A：$\sqrt{2}-1$

1. 求 $\sin\dfrac{\pi}{3}\cos\dfrac{\pi}{4}\tan\dfrac{\pi}{8}\cot\dfrac{\pi}{8}\sec\dfrac{\pi}{4}\csc\dfrac{\pi}{3}$ 之值。

2. 設 $\cot\theta = -3$，求 $\dfrac{2\cos\theta + 3\sin\theta}{2\sin\theta + \cos\theta}$ 之值。

3. 求 $\sin^2\dfrac{\pi}{5} + \cos^2\dfrac{\pi}{5} + \tan^2\dfrac{\pi}{6} + \cot^2\dfrac{\pi}{6}$ 之值。

4. 已知 $\sin^2\theta + \cos^2\theta = 1$ 且 $\sin(90° - \theta) = \cos\theta$，則 $(\sin 23° - \sin 67°)^2 + (\sin 23° + \sin 67°)^2 = ?$

5. 已知 $\sin\theta = \dfrac{1}{3}$，求 $\cos^2\theta = ?$

6. 已知 $\sin 2\theta = 2\sin\theta\cos\theta$，求 $(\sin 15° + \cos 15°)^2 = ?$

7. $\sin^2 210° + \cos^2 570° + \sec^2 930° - \tan^2 1290° + \csc^2 1650° - \cot^2 2010° = ?$

8. 若 $2\sin^2\theta + 5\cos\theta - 4 = 0$，則 $\cos\theta = ?$

5-3　簡易測量與三角函數值表

一、平面三角測量

　　平面三角測量的理論，即在於利用三角學的原理與概念來測量一些無法直接測量的問題，如海上船的遠近，山的高低等等。解決這些測量問題，我們常將它轉化成三角測量的數學問題，並用數學方法來處理。

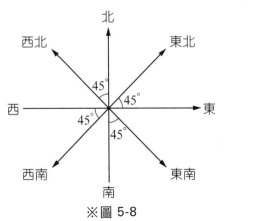

※圖 5-7

　　在討論三角學測量的問題時，我們有一些慣用的術語名詞，如觀測線，仰角 $60°$，俯角 $30°$ 及東 $30°$ 北，南 $45°$ 東之方位術語等，大家必須先有所了解。茲簡單介紹如下並參看圖 5-7 所示。

1. 觀測線：觀測點與觀測物所連結而成的直線。

2. 仰角：觀測者仰視觀測物時，觀測線與水平線的夾角。

3. 俯角：觀測者俯視觀測物時，觀測線與水平線的夾角。

4. 方位：指觀測物所在的方向位置。在有些實際測量的時候，觀測物所在的方位是不可缺的。除了一般所謂的東，西，南，北四個主要方位外，還有許多其他的方位，如東 $30°$ 北，南 $20°$ 西，東北，西南等。如圖 5-8 及 5-9 所示。

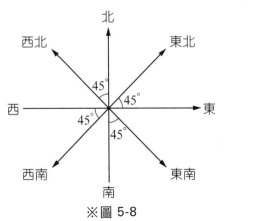

※圖 5-8

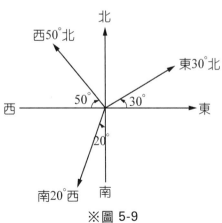

※圖 5-9

例 1 有一棵樹不知高低，某人在樹前 120 公尺之地面 A 點測得與樹頂 C 的仰角為 45°，如圖 5-10 所示，求樹的高度？

解 設樹高為 x 公尺，

則易知　$\tan 45° = \dfrac{x}{120}$

$\therefore 1 = \dfrac{x}{120}$

$\therefore x = 120$（公尺）……這樹真高呀！

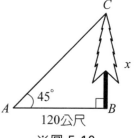

※圖 5-10

例 2 甲從地面 A 處測得一塔頂 C 之仰角為 30°，再前進 100 公尺至 B 處，又側得 C 之仰角為 45°，求塔的高度？

解 如圖 5-11 所示：

(1) $\tan 45° = \dfrac{x}{\overline{BD}}$

$\Rightarrow 1 = \dfrac{x}{\overline{BD}}$

$\Rightarrow \overline{BD} = x$

(2) $\tan 30° = \dfrac{x}{100 + x}$

$\Rightarrow \dfrac{1}{\sqrt{3}} = \dfrac{x}{100 + x}$

$\Rightarrow \sqrt{3}x = 100 + x$

$\Rightarrow (\sqrt{3} - 1)x = 100$

$\Rightarrow x = \dfrac{100}{\sqrt{3} - 1} = \dfrac{100(\sqrt{3} + 1)}{(\sqrt{3} - 1)(\sqrt{3} + 1)} = 50(\sqrt{3} + 1)$（公尺）

這塔高還好，比臺北 101 還低

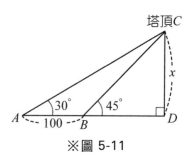

※圖 5-11

例 3 有一船向東航行，在東 45° 北的方位發現一燈塔 C 後，再繼續向東航行 30 浬，此時燈塔的方位變為東 60° 北，求此時船與燈塔的距離？

解 如圖 5-12 所示：

(1) 設 $\overline{CD} = x$

$$\tan 60° = \frac{x}{\overline{BD}} \Rightarrow \sqrt{3} = \frac{x}{\overline{BD}}$$

$$\therefore \overline{BD} = \frac{x}{\sqrt{3}} = \frac{\sqrt{3}}{3}x$$

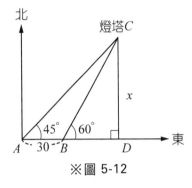

※圖 5-12

(2) 又 $\tan 45° = \dfrac{x}{30 + \dfrac{\sqrt{3}}{3}x}$

$$\Rightarrow 1 = \frac{x}{30 + \dfrac{\sqrt{3}}{3}x}$$

$$\Rightarrow 90 + \sqrt{3}x = 3x$$

$$\Rightarrow (3 - \sqrt{3})x = 90$$

$$\Rightarrow x = \frac{90}{3 - \sqrt{3}} = 15(3 + \sqrt{3})$$

$$\therefore \sin 60° = \frac{15(3 + \sqrt{3})}{\overline{BC}} \Rightarrow \overline{BC} = \frac{15(3 + \sqrt{3})}{\dfrac{\sqrt{3}}{2}} = 30(\sqrt{3} + 1) \text{（浬）}$$

隨堂練習

承上例，此船再繼續向東航行多遠，將距離此燈塔最近？　A：$15(\sqrt{3} + 1)$

例 4 設 $\triangle ABC$ 之二邊長分別為 2 與 $\sqrt{3}$，且此二邊之夾角為 $30°$，求此三角形之面積？

解
$$\sin 30° = \frac{\overline{CD}}{\sqrt{3}}$$

$\therefore$ 高 $\overline{CD} = \sqrt{3} \cdot \sin 30°$

$$= \sqrt{3} \cdot \frac{1}{2}$$

$$= \frac{\sqrt{3}}{2}$$

$\therefore \triangle ABC$ 之面積為 $\frac{1}{2} \cdot 2 \cdot \frac{\sqrt{3}}{2} = \frac{\sqrt{3}}{2}$

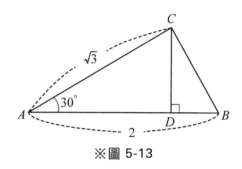

※圖 5-13

二、三角函數值表

前節我們介紹了如何求一些特別角如 $30°$，$45°$，$60°$ 的三角函數值。本節將透過三角函數值表的查法，求得其餘不易求得的三角函數值。如 $\sin 34°$，$\tan 85°10'$，$\sec 40°50'$ 等。

三、查表法

本書後面附錄之三角函數值表，只列 $0° \sim 90°$，而每度再細分成 $10'$，$20'$，$\cdots$，$50'$，餘如 $105°20'$，$151°30'$，$-20°10'$ 等之各三角函數值，可利用三角函數之關係式先化為銳角，即可求得。另外，如 $105°15'$ 可進一步利用內插法求得，本書從略。

如附錄之三角函數值表所示，表中最上一列為 sin, cos, tan, cot, sec, csc 之各三角函數，最下一列則變為 cos, sin, cot, tan, csc, sec 之各三角函數。其原因在於應用了餘角關係。如 $\sin 15°20' = \sin(\frac{\pi}{2} - 74°40') = \cos 74°40'$。

另外，表中最左一行為 $0° \sim 45°$ 之各角度，最右一行則變為 $90° \sim 45°$，其中道理如上述。讀者再看看下例之查表法就可了解。

至於如何查表，今舉例說明如下：

例 5 利用查表法，求下列三角函數值：

1. $\cos 38°30'$　　2. $\tan 72°10'$　　3. $\cos 105°20'$

解 1.因 $38°30' < 45°$，所以可由最左一行找到 $38°30'$ 的角度這一列。然後由最上一列找到 cos 的這一行，其相交處的值 .7826，即為所求。亦即 $\cos 38°30' = 0.7826$。如圖 5-14 所示。

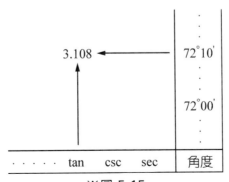

※圖 5-14

2.因 $72°10' > 45°$，所以須由最右一行找到 $72°10'$ 的角度這一列，然後再由最下一列找到 tan 這一行，同樣地，其相交處的值 3.108，即為所求。亦即 $\tan 72°10' = 3.108$，如圖 5-15 所示。

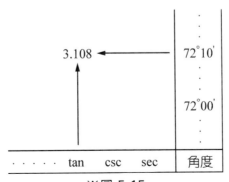

※圖 5-15

3. $\because \cos 105°20' = \cos(\dfrac{\pi}{2} + 15°20') = -\sin 15°20'$（此處容後再說明），再查出

$\sin 15°20' = 0.2644$　　$\therefore \cos 105°20' = -0.2644$

求 1.　$\cos 30°10'$　　　2.　$\sec 65°30'$
　　A：0.8646　　　　　A：2.411

反之，若已知三角函數值表內的某三角函數值，如 $\tan\theta = 13.73$，$0 < \theta < \dfrac{\pi}{2}$，亦可利用查表，求出 θ 值？今說明如下：

例 6　已知 $\tan\theta = 13.73$，$0 < \theta < \dfrac{\pi}{2}$，求 θ？

解　1. 首先在 tan 這一行中找到 13.73 這個數（上、下的 tan 都要找）。

　　2. 然後在 13.73 的這一列的最右邊的角度 $85°50'$ 即為所求。即

　　　$\tan 85°50' = 13.73$

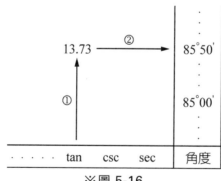

※圖 5-16

隨堂練習

$0 < \theta < \dfrac{\pi}{2}$ 且 $\sec\theta = 1.048$，求 θ？　A：$\theta = 17°20'$

事實上，除查表外，我們亦可利用具有查三角函數值功能的計算器，容易求得各三角函數值。

隨堂練習

1. 設 ΔABC 的三頂點 A、B、C 所對邊的邊長分別為 a、b、c，$\overline{AH}$ 為高，則 $\overline{AH}$ 之長為（以三角函數表示）？　A：$c \cdot \sin B$ 或 $b \cdot \sin C$

2. 若一直角三角形 ABC 中，$\angle C$ 為直角，且 $\tan A = \dfrac{5}{12}$、$\overline{BC} = 10$，則此三角形之周長為何？　A：60

☑ 習題 5-3

1. 一人在一塔前 8 公尺處，從地面測得此塔頂的仰角為 60°，求塔的高度？

2. 有一山不知高低，甲在山前地面 A 處測得山頂 C 之仰角為 45°，再前進 200 公尺 B 處，測得仰角 60°，求此山高？

3. 有一船向東航行，在東 45° 北的方位發現一燈塔 C 後，再繼續向東航行 30 浬，此時燈塔的方位變為西 30° 北，求此時船與燈塔的距離？

4. 設 ΔABC 之二邊長分別為 2 與 $\sqrt{3}$，且此二邊之夾角為 45°，求此三角形的面積？

5. 在某海防觀測站的東方 12 海浬處有 A、B 兩艘船相會之後，A 船以每小時 12 海浬的速度往南航行，B 船以每小時 3 海浬的速度向北航行。問幾小時後，觀測站及 A、B 兩船恰成一直角三角形？

6. 某人隔河測一山高，在 A 點觀測山時，山的方位為東偏北 60°，山頂的仰角為 45°，某人自 A 點向東行 600 公尺到達 B 點，山的方位變成在西偏北 60°，則山有多高？

7. 有一棟大樓在下午 2 時太陽照射的影子（如圖之線段 $\overline{BC}$）長為 25 公尺，此時從大樓的影子端（即 C 點），測得大樓頂端的光線與地平面所成之夾角（$\angle BCA$）為 60° 若已知在下午 2 時與 4 時，太陽從大樓頂端射出的光線夾角（$\angle CAD$）為 30° 則在下午 4 時，此大樓的影子（如圖之線段 $\overline{BD}$）長為多少公尺？

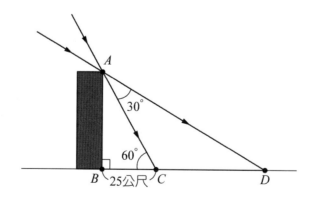

5-4　廣義角與角的度量

　　在國中時代，我們所學「角」的概念，它的大小只是介於 0° 與 180° 之間，但為應用更方便起見，在此將角的意義擴充到如 500°，1000°，甚至於負角的概念，如 −300°，−600° 等等。這即是廣義角（有向角）的意涵。

一、廣義角（有向角）

　　如圖 5-17、圖 5-18，設有一射線 $\overrightarrow{OA}$ 以 O 為旋轉中心，逆時針方向旋轉到 $\overrightarrow{OB}$，則形成一廣義角 $\angle AOB$，稱為正角。圖 5-19、圖 5-20，則表示一射線 $\overrightarrow{OC}$ 以 O 為旋轉中心，順時針方向旋轉到 $\overrightarrow{OD}$，則形成一廣義角 $\angle COD$，稱為負角。其中射線 $\overrightarrow{OA}$，$\overrightarrow{OC}$ 稱為始邊，$\overrightarrow{OB}$，$\overrightarrow{OD}$ 稱為終邊。

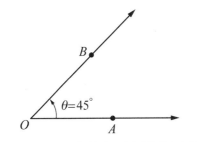

※圖 5-17　廣義角 $\angle AOB$ 為正角

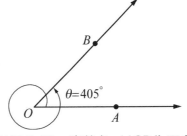

※圖 5-18　廣義角 $\angle AOB$ 為正角

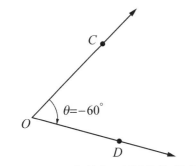

※圖 5-19　廣義角 $\angle COD$ 為負角

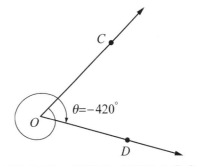

※圖 5-20　廣義角 $\angle COD$ 為負角

二、角的度量

　　角大小的測量，通常採用度的度量和弧度的度量兩種。度的度量，乃將圓周分為 360 等分，每一等分的圓弧所對的圓心角，稱為一度。每一度的 60 等分，稱為一分；一分的 60 等分稱為一秒。20 度 10 分 5 秒記作 $20°10'5''$。

弧度的度量，弧度又稱弳度，乃在圓周上取一段與半徑等長的圓弧，則此圓弧所對的圓心角稱為一弧度或稱一弳度。易知，以弧度來度量，則一圓之圓心角為 2π 弧度，以度來度量則為 $360°$，所以

$$2\pi \quad （弧度）= 360°$$

簡記作 $2\pi = 360°$（弧度可省略不寫）

所以

$$\pi = 180° \quad 即 \ \pi （弧度）= 180°$$

$$\frac{\pi}{2} = 90°$$

$$\frac{\pi}{3} = 60°$$

$$\frac{\pi}{4} = 45°$$

$$\frac{\pi}{6} = 30°$$

$$1 （弧度）= \frac{180°}{\pi} \approx 57°$$

反之，$1° = \frac{\pi}{180}$（弧度）

例 1 $\dfrac{5\pi}{6}$ 等於多少度？

解 $\because \pi = 180°$

$\therefore \dfrac{5\pi}{6} = \dfrac{5}{6} \cdot 180° = 150°$

例 2 −300° 等於多少弧度？

解 $1° = \dfrac{\pi}{180}$（弧度）

$\therefore -300° = -300 \times \dfrac{\pi}{180}$（弧度）

$= -\dfrac{5\pi}{3}$（弧度）

利用上述觀念，我們可得弧長公式與扇形面積公式如下：

☑ 定理 5-1　　弧長公式

設一圓的半徑 r，一圓心角 θ（弧度）所對的弧長為 s，則

$s = r\theta$

證明 圓半徑 r，$\therefore$ 圓周為 $2\pi r$

則 $\dfrac{s}{2\pi r} = \dfrac{\theta}{2\pi}$（$\because$ 等式兩邊之比例相等）

$\Rightarrow 2\pi s = 2\pi r\theta$

$\Rightarrow s = r\theta$

例 3 已知一圓的半徑為 5 公分，求圓心角為 $\dfrac{\pi}{3}$（弧度）所對的弧長多少？

解 所對弧長 $s = r\theta$

$= 5 \cdot \dfrac{\pi}{3}$

$= \dfrac{5\pi}{3}$ 公分

隨堂練習

已知一圓的半徑為 3 公分,求弧長 12 公分所對應的圓心角為多少弧度?

A:$\theta = 4$(弧度)

☑ **定理 5-2**　　**扇形面積公式**

設一圓的半徑為 r,則圓心角 θ(弧度)所成的扇形面積 $A = \dfrac{1}{2}\theta r^2$　　(如圖 5-21 所示)

半徑為 r 的圓面積為 πr^2,所以扇形面積

$A = \pi r^2 \cdot \dfrac{\theta}{2\pi}$ (2π 係指一圓的圓心角)

$= \dfrac{1}{2}r^2\theta$

$= \dfrac{1}{2}\theta r^2$

※圖 5-21

例 4 設一圓的半徑為 6 公分,圓心角 $\dfrac{\pi}{3}$(弧度),求此一扇形面積?

 依公式扇形面積 $A = \dfrac{1}{2}\theta r^2$,得

所求扇形面積

$A = \dfrac{1}{2} \cdot \dfrac{\pi}{3} \cdot 6^2$

$= 6\pi$(公分)^2

隨堂練習

若一圓的半徑為 8 公分，圓心角為$120°$，求此扇形面積？　A：$\dfrac{64}{3}\pi$

三、標準位置角

在坐標平面上，讓廣義角的頂點在原點，始邊取 x 軸之正向，則此角稱為標準位置角。

一個標準位置角，看它的終邊落在哪個象限，就說它是哪個象限角。

例 5 試作標準位置角 $450°$，$-\dfrac{3\pi}{4}$ 兩圖形。

解

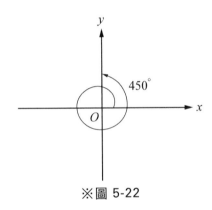

※圖 5-22

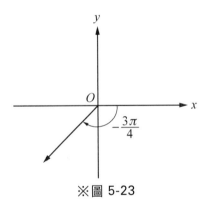

※圖 5-23

四、同界角

具有相同始邊與終邊的角，稱為同界角。

比如角 θ 的同界角有

$$\theta + 2\pi \quad,\quad \theta - 2\pi$$

$$\theta + 4\pi \quad,\quad \theta - 4\pi$$

$$\theta + 6\pi \quad,\quad \theta - 6\pi$$

$$\vdots \qquad\qquad \vdots$$

167

上述同界角可歸納為

$$\theta + 2n\pi \ , \ n = \pm1 \ , \ \pm2 \ , \ \pm3 \ , \ \cdots$$

⏳ 例 6 試問 $\dfrac{\pi}{3}$ 與 $\dfrac{7\pi}{3}$ 是否為同界角？

⏳ 解 $\dfrac{7\pi}{3} = \dfrac{\pi}{3} + 2\pi$

所以 $\dfrac{\pi}{3}$ 與 $\dfrac{7\pi}{3}$ 為同界角

五、廣義角之三角函數

前節對「廣義角」的概念如 500°，–300° 等，我們都已有所說明，今將進一步來介紹有關「廣義角之三角函數」如 $\sin 500°$，$\tan(-300°)$ 之意義。

對任意標準位置角 θ 而言，取其終邊上異於原點之任一點 $P(x, y)$，並令 $r = \overline{OP} = \sqrt{x^2 + y^2}$，如圖 5-24～圖 5-27 所示，則仿「銳角 θ 之三角函數」定義，可擴充「廣義角之三角函數」定義如下：

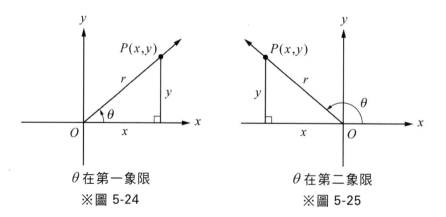

θ 在第一象限
※圖 5-24

θ 在第二象限
※圖 5-25

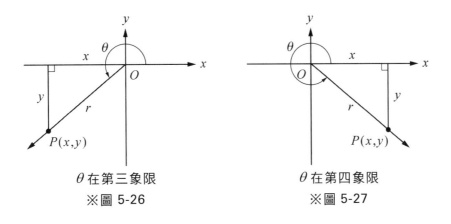

θ 在第三象限
※圖 5-26

θ 在第四象限
※圖 5-27

$$\sin \theta = \frac{y}{r} = \frac{y}{\sqrt{x^2 + y^2}} \cdots\cdots 正弦函數$$

$$\cos \theta = \frac{x}{r} = \frac{x}{\sqrt{x^2 + y^2}} \cdots\cdots 餘弦函數$$

$$\tan \theta = \frac{y}{x} (x \neq 0) \cdots\cdots 正切函數$$

$$\cot \theta = \frac{x}{y} (y \neq 0) \cdots\cdots 餘切函數$$

$$\sec \theta = \frac{r}{x} = \frac{\sqrt{x^2 + y^2}}{x} (x \neq 0) \cdots\cdots 正割函數$$

$$\csc \theta = \frac{r}{y} = \frac{\sqrt{x^2 + y^2}}{y} (y \neq 0) \cdots\cdots 餘割函數$$

這裡值得一提的是，當 θ 為第一象限角時，上述六個三角函數之定義，其實和「銳角三角函數」之定義相同。

另外，由上述六個三角函數之定義，我們可得三角函數之正負值，如表 5-1。

※表 5-1　三角函數之正負值

	I $(x>0, y>0)$	II $(x<0, y>0)$	III $(x<0, y<0)$	IV $(x>0, y<0)$
$\sin\theta$ $\csc\theta$	+	+	−	−
$\cos\theta$ $\sec\theta$	+	−	−	+
$\tan\theta$ $\cot\theta$	+	−	+	−

⏳ 例 7　試求出 $\sin 0$，$\sin\dfrac{\pi}{2}$，$\cot\dfrac{5\pi}{4}$ 之值。

⏳ 解　(1) 如圖 5-28，當標準位置角 $\theta=0$ 時，其終邊剛好為射線 $\overrightarrow{OX}$，所以可在 $\overrightarrow{OX}$ 上任取一點 $P(1,0)$，則可知

$$\sin 0 = \frac{0}{\sqrt{1^2+0^2}}$$
$$= \frac{0}{1}$$
$$= 0$$

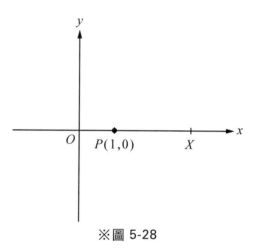

※圖 5-28

(2) 如圖 5-29，當標準位置角 $\theta=\dfrac{\pi}{2}$ 時，其終邊剛好為射線 $\overrightarrow{OY}$，所以可在 $\overrightarrow{OY}$ 上任取一點 $P(0,1)$，則可知

$$\sin\frac{\pi}{2} = \frac{1}{\sqrt{0^2+1^2}}$$
$$= \frac{1}{1}$$
$$= 1$$

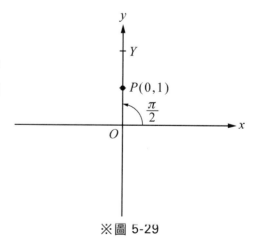

※圖 5-29

(3) 如圖 5-30 由幾何知識了解，可在

廣義角 $\dfrac{5\pi}{4}$ 之標準位置角終邊上任

取一點

$P(-1,-1)$ ，則

$\cot(\dfrac{5\pi}{4}) = \dfrac{x}{y} = \dfrac{-1}{-1} = 1$

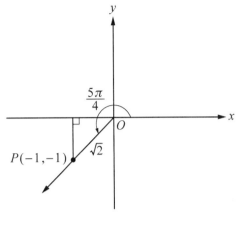

※圖 5-30

例 8 設有一標準位置角 θ ，其終邊上有一點 $Q(3,-4)$ ，求 θ 的六個三角函數值。

解 如圖 5-31 所示：

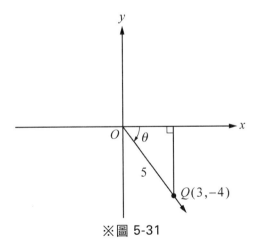

※圖 5-31

已知 $Q(3,-4)$

∴可取 $x=3$ ， $y=-4$

$$\Rightarrow r = \overline{OQ} = \sqrt{x^2 + y^2} = \sqrt{3^2 + (-4)^2} = 5$$

$$\therefore \ \sin\theta = \frac{-4}{5} \quad \cos\theta = \frac{3}{5}$$

$$\tan\theta = \frac{-4}{3} \quad \cot\theta = \frac{3}{-4}$$

$$\sec\theta = \frac{5}{3} \quad \csc\theta = \frac{5}{-4}$$

隨堂練習

設有一標準位置角 θ，其終邊上有一點 $P(-3,4)$，求 θ 的六個三角函數值。

A：$\sin\theta = \frac{4}{5}$, $\cos\theta = -\frac{3}{5}$, $\tan\theta = -\frac{4}{3}$, $\cot\theta = -\frac{3}{4}$, $\sec\theta = -\frac{5}{3}$, $\csc\theta = \frac{5}{4}$

例 9 設 $\pi < \theta < 2\pi$ 且 $\tan\theta = \frac{3}{4}$，求 θ 的其餘三角函數值。

解 $\because \pi < \theta < 2\pi$ 且 $\tan\theta = \frac{3}{4} = \frac{-3}{-4} = \frac{y}{x}$，$\theta$ 在第三象限

$\therefore x < 0$，$y < 0$

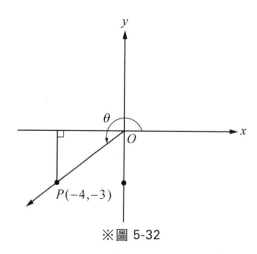

※圖 5-32

$\therefore$ 可取 $x = -4$ ， $y = -3$

$\therefore \sin\theta = \dfrac{y}{\sqrt{x^2+y^2}} = \dfrac{-3}{5}$

$\cos\theta = \dfrac{x}{\sqrt{x^2+y^2}} = \dfrac{-4}{5}$

$\cot\theta = \dfrac{x}{y} = \dfrac{-4}{-3} = \dfrac{4}{3}$

$\sec\theta = \dfrac{\sqrt{x^2+y^2}}{x} = \dfrac{5}{-4}$

$\csc\theta = \dfrac{\sqrt{x^2+y^2}}{y} = \dfrac{5}{-3}$

綜覽上述討論，茲將一些常用的特別角之三角函數，列表如表 5-2，以供讀者參考。

※表 5-2

θ	0	$\dfrac{\pi}{6}$	$\dfrac{\pi}{4}$	$\dfrac{\pi}{3}$	$\dfrac{\pi}{2}$	π	$\dfrac{3\pi}{2}$
$\sin\theta$	0	$\dfrac{1}{2}$	$\dfrac{\sqrt{2}}{2}$	$\dfrac{\sqrt{3}}{2}$	1	0	-1
$\cos\theta$	1	$\dfrac{\sqrt{3}}{2}$	$\dfrac{\sqrt{2}}{2}$	$\dfrac{1}{2}$	0	-1	0
$\tan\theta$	0	$\dfrac{1}{\sqrt{3}}$	1	$\sqrt{3}$	無意義	0	無意義
$\cot\theta$	無意義	$\sqrt{3}$	1	$\dfrac{1}{\sqrt{3}}$	0	無意義	0
$\sec\theta$	1	$\dfrac{2}{\sqrt{3}}$	$\sqrt{2}$	2	無意義	-1	無意義
$\csc\theta$	無意義	2	$\sqrt{2}$	$\dfrac{2}{\sqrt{3}}$	1	無意義	-1

至於如何將銳角以外的廣義角的三角函數化作銳角的三角函數來表示，如 $\cos 105°20' = \cos(\frac{\pi}{2} + 15°20') = -\sin 15°20'$。以 $\sin\theta$ 為例，我們歸納了如下的兩個準則：

(1) $\sin(\pi+\theta)$，$\sin(2\pi+\theta)$，$\sin(3\pi+\theta)$，$\sin(\pi-\theta)$，$\sin(2\pi-\theta)$，$\sin(3\pi-\theta)$，⋯ 等等，角的形式為 $n\pi\pm\theta$ 時（n 為整數），則等式右邊之三角函數本身不變。至於等式右邊正負號如何決定？首先將 θ 視為銳角，再算出等號左邊之三角函數值的正負。而等式右邊的正負號則取與左邊三角函數值之正負一致。

例如 $\sin(3\pi+\theta) = ?$ 首先寫出 $\sin\theta$，再決定正負號。

因為 $(3\pi+\theta)$ 視為第三象限角（θ 視為銳角），$\sin(3\pi+\theta)$ 之值為負。所以，可知

$$\sin(3\pi+\theta) = -\sin\theta$$

(2) $\sin(\frac{\pi}{2}+\theta)$，$\sin(\frac{3\pi}{2}+\theta)$，$\sin(\frac{\pi}{2}-\theta)$，$\sin(\frac{3\pi}{2}-\theta)$，⋯ 等等，角的形式為 $\frac{n\pi}{2}\pm\theta$，n 為奇數時，則等式右邊之三角函數互換（即 sin 與 cos，tan 與 cot，sec 與 csc 互換）。而等式右邊之正負號的決定，與上述(1)相同。

例如 $\sin(\frac{5\pi}{2}+\theta) = ?$ 首先寫出 $\cos\theta$，再決定正負號。

因為 $\frac{5\pi}{2}+\theta$ 視為第二象限角（θ 視為銳角），$\sin(\frac{5\pi}{2}+\theta)$ 之值為正，所以，可知

$$\sin(\frac{5\pi}{2}+\theta) = \cos\theta$$

例如 $\cos\frac{25\pi}{3} = \cos(8\pi+\frac{\pi}{3}) = \cos\frac{\pi}{3} = \frac{1}{2}$

廣義的三角函數仍然有原來銳角三角函數的大部分性質。

（一）倒數關係式：

1. $\sin\theta \neq 0$ 時，$\csc\theta = \dfrac{1}{\sin\theta}$

2. $\cos\theta \neq 0$ 時，$\sec\theta = \dfrac{1}{\cos\theta}$

3. $\cos\theta \neq 0$ 且 $\sin\theta \neq 0$ 時，$\cot\theta = \dfrac{1}{\tan\theta}$

（二）商數的關係式：

1. $\tan\theta = \dfrac{\sin\theta}{\cos\theta}$，其中 $\cos\theta \neq 0$

2. $\cot\theta = \dfrac{\cos\theta}{\sin\theta}$ 其中 $\sin\theta \neq 0$

（三）平方關係式：

1. $\sin^2\theta + \cos^2\theta = 1$

2. $1 + \tan^2\theta = \sec^2\theta$

3. $1 + \cot^2\theta = \cos^2\theta$

☑ 習題 **5-4**

1. 下列各角中，若以度表出者改以弧度表出，若以弧度表出者，改以度表出。

   (1) $240°$　　(2) $-90°$　　(3) $\dfrac{7\pi}{12}$　　(4) $-\dfrac{\pi}{3}$

2. 設一圓的半徑為 r，求弧長 $3r$ 之圓弧所對圓心角的大小？請分別以度及弧度表出。

3. 一圓的半徑 $r=6$，求圓心角 $\theta=60°$ 所對之弧長？

4. 一圓的半徑 $r=6$，求弧長 $s=4\pi$ 之弧所對圓心角的大小？請分別以度及弧度表出。

5. 一圓的半徑 $r=10$，則圓心角 $90°$ 所對的扇形面積為何？

6. 設有一標準位置角 θ 之終邊經過一點 $Q(-2,3)$，求 θ 的六個三角函數值。

7. 設 $-\dfrac{\pi}{2}<\theta<0$ 且 $\sec\theta=\dfrac{3}{2}$，求 θ 的其餘三角函數值。

8. 設 $0<\theta<\dfrac{\pi}{2}$ 且 $\tan\theta=\dfrac{3}{4}$，求 θ 的其餘三角函數值。

三角函數的圖形

一、正弦函數的圖形

設 $y = \sin x$，此處 x 視為弧度。如 $x = 0, \dfrac{\pi}{6}, \dfrac{\pi}{3}, \dfrac{\pi}{2}, \cdots, 2\pi$ 等等，此正弦函數 $y = \sin x$ 的圖形，如本書第二章所言，即為平面上所有點 $(x, \sin x)$ 的集合。

茲將正弦函數圖形以最基本的描點方法（描出一些點，再以平滑曲線加以連結）來繪圖並說明如下：

因為特別角的三角函數值比較容易求得（如下表所示），以及正弦函數為一週期 2π 之週期函數（容後說明），因此我們就先畫出 0 到 2π 一個週期的圖形。然後再每隔 2π 向兩邊重複畫出相同的圖形，即得 $y = \sin x$ 之圖形。如圖 5-33 所示：

※表 5-3

x	0	$\dfrac{\pi}{6}$	$\dfrac{\pi}{3}$	$\dfrac{\pi}{2}$	$\dfrac{2}{3}\pi$	$\dfrac{5}{6}\pi$	π	$\dfrac{7}{6}\pi$	$\dfrac{4}{3}\pi$	$\dfrac{3}{2}\pi$	$\dfrac{5}{3}\pi$	$\dfrac{11}{6}\pi$	2π
$y = \sin x$	0	$\dfrac{1}{2}$	$\dfrac{\sqrt{3}}{2}$	1	$\dfrac{\sqrt{3}}{2}$	$\dfrac{1}{2}$	0	$-\dfrac{1}{2}$	$-\dfrac{\sqrt{3}}{2}$	-1	$-\dfrac{\sqrt{3}}{2}$	$-\dfrac{1}{2}$	0

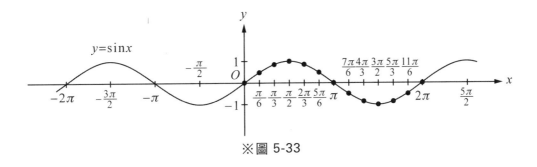

※圖 5-33

二、週期函數

若一函數 f，滿足 $f(x + p) = f(x)$，P 為一常數，則稱 f 為一週期函數。其中最小的正數 P 稱為 f 的週期。

正弦函數為一週期 2π 的函數，說明如下：

$$\sin(x+2\pi)=\sin x,\quad \sin(x+4\pi)=\sin x,\quad \sin(x+6\pi)=\sin x$$

$\sin(x-2\pi)=\sin x$ 等。其中 2π 為最小的正數，所以可知 $\sin$ 為一週期 2π 的週期函數。其圖形每隔 2π 會重複出現相同的圖形。

三、餘弦函數的圖形

仿照正弦函數圖形的討論，可知餘弦函數 $y=\cos x$ 亦為一週期 2π 的週期函數。所以我們可先畫出 $0 \le x \le 2\pi$ 範圍內的圖形；再每隔 2π 向兩邊重複畫出相同的圖形，即得 $y=\cos x$ 的圖形。如圖 5-34 所示：

※表 5-4

x	0	$\dfrac{\pi}{6}$	$\dfrac{\pi}{3}$	$\dfrac{\pi}{2}$	$\dfrac{2}{3}\pi$	$\dfrac{5}{6}\pi$	π	$\dfrac{7}{6}\pi$	$\dfrac{4}{3}\pi$	$\dfrac{3}{2}\pi$	$\dfrac{5}{3}\pi$	$\dfrac{11}{6}\pi$	2π
$y=\cos x$	1	$\dfrac{\sqrt{3}}{2}$	$\dfrac{1}{2}$	0	$-\dfrac{1}{2}$	$-\dfrac{\sqrt{3}}{2}$	-1	$-\dfrac{\sqrt{3}}{2}$	$-\dfrac{1}{2}$	0	$\dfrac{1}{2}$	$\dfrac{\sqrt{3}}{2}$	1

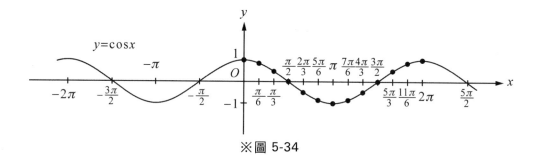

※圖 5-34

☑ 定理 5-3　　餘弦定理

如果知道三角形之兩邊及夾角，我們可以求得第三邊長及另外兩個內角，這個方法就叫餘弦定理。

ΔABC 的三內角為 $\angle A,\angle B,\angle C$，且三邊長是 $a=\overline{BC}$，$b=\overline{CA}$，$c=\overline{AB}$，則

(1) $a^2 = b^2 + c^2 - 2bc\cos A$

(2) $b^2 = c^2 + a^2 - 2ca\cos B$

(3) $c^2 = a^2 + b^2 - 2ab\cos C$

 證明 我們利用解析的方法把 $\triangle ABC$ 擺到坐標平面上，使頂點 A 在坐標平面的原點，頂點 B 在 x 軸的正向上，則點 A 坐標為 $(0,0)$，B 點坐標為 $(c,0)$，C 點坐標為 $(b\cos A, b\sin A)$。

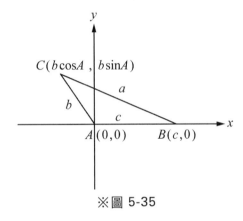

※圖 5-35

利用兩點距離公式：

a^2

$= \overline{BC}^2$

$= (b\cos A - c)^2 + (b\sin A - 0)^2$

$= b^2\cos^2 A - 2bc\cos A + c^2 + b^2\sin^2 A$

$= b^2(\cos^2 A + \sin^2 A) - 2bc\cos A + c^2$

$= b^2 - 2bc\cos A + c^2$

故得證(1)

或者 $\cos A = \dfrac{b^2 + c^2 - a^2}{2bc}$

同理可證：(2) $b^2 = c^2 + a^2 - 2ca \cos B$

(3) $c^2 = a^2 + b^2 - 2ab \cos C$

餘弦定理可以推廣至畢達哥拉斯（或商高定理），即如果 $\angle A$ 為 $90°$，$\cos 90° = 0$。

$$\cos 90° = \dfrac{b^2 + c^2 - a^2}{2bc} = 0$$

$$\therefore b^2 + c^2 = a^2$$

例 1 $\triangle ABC$ 中，$\overline{AB} = 4$，$\overline{AC} = 5$，$\angle A = 60°$，求 $\overline{BC} = ?$

利用餘弦定理

$$\overline{BC}^2 = \overline{AC}^2 + \overline{AB}^2 - 2\,\overline{AC} \cdot \overline{AB} \cdot \cos 60°$$

$$= 5^2 + 4^2 - 2 \cdot 5 \cdot 4 \cdot \dfrac{1}{2}$$

$$= 21$$

$$\therefore \overline{BC} = \sqrt{21}$$

隨堂練習

$\triangle ABC$ 中，$\overline{AB} = 4$，$\overline{BC} = 3\sqrt{2}$ 且 $\angle B = 45°$，求 $\overline{AC} = ?$ A：$\overline{AC} = \sqrt{10}$

四、正切函數的圖形

由 $\tan(x+\pi)=\tan x$，$\tan(x+2\pi)=\tan x$，… 等，可知 $\tan x$ 為一週期 π 之週期函數。所以我們僅須先畫出 $-\dfrac{\pi}{2}$ 到 $\dfrac{\pi}{2}$（0 到 π 亦可）之一週期的函數圖形，然後每隔 π 向兩邊重複畫出相同的圖形，即得 $y=\tan x$ 的圖形。如圖 5-36 所示。另外，此正切函數的圖形較為特殊，可從表 5-5 及圖 5-36 略知一二。

※表 5-5

x	$-\dfrac{\pi}{2}$	$-\dfrac{\pi}{3}$	$-\dfrac{\pi}{4}$	$-\dfrac{\pi}{6}$	0	$\dfrac{\pi}{6}$	$\dfrac{\pi}{4}$	$\dfrac{\pi}{3}$	$\dfrac{\pi}{2}$
$y=\tan x$	無意義 $(-\infty)$	$-\sqrt{3}$	-1	$-\dfrac{\sqrt{3}}{3}$	0	$\dfrac{\sqrt{3}}{3}$	1	$\sqrt{3}$	無意義 $(+\infty)$

1. 表中 $-\infty$，$+\infty$ 是分別表示負無窮大及正無窮大的符號。

2. 圖中可發現，當角度 x 從右邊趨近 $-\dfrac{\pi}{2}$ 時，$\tan x$ 趨近 $-\infty$。相對地圖形會漸漸接近直線 $x=-\dfrac{\pi}{2}$（虛線所示）。直線 $x=-\dfrac{\pi}{2}$ 並稱為 $y=\tan x$ 之一垂直漸近線。

3. 同理，當角度 x 從左邊趨近 $\dfrac{\pi}{2}$ 時，$\tan x$ 趨近 $+\infty$。直線 $x=\dfrac{\pi}{2}$ 亦為 $y=\tan x$ 之一垂直漸近線。

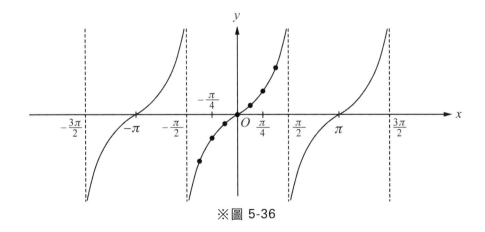

※圖 5-36

同學們，可利用同樣的方法畫出 $y=\cot x$、$y=\sec x$、$y=\csc x$ 的圖形。

☑ 習 題 **5-5**

1. 畫出餘切函數 $y = \cot x$ 的圖形。

2. 畫出正割函數 $y = \sec x$ 的圖形。

3. 畫出餘割函數 $y = \csc x$ 的圖形。

5-6 複角公式與倍角公式

在前面幾節裡，我們討論了單角及一些特別角的三角函數值，如 $\sin 45° = \dfrac{\sqrt{2}}{2}$ ，$\sin 30° = \dfrac{1}{2}$ ，但 $\sin 15°$ 或 $\sin 75°$ 之值如何求出？在此，將介紹有關它的求法，比如可視 $\sin 15° = (45° - 30°)$ ，$\sin 75° = (45° + 30°)$ ，此即複角公式的原意。

☑ 定理 5-4　複角公式（一）

$\cos(\alpha - \beta) = \cos\alpha\cos\beta + \sin\alpha\sin\beta$

$\sin(\alpha + \beta) = \sin\alpha\cos\beta + \cos\alpha\sin\beta$ ，其中 α ，β 為任意兩角。

⧗例 1 求 $\sin 15°$ 及 $\sin 75°$ 之值。

⧗解
$\sin 15° = \sin(45° - 30°)$

$\qquad = \sin 45°\cos 30° - \cos 45°\sin 30°$

$\qquad = \dfrac{\sqrt{2}}{2} \cdot \dfrac{\sqrt{3}}{2} - \dfrac{\sqrt{2}}{2} \cdot \dfrac{1}{2}$

$\qquad = \dfrac{\sqrt{6} - \sqrt{2}}{4}$

$\sin 75° = \sin(45° + 30°)$

$\qquad = \sin 45°\cos 30° + \cos 45°\sin 30°$

$\qquad = \dfrac{\sqrt{2}}{2} \cdot \dfrac{\sqrt{3}}{2} + \dfrac{\sqrt{2}}{2} \cdot \dfrac{1}{2}$

$\qquad = \dfrac{\sqrt{6} + \sqrt{2}}{4}$

☑ 定理 5-5　複角公式（二）

$\sin(\alpha - \beta) = \sin\alpha\cos\beta - \cos\alpha\sin\beta$

$\cos(\alpha + \beta) = \cos\alpha\cos\beta - \sin\alpha\sin\beta$，其中 α，β 為任意兩角。

證明 和角公式是把兩角 α, β 相加減的三角函數值。

我們在 x, y 坐標上，取單位圓，取 $P(\cos\alpha, \sin\alpha), Q(\cos\beta, \sin\beta)$。

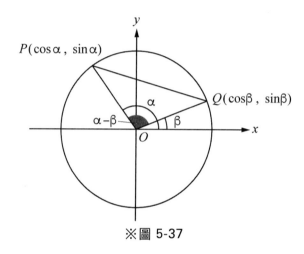

※圖 5-37

利用餘弦定理可以求出：

$\overline{PQ}^2 = \overline{OP}^2 + \overline{OQ}^2 - 2\overline{OP} \cdot \overline{OO} \cdot \cos(\alpha - \beta)$

$= 1^2 + 1^2 - 2 \cdot 1 \cdot 1 \cdot \cos(\alpha - \beta)$

$= 2 - 2\cos(\alpha - \beta)$

P, Q 兩點也可以利用距離公式求出：

$\overline{PQ}^2 = (\cos\alpha - \cos\beta)^2 + (\sin\alpha - \sin\beta)^2$

$= (\cos^2\alpha - 2\cos\alpha \cdot \cos\beta + \cos^2\beta) + (\sin^2\alpha - 2\sin\alpha \cdot \sin\beta + \sin^2\beta)$

$= 2 - 2(\cos\alpha \cdot \cos\beta + \sin\alpha \cdot \sin\beta)$

$2 - 2\cos(\alpha - \beta) = 2 - 2(\cos\alpha \cdot \cos\beta + \sin\alpha \cdot \sin\beta)$

得 $\cos(\alpha - \beta) = \cos\alpha \cdot \cos\beta + \sin\alpha \cdot \sin\beta$ （定理 5-4）

這時，

$$\sin(\alpha + \beta) = \cos\left[\frac{\pi}{2} - (\alpha + \beta)\right]$$

$$= \cos\left[\left(\frac{\pi}{2} - \alpha\right) - \beta\right]$$

$$= \cos\left(\frac{\pi}{2} - \alpha\right) \cdot \cos\beta + \sin\left(\frac{\pi}{2} - \alpha\right) \cdot \sin\beta$$

$$= \sin\alpha \cdot \cos\beta + \cos\alpha \cdot \sin\beta \qquad （定理 5-4）$$

把 β 換成 $-\beta$ ，利用負角關係式：

$$\cos(-\beta) = \cos\beta$$

$$\sin(-\beta) = \sin\beta$$

最後得出

$$\cos(\alpha + \beta) = \cos\alpha \cdot \sin\beta - \sin\alpha \cdot \cos\beta$$

$$\sin(\alpha - \beta) = \sin\alpha \cdot \cos\beta - \cos\alpha \cdot \sin\beta \qquad （如定理 5-5）$$

⧖例 2 求 $\cos 75°$ 之值。

⧖解
$$\cos 75° = \cos(45° + 30°)$$
$$= \cos 45° \cos 30° - \sin 45° \sin 30°$$
$$= \frac{\sqrt{2}}{2} \cdot \frac{\sqrt{3}}{2} - \frac{\sqrt{2}}{2} \cdot \frac{1}{2}$$
$$= \frac{\sqrt{6} - \sqrt{2}}{4}$$

又考慮

$$\tan(\alpha - \beta) = \frac{\sin(\alpha - \beta)}{\cos(\alpha - \beta)}$$

$$= \frac{\sin\alpha\cos\beta - \cos\alpha\sin\beta}{\cos\alpha\cos\beta + \sin\alpha\sin\beta}$$

$$= \frac{\dfrac{\sin\alpha\cos\beta}{\cos\alpha\cos\beta} - \dfrac{\cos\alpha\sin\beta}{\cos\alpha\cos\beta}}{1 + \dfrac{\sin\alpha\cos\beta}{\cos\alpha\cos\beta}}$$

$$= \frac{\tan\alpha - \tan\beta}{1 + \tan\alpha\tan\beta}$$

同理可得

$$\tan(\alpha + \beta) = \frac{\tan\alpha + \tan\beta}{1 - \tan\alpha\tan\beta}$$

今寫成下列公式：

☑ 定理 5-6　　複角公式（三）

$$\tan(\alpha - \beta) = \frac{\tan\alpha - \tan\beta}{1 + \tan\alpha\tan\beta}$$

$$\tan(\alpha + \beta) = \frac{\tan\alpha + \tan\beta}{1 - \tan\alpha\tan\beta}$$

至於 $\sec(\alpha \pm \beta)$，$\csc(\alpha \pm \beta)$，$\cot(\alpha \pm \beta)$ 之公式，則無須討論。

因為 $\sec(\alpha \pm \beta) = \dfrac{1}{\cos(\alpha \pm \beta)}$，$\csc(\alpha \pm \beta) = \dfrac{1}{\sin(\alpha \pm \beta)}$，$\cot(\alpha \pm \beta) = \dfrac{1}{\tan(\alpha \pm \beta)}$

例 *3*　求 $\tan 15°$ 之值

 解　$\tan 15° = \tan(45° - 30°)$

$$= \frac{\tan 45° - \tan 30°}{1 + \tan 45° \tan 30°}$$

$$= \frac{1 - \dfrac{\sqrt{3}}{3}}{1 + 1 \cdot \dfrac{\sqrt{3}}{3}}$$

$$= \frac{\dfrac{3 - \sqrt{3}}{3}}{\dfrac{3 + \sqrt{3}}{3}}$$

$$= \frac{3 - \sqrt{3}}{3 + \sqrt{3}}$$

$$= \frac{(3 - \sqrt{3})^2}{(3 + \sqrt{3})(3 - \sqrt{3})}$$

$$= \frac{12 - 6\sqrt{3}}{6}$$

$$= 2 - \sqrt{3}$$

 例 *4*　設 $\sin \alpha = \dfrac{3}{5}$，$\cos \beta = -\dfrac{12}{13}$，$\alpha$ 在第二象限，β 在第三象限，

求 $\sin(\alpha - \beta)$ 及 $\cos(\alpha + \beta)$ 之值？

 解　$\cos \alpha = -\sqrt{1 - \sin^2 \alpha} = -\dfrac{4}{5}$（$\because \alpha$ 在第二象限）

$\sin \beta = -\sqrt{1 - \cos^2 \beta} = -\dfrac{5}{13}$（$\because \beta$ 在第三象限）

所以

$$\sin(\alpha - \beta) = \sin\alpha\cos\beta - \cos\alpha\sin\beta$$
$$= \frac{3}{5} \cdot \frac{-12}{13} - (-\frac{4}{5}) \cdot (-\frac{5}{13})$$
$$= \frac{-56}{65}$$

$$\cos(\alpha + \beta) = \cos\alpha\cos\beta - \sin\alpha\sin\beta$$
$$= (-\frac{4}{5}) \cdot \frac{-12}{13} - \frac{3}{5} \cdot (-\frac{5}{13})$$
$$= \frac{63}{65}$$

隨堂練習

設 $\sin\alpha = \dfrac{-3}{\sqrt{10}}$ ， $\cos\beta = \dfrac{2}{\sqrt{5}}$ ， $\dfrac{3\pi}{2} < \alpha < 2\pi$ ， $0 < \beta < \dfrac{\pi}{2}$ ，求 $\cot(\alpha + \beta)$ 之值。

A：-1

一、二倍角公式

上述討論了複角公式，本節我們將從複角公式作一簡單的推論，從而得到二倍角公式。推論如下：

$$\sin 2\theta = \sin(\theta + \theta)$$
$$= \sin\theta\cos\theta + \cos\theta\sin\theta$$
$$= 2\sin\theta\cos\theta$$

$$\cos 2\theta = \cos(\theta + \theta)$$
$$= \cos\theta\cos\theta - \sin\theta\sin\theta$$
$$= \cos^2\theta - \sin^2\theta$$
$$= 2\cos^2\theta - 1$$
$$= 1 - 2\sin^2\theta$$

$$\tan 2\theta = \tan(\theta + \theta)$$

$$= \frac{\tan\theta + \tan\theta}{1 - \tan\theta\tan\theta}$$

$$= \frac{2\tan\theta}{1 - \tan^2\theta}$$

寫成下述定理：

☑ 定理 5-7　　二倍角公式

$$\sin 2\theta = 2\sin\theta\cos\theta$$

$$\cos 2\theta = \cos^2\theta - \sin^2\theta$$

$$= 2\cos^2\theta - 1$$

$$= 1 - 2\sin^2\theta$$

$$\tan 2\theta = \frac{2\tan\theta}{1 - \tan^2\theta} \ , \ \theta 為任意角$$

例 5　設 $\cos\theta = \dfrac{-4}{5}$，且 θ 在第二象限，試求 $\sin 2\theta$ 與 $\cos 2\theta$ 之值？

解　∵ θ 在第二象限，$\sin\theta > 0$

∴ $\sin\theta = \sqrt{1 - \cos^2\theta}$

$$= \sqrt{1 - (\frac{-4}{5})^2} = \frac{3}{5}$$

∴ $\sin 2\theta = 2\sin\theta\cos\theta$

$$= 2 \cdot \frac{3}{5} \cdot \frac{-4}{5}$$

$$= \frac{-24}{25}$$

又 $\cos 2\theta = 2\cos^2\theta - 1$

$$= 2 \cdot (\frac{-4}{5})^2 - 1$$

$$= \frac{7}{25}$$

例 6 求 $\cos 20° \cos 40° \cos 80°$ 之值？

解 $\cos 20° \cos 40° \cos 80°$

$$= \frac{1}{2\sin 20°} \cdot 2\sin 20° \cos 20° \cos 40° \cos 80°$$

$$= \frac{1}{2\sin 20°} \cdot \sin 40° \cos 40° \cos 80°$$

$$= \frac{1}{4\sin 20°} \cdot \sin 80° \cos 80° \quad (\because \sin 40° \cos 40° = \frac{1}{2}\sin 80°)$$

$$= \frac{1}{8\sin 20°} \cdot \sin 160°$$

$$= \frac{1}{8\sin 20°} \cdot \sin 20° = \frac{1}{8} \quad (\because \sin 160° = \sin(\pi - 20°) = \sin 20°)$$

☑ 習題　　**5-6**

1. 求 $\sin 105°$?

2. 已知 $\cos \alpha = \dfrac{1}{\sqrt{10}}$ ， $\cos \beta = \dfrac{2}{\sqrt{5}}$ ，且 $\dfrac{3\pi}{2} < \alpha < 2\pi$ ， $0 < \beta < \dfrac{\pi}{2}$ ，求 $\sec(\alpha + \beta)$ 之值？

3. 已知 $\tan \alpha = \dfrac{1}{3}$ ， $\tan \beta = \dfrac{2}{3}$ ，且 α 在第三象限， β 在第一象限，求 $\cot(\alpha - \beta)$ 之值？

4. 設 $\alpha + \beta = \dfrac{\pi}{4}$ ，證明 $\tan \alpha + \tan \beta + \tan \alpha \tan \beta = 1$

5. 求 $\tan 21° + \tan 24° + \tan 21° \tan 24°$ 之值？

6. 求 $\sin(\dfrac{\pi}{3} - \theta)\cos(\dfrac{\pi}{6} + \theta) + \cos(\dfrac{\pi}{3} - \theta)\sin(\dfrac{\pi}{6} + \theta)$ 之值？

7. 求 $\dfrac{\tan 140° + \tan 85°}{1 - \tan 140° \tan 85°}$ 之值

8. 設 $\sin \theta = \dfrac{12}{13}$ ，且 $\dfrac{\pi}{2} < \theta < \pi$ ，求 $\sec 2\theta$ 之值？

9. 試證三倍角公式
   $\sin 3\theta = 3\sin \theta - 4\sin^3 \theta$
   $\cos 3\theta = 4\cos^3 \theta - 3\cos \theta$

06
CHAPTER

排列與組合

在日常生活中，我們有時會碰到一些有關排列或組合觀念的問題。什麼樣的問題叫做排列問題？如 5 位實力相當的選手參加接力賽，問有多少種不同的接棒方式？（排列問題—有次序關係）而什麼樣的問題是組合問題？如從 8 位運動選手中遴選出 5 位出賽，問有多少種不同的遴選方法？（組合問題—無次序關係），另外，下一章的「機率」問題也須應用到有關「排列或組合」的觀念，如購買彩券中獎的機率如何？

要學會「排列與組合」的觀念，就必須先具有「加法與乘法原理」或樹狀圖的觀念才行，所以本章首先要跟大家介紹此項「加法與乘法原理」。

6-1 加法、乘法原理

一、加法原理

（一）加法原理①

若要完成某件事有兩種做法可供選擇。而其中一做法有 m_1 個方法，另一做法有 m_2 個方法，則完成此件事共有 $m_1 + m_2$ 個方法。

例 1 小明想去欣賞電影，有國片與洋片，其中國片有 5 片，洋片有 3 片，問他有多少種選擇方法？

解 依加法原理：$5 + 3 = 8$ 種選擇方法

同學若能了解上述「加法原理①」的觀念，我們可以將之推論如下：

（二）加法原理②

若完成某件事有 k 種做法可供選擇。其中 1，2，$\cdots$，k 種做法分別有 m_1，m_2，$\cdots$，m_k 個方法，則完成此件事共有 $m_1 + m_2 + \cdots + m_k$ 種方法。

其實「加法原理①」即為「加法原理②」在 $k = 2$ 時之特殊情形。

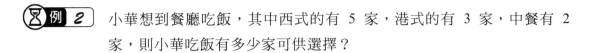

例 2 小華想到餐廳吃飯，其中西式的有 5 家，港式的有 3 家，中餐有 2 家，則小華吃飯有多少家可供選擇？

解 依加法原理知，有 $5+3+2=10$ 種選擇。

二、乘法原理

（一）乘法原理①

假設完成某件事須經過兩個步驟，而完成第一步驟有 m_1 種方法，完成第二步驟有 m_2 種方法，則完成此件事共有 $m_1 \times m_2$ 種方法。

我們以一個簡單的例子來說明此「乘法原理」的觀念。

例 3 從甲地至乙地有 2 條路可走，乙地到丙地有 3 條可走（如下圖所示），試問某人從甲地到丙地，共有多少種不同的走法？

先看看下圖，再作回答。

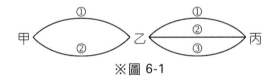

※圖 6-1

解 從圖 6-1 觀察，我們可以容易了解：甲地到乙地的①條路配乙地到丙地的①、②、③條路，可得 3 種不同走法。同理，甲地到乙地的②條路，配乙地到丙地的①、②、③條路，亦可得 3 種不同走法。這表示了一個觀念，即甲地到乙地的每一條路配乙地到丙地的①、②、③條路，均可得 3 種不同走法。所以甲地到丙地可配出 $2 \times 3 = 6$ 種不同條路的走法。

配合上述「乘法原理①」的說法，我們可視「完成甲地到丙地」這件事須經兩個步驟：第一步驟是「甲地到乙地」，第二步驟是「乙地到丙地」。而第一步驟有 2 種方法，第二步驟有 3 種方法，所以要完成「甲地到丙地」這件事有 $2 \times 3 = 6$ 種方法。

同學若已能了解上述「乘法原理①」的觀念，我們可以將之推論如下：

（二）乘法原理②

假設完成某件事須經 k 個步驟，而

完成第一步驟有 m_1 種方法

完成第二步驟有 m_2 種方法

$$\vdots$$

完成第 k 步驟有 m_k 種方法

則完成此件事共有 $m_1 \times m_2 \times \cdots \times m_k$ 種方法。

其實，「乘法原理①」即為「乘法原理②」在 $k=2$ 之特殊情形。

例 4 若甲地到乙地，乙地到丙地，丙地到丁地分別有 3、4、5 條路可走，問甲地到丁地共有多少條路可走？

解 依乘法原理：有 $3 \times 4 \times 5 = 60$ 條路

例 5 某人上衣 3 件，領帶 4 條，褲子 5 件，鞋子 6 雙，外出時要穿著整齊，問共有幾種穿法？

解 依乘法原理知，共有 $3 \times 4 \times 5 \times 6 = 360$ 種穿法

例 6 護理科甲、乙、丙班分別有 50、49、48 位同學，若每班任選一位同學出來擔任交通隊服務人員，問共有多少種選法？

解 依乘法原理知，共有 $50 \times 49 \times 48 = 117600$ 種選法

例 7 1000 元紙鈔 2 張，500 元紙鈔 1 張，100 元紙鈔 4 張，可配出多少種不同款項的付款方法？

解 1000 元紙鈔 2 張有付一張，二張及不付，共 2+1=3 種方法。

同理，500 元紙鈔一張有 1+1=2 種付法，100 元紙鈔 4 張有 4+1=5 種付法，所以付款的方法，依乘法原理知，共有 (2+1)(1+1)(4+1)−1=29 種（扣除其中一種均不付的）。

例 8 1000 元紙鈔 1 張，500 元紙鈔 3 張，100 元紙鈔 4 張，可配出多少種不同款項的付款方法？

解 1 張 1000 元紙鈔可換成 2 張 500 元紙鈔，因此 1000 元紙鈔 1 張，500 元紙鈔 3 張，相當於 500 元紙鈔 5 張。

因此，500 元紙鈔有付一張，二張，三張，四張、五張及不付，共 5+1=6 種方法。同理，100 元紙鈔有 4+1=5 種付法。

所以付款的方法有 (5+1)(4+1)−1=29 種（扣除其中一種均不付的）。

例 9 有一間 5 個門的禮堂，規定出入不能走同一個門，小蕙若進出禮堂一次，將有幾種不同的走法？

解 依乘法原理知：$5 \times 4 = 20$

6-2 排 列

一、排 列

　　將一些人或事或物有前後（或左右）順序地排成一列，稱為排列。通常「排列」指的是「直線排列」。本書將再就其中「有相同物的排列」及「可重複排列」再作說明。

二、直線排列

　　同學們想一想？現在將甲、乙、丙三人排成一列，有多少種不同的排法？（排列是有順序關係的），我們不妨把它一一列出來如下：

　　　　甲乙丙　　　甲丙乙
　　　　乙甲丙　　　乙丙甲
　　　　丙甲乙　　　丙乙甲

易知，共有 6 種方法。

　　假如問題改成甲、乙、丙……等 10 人排成一列，你能否也能將所有排列方式，容易地都一一列出？顯然這是困難的。我們有必要找出一個規則來完成它！

　　先由甲、乙、丙三人排成一列的情形來尋找它的規則：

　　將三人排成的順序以第①位，第②位，第③位（如圖 6-2）來作說明。

※圖 6-2

　　那麼，排在第①位的，甲、乙、丙三人均可，所以有 3 種排法。第①位排好後（譬如是甲）；此時，排第②位只剩下 2 種排法（乙或丙）。第②位排好後（譬如丙）；此時，排第③位只剩下 1 種排法（乙）。依乘法原理，可知甲、乙、丙排成一列的方法有 $3 \times 2 \times 1 = 6$ 種。

上述說明，我們亦可用圖 6-3 加以了解。

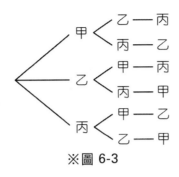

※圖 6-3

圖 6-3 之分析，有如樹幹之分枝，又稱樹狀圖。

例 1 甲、乙、丙、…等 10 人排成一列，方法有幾種？

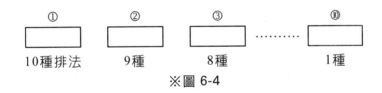

※圖 6-4

解 依乘法原理：有 $10 \times 9 \times 8 \times \cdots \times 3 \times 2 \times 1$ 種

數學裡，$10 \times 9 \times 8 \times \cdots \times 3 \times 2 \times 1$ 又可簡記作 10!（10 階乘）

例 2 有 5 位實力相當的選手參加接力賽，問他們出賽接力的排法有幾種？

※圖 6-5

解 依乘法原理有：$5 \times 4 \times 3 \times 2 \times 1 = 5! = 120$ 種

例 3 甲、乙、丙、丁、戊 5 人中任選 3 位排成一列，方法有幾種？

※圖 6-6

解 ∴依乘法原理：有 $5 \times 4 \times 3 = 60$ 種

例 4 1,2,3,4,5,6,7,8,9 九個數字中任取三個數字排成一個 3 位數，有多少種 3 位數？（題意中指的是：數字不重複）

※圖 6-7

解 ∴依乘法原理：有 $9 \times 8 \times 7 = 504$ 種

由上例可得下列重要概念：

☑ 定理 6-1

(1) n 個相異物，排成一列的方法有

$$n \times (n-1) \times (n-2) \times \cdots \times 3 \times 2 \times 1 = n! \ （n \text{ 階乘}）$$

另規定：$0! = 1$

(2) n 個相異物，取 r 個排成一列的方法有

$$n\times(n-1)\times(n-2)\times\cdots\times(n-r+1)$$
$$=\frac{n\times(n-1)\times(n-2)\times\cdots\times(n-r+1)\times(n-r)\times\cdots\times3\times2\times1}{(n-r)\times\cdots\times3\times2\times1}$$
$$=\frac{n!}{(n-r)!}$$

記作 P_r^n，即 $P_r^n = n\times(n-1)\times(n-2)\times\cdots\times(n-r+1)=\frac{n!}{(n-r)!}$

例 5 0，2，4，6，8 五個數字取三個數字排成一個三位數，方法有幾種？
（題意中指的是：數字不重複）

①	②	③
百位數	十位數	個位數

※圖 6-8

解 由 0，2，4，6，8 五個數字填入，但 "0" 不可填在百位數(1)的空位裡，
因此方法有 $4\times4\times3=48$ 種

隨堂練習

0，1，3，7，8，9 六個數字任取三個數字排成一個偶數的三位數，方法有幾種？（題意中指的是：數字不重複）A：$5\times4+4\times4=36$

例 6 甲、乙、丙、丁、戊 5 人排成一列，但
1. 甲必在首位方法有幾種？
2. 甲、乙、丙三人必相鄰方法有幾種？
3. 甲、乙、丙三人必須分離方法有幾種？

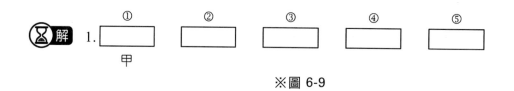

※圖 6-9

$4 \times 3 \times 2 \times 1 = 4! = 24$ 種

2. 甲、乙、丙綁在一起當作一個看待，與丁、戊排列，然後甲、乙、丙再三個排列，方法共有 $3! \times 3!$ 種

3. 丁、戊排一列，然後前後間隔再安插甲、乙、丙

譬如：

※圖 6-10

所求方法有 $2! \times 3!$ 種

隨堂練習

A、B、C、D、E、F 共六人排成一列，求：

(1) A、B 必須相鄰方法有幾種？A：$5! \times 2!$

(2) A、B 不相鄰，同時 C、D 必相鄰方法有幾種？A：$3! \times 2! \times 4 \times 3$

例 7

把 6 個小朋友排成一列，試回答下列的問題：

(1) 若規定其中一對雙胞胎不能排在相鄰位置，則排列方法有幾種？

(2) 若規定其中特定的甲、乙兩人，甲不可排在第一位，乙不可排在最後一位，則排列方式有幾種？

解

(1) 全部排法－雙胞胎相鄰的排法

$6!-2\times5! = 480$ （種）

(2) 甲排在第一位的排法有 $5!$

乙排在最後一位的排法有 $5!$

甲排在第一位且乙排在最後一位的排法有 $4!$

所求為 $6!-(5!+5!-4!) = 504$ （種）

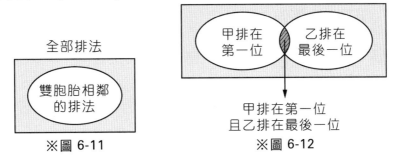

全部排法

※圖 6-11

甲排在第一位
且乙排在最後一位

※圖 6-12

三、環狀排列

把可旋轉的圓盤三等分的扇形區域（如下圖），依順時鐘方向轉動，可得看似三種不同的排列。

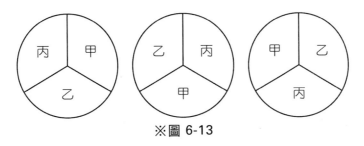

※圖 6-13

其實這只能算是一種，因為甲、乙、丙的相關位置都是一樣。因此，n 個相異物取出 r 個 $(1\leq r \leq n)$ 做環狀排列，其排列數為 $\dfrac{1}{r}P_n^r$。

例 8 從 6 種顏色的塗料選擇 4 種顏色，塗在一臺電風扇的 4 片葉片上，每片葉片只塗一種顏色，共有多少種塗法？

解 $\frac{1}{4}P_n^r = \frac{6 \times 5 \times 4 \times 3}{4} = 90$（種）

例 9 共有 6 人入座 6 個位置的圓桌，其中一對夫婦要相鄰而坐，入座的方式有多少種？

解 把夫婦視為一體，看成 5 人入座圓桌，方式有：

$\frac{1}{5} \times 5! = 4! = 24$（種）

排定位置後，夫婦兩人位置可以變換，因此

$2 \times 24 = 48$（種）

隨堂練習

有 8 人排成一圈，其中有一對夫婦一定要相鄰，問入座方式有多少種？

A：1440 種

四、有相同物的排列

在一個有 n 件事物的排列當中，若出現有相同物的情形，稱為**有相同物的排列**。首先，讓我們先看一下幾個簡單的例子。

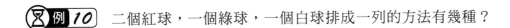

例 10 二個紅球，一個綠球，一個白球排成一列的方法有幾種？

解 先將二個紅球看作紅 $_1$、紅 $_2$ 兩個不一樣的球。

則紅 $_1$、紅 $_2$、綠、白 4 個不一樣的球，易知其有 4!＝24 種不同排列。

但在所有排法中，紅 $_1$、紅 $_2$ 與紅 $_2$、紅 $_1$ 的排法其實一樣，

∴所求方法為 $\dfrac{4!}{2!}=12$ 種

例 11 將「banana」一字的各字母任意排成一列，可有幾種不同排法？

解 banana 中的字母有 3 個 a，2 個 n，

∴不同的排列法有 $\dfrac{6!}{3!2!}=60$ 種（先當作 6 個不同的字母排列，再考慮 3 個相同的 a，2 個相同的 n）

例 12 古詞「庭院深深深幾許」將其中文字任意排成一列，可有幾種不同排法？

解 $\dfrac{7!}{3!}=840$ 種方法

隨堂練習

TAINAN 一字的字母任意排成一列，有幾種不同排法？A：$\dfrac{6!}{2!2!}$

從以上一些例子的討論，我們得到結論如下：

在一個有 n 件事物的排列當中，若出現有相同物件排列的情形，則其排列數為

$\dfrac{n!}{m_1!m_2!\cdots m_k!}$，其中 m_1，m_2，…，m_k 分別為第 1 種，第 2 種，……，第 k 種相同物件的件數。

例 **13** 棋盤街道如圖，某人由甲走捷徑到乙，問有幾種走法？

解 由甲走捷徑到乙，每條捷徑均有 5 條橫 4 條直的路段，因此每條捷徑就是 5 橫 4 直的排列。

∴總共有 $\dfrac{9!}{5!4!}$ 的走法

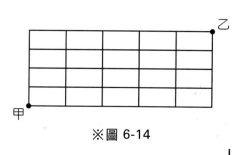

※圖 6-14

例 **14** 棋盤街道如圖，某人由甲走捷徑到乙，但必經 5,4,3,2,1 等路口，請問有幾種走法？

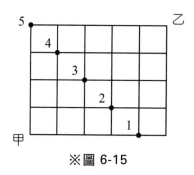

※圖 6-15

解 共有　　甲→5→乙

＋甲→4→乙

＋甲→3→乙

＋甲→2→乙

+甲→1→乙

$$1 \times 1 + \frac{4!}{1!3!} \times \frac{5!}{4!1!} + \frac{4!}{2!2!} \times \frac{5!}{3!2!} + \frac{4!}{3!1!} \times \frac{5!}{2!3!} + 1 \times \frac{5!}{1!4!}$$

$$= 1 + 20 + 60 + 40 + 5$$

$$= 126 （種）與例 13 同$$

例 15 棋盤街道如圖 6-16 所示，某人由甲走捷徑到乙，但陰影部分不能經過，問有幾種走法？

解 不經過陰影部分的捷徑有甲→1→乙，甲→2→乙及甲→3→乙三種，而甲→1→乙 1 種；甲→2→乙有 $\frac{5!}{4!1!} \times \frac{4!}{3!1!}$，甲→3→乙有 $\frac{5!}{4!1!} \times 1$

故所求為 $1 + \frac{5!}{4!1!} \times \frac{4!}{3!1!} + \frac{5!}{4!1!} \times 1 = 26$ 種

另解：如右圖所示。重複應用加法原理，最後可得 10+16=26 種排法

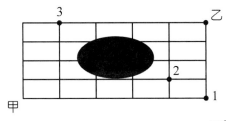 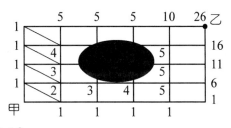

※圖 6-16

五、重複排列

從 n 個不同的事物中，選取 r 個排成一列，每個可重複選取時，稱為**重複排列**（可重複選取的直線排列）。其排列方法有 n^r 種，其中道理，簡單說明如下：

上述問題可視為有 r 個位置排成一列，在可重複選取的情況下，從第 1、第 2、…、到第 r 個的每個位置，都可有 n 個不同的選法，如圖 6-17 所示。

※圖 6-17

所以，易知重複排列有 $\underbrace{n \times n \times n \times \cdots \times n}_{r個n相乘} = n^r$ 種排法

例 16　從 1、2、3、4、5 五個數字中，可重複選取三個數字排成一個三位數，可有多少個不同的三位數？

解

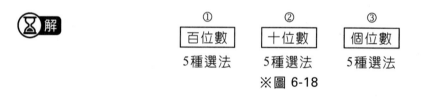

※圖 6-18

∴共有 $5 \times 5 \times 5 = 5^3 = 125$ 個

例 17　數學期中考試有 10 個選擇題，每題皆是 4 選 1 的單選題，某生每題用猜的作答，問他可有多少種不同的猜測答案？

解

※圖 6-19

∵每題均有 4 種猜法，所以共有 4^{10} 種不同的猜測答案

例 18 某人上班途中共經過設有紅，綠燈的 8 個十字路口，問他可能碰到多少種不同紅綠燈的情形？

解

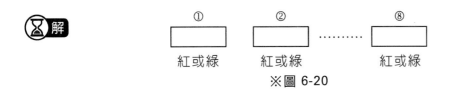

※圖 6-20

∴8 個十字路口共有 $2 \times 2 \times 2 \times \cdots \times 2 = 2^8$ 種出現不同紅綠燈的情形

隨堂練習

1. 用 0、1、2、3、4、5 作三位數，求：

   (1) 數字可重複的三位數有幾種？　A：$5 \times 6 \times 6$

   (2) 數字不可重複的偶數有幾種？　A：$5 \times 4 + 4 \times 4 + 4 \times 4$

2. 從 0、1、3、7、8、9 六個數字中取三個數字（數字不可重複）排成三位數的奇數，則方法有幾種？　A：64

☑ 習題 6-2

1. 甲班 50 人，乙班 45 人，丙班 40 人，每班均選一人組成糾察隊，問有幾種選法？

2. 有錢幣一元的 2 枚，五元的 3 枚，十元的 2 張，五十元的 1 張，這些錢幣可組成幾種不同的幣值？

3. 由 A、B、C、D、E、F 六個字母中(1)排成一列方法有幾種？(2)規定 A 不在首，排成一列方法有幾種？

4. 由 0，2，3，4，5，6，9 七個數字，(1)可組成多少個奇數的三位數？（可重複）(2)可組成多少個奇數的三位數？（不可重複）(3)取四個數字可組成多少種車牌號碼？（可重複）

5. 「人人為我我為人人」八個字排成一列(1)有幾種不同排法？(2)「人」字不相鄰的排法有幾種？

6. 5 件不同的禮物分給甲、乙、丙、丁 4 人，(1)任意分給，有幾種分法？(2)甲恰得 1 件方法有幾種？(3)甲至少 1 件方法有幾種？

7. 若 $P_4^n = 2P_2^n$，試求 n？

8. 4 男 3 女排成一列，若男生之間不排女生，則共有多少種排法？

9. 若將「仁心仁術」4 個字任意作直線排列，則共有多少種排法？

10. 現有 4 個男生與 3 個女生要排成一列，若女生之間不排男生，則共有多少種排法？

11. 某班有學生 30 人，要舉辦班遊，提出三個不同地點進行無記名投票，若每人限投一票且無廢票，則三個地點的得票情形有多少種？

12. 將 mhchcm 這些英文字母任意排列，問共有幾種不同的排列方法？

6-3 組 合

前一節裡，我們知道，從 n 個相異物取 r 個排成一列（有順序關係）的方法有 P_r^n。那麼，從 n 個相異物取 r 個當成一組（沒有順序關係），其方法有多少種？這即是「組合」問題。例如，從 8 位選手中，選出 3 位排成一列，有 P_3^8 種排法。而從 8 位選手中，選出 3 位為一組出賽，則有多少種選法？（組合問題）

解答這個問題，可從排列的方法想起。

在排列問題上，設其中甲、乙、丙三人被選出來排成一列，則計有下列 $3!=6$ 種不同排列法。

甲乙丙　　甲丙乙

乙甲丙　　乙丙甲

丙甲乙　　丙乙甲

但在沒有順序關係的組合問題上，則上述 $3!=6$ 種不同排列，卻都被視為相同的一組。所以，從排列的方法思考，從 8 位選手中，選出 3 位排成一列，有 P_3^8 種不同排法。但在沒有順序關係的組合問題上，則從 8 位選手中，選出 3 位一組出賽的方法為 $\dfrac{P_3^8}{3!}$。

由上面的討論，我們可以發現：

☑ 定理 6-2

從 n 個相異物，取 r 個為一組的方法為 $\dfrac{P_r^n}{r!}$，記為 C_r^n

因為 $P_r^n = \dfrac{n!}{(n-r)!}$，所以 $C_r^n = \dfrac{n!}{r!(n-r)!}$，可得 $C_0^n = 1$

例 1 某班有 24 位男生，16 位女生，若選出 2 男 3 女組成啦啦隊，問有幾種不同的選法？

解 (1) 從 24 位男生選 2 位，方法有 $C_2^{24} = \dfrac{P_2^{24}}{2!} = \dfrac{24 \times 23}{2 \times 1} = 12 \times 23$ 種

(2) 從 16 位女生選 3 位，方法有 $C_3^{16} = \dfrac{P_3^{16}}{3!} = \dfrac{16 \times 15 \times 14}{3 \times 2 \times 1} = 8 \times 5 \times 14$ 種

(3) 啦啦隊的選法有 $C_2^{24} \cdot C_3^{16} = 12 \times 23 \times 8 \times 5 \times 14 = 154560$ 種

例 2 由 8 本 $(a, b, c, \cdots)$ 不同的書中，任意選出 5 本，若每次必含 a 本，則方法若干？

解 $C_4^7 = \dfrac{7!}{(7-4)!4!} = \dfrac{7 \times 6 \times 5}{3 \times 2 \times 1} = 35$ （種）

例 3 某次考試共有 10 個題目，規定前 4 題中任選 2 題，後 6 題中任選 3 題作答，則有幾種選題方法？

解 $C_2^4 \times C_3^6 = \dfrac{4!}{2!2!} \times \dfrac{6!}{3!3!} = \dfrac{4 \times 3}{2 \times 1} \times \dfrac{6 \times 5 \times 4}{3 \times 2 \times 1} = 6 \times 20 = 120$ 種

例 4 樂透彩券，由 1 到 42 的號碼中，不可重複地開出 6 個號碼為一組，6 個號碼全部簽中即得頭獎。請問 1 到 42 個號碼，可開出幾組號碼？

解 $C_6^{42} = \dfrac{P_6^{42}}{6!} = \dfrac{42 \times 41 \times 40 \times 39 \times 38 \times 37}{6 \times 5 \times 4 \times 3 \times 2 \times 1} = 5245786$ 組

例 5 在一宴會中共出現 8 位政治人物，每一政治人物都會與其他的政治人物握手，這些政治人物共握了幾次手？

解 $C_2^8 = \dfrac{8!}{2!(8-2)!} = 28$ 次

例 6 如下圖，有一 4×5 之大矩形，其中共可構成多少個矩形？

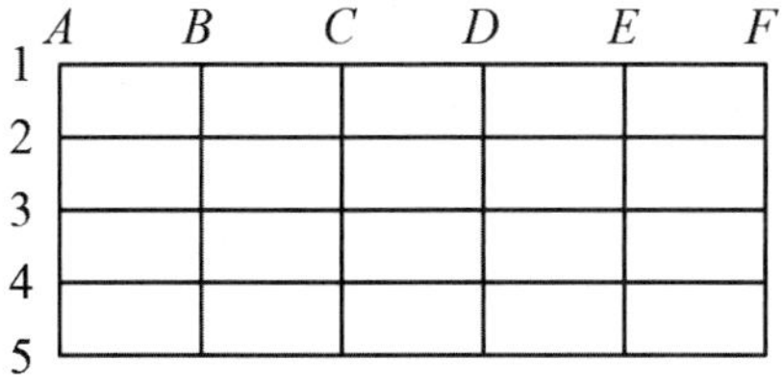

※圖 6-21

解 先從 A, B, C, D, E, F 選出任意兩條直線段

C_2^6

再從 $1, 2, 3, 4, 5$ 五條橫線段任取兩個橫線段

C_2^5

欲構成一矩形必須有兩直線段而且兩橫線段，所以共有 $C_2^6 \times C_2^5$ 個矩形

隨堂練習

1. 運動員 9 人，遴選其中 5 人為選手方法有幾種？A：C_5^9

2. 正十八邊形有幾條對角線？A：$C_2^{18} - 18$

3. 一圓周被 12 個點分成 12 等分，則此 12 個點可決定幾個三角形？A：C_3^{12}

例 7 12 本不同的書依下列分法,各有幾種分法?

(1) 平分給甲,乙,丙三人。

(2) 平分成三堆。

(3) 6 本給甲,3 本給乙,3 本給丙。

(4) 按 6,3,3 分成三堆。

(5) 按 6,3,3 任意分給 3 人。

解 (1) 12 本三人平分每人 4 本,給甲 4 本有 C_4^{12},剩下 8 本給乙 4 本有 C_4^8,剩餘 4 本給丙有 C_4^4,因此平分給三人的方法有 $C_4^{12} \times C_4^8 \times C_4^4$

(2) 分成三堆就沒甲,乙,丙次序的問題,因此共有 $\dfrac{C_4^{12} \times C_4^8 \times C_4^4}{3!}$ 種方法

(3) 6 本先給甲有 C_6^{12},剩下 6 本給乙 3 本方法 C_3^6,剩下給丙有 C_3^3,因此分法有 $C_6^{12} \times C_3^6 \times C_3^3$

(4) 分為 6:3:3,看作有順序且有相同物的排列,所以分法為 $\dfrac{C_6^{12} \times C_3^6 \times C_3^3}{2!}$

(5) 按 6,3,3 分配,再任意分給 3 人,因此分法有 $\dfrac{C_6^{12} \times C_3^6 \times C_3^3}{2!} \times 3! = C_6^{12} C_3^6 C_3^3 \times 3$

一、重複組合

設有 n 類不同物品(每類至少有 m 個),若從中每次選取 m 個為一組(選取的物品可以重複),此種組合方式稱為從 n 類中取 m 個的「重複組合」,記為 H_m^n。

$$H_m^n = C_m^{n+m-1}$$

譬如：將 3 個相同的球，任意分給甲，乙兩人（每人可兼得）它的分法有多少種呢？將 3 個相同的球分兩堆，前者給甲，後者給乙：

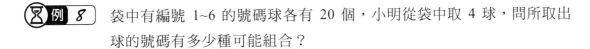

※圖 6-22

共 4 種方法，其實我們可用△表甲、乙的間隔。

因此，分法可視為球數與間隔數混合的一種相同物的排列：

$$\frac{(3+1)!}{3!1!} = C_3^{3+1} = C_3^{3+2-1} = 4$$

也就是 H_3^2

（註： △之個數為「分給的人數減 1」，若分給甲、乙、丙三人，則顯然△有 2 個。則分法為 3 個球與 2 個△混合的相同物排列，$\frac{(3+2)!}{3!2!} = C_3^5 = H_3^3$。）

例 8 袋中有編號 1~6 的號碼球各有 20 個，小明從袋中取 4 球，問所取出球的號碼有多少種可能組合？

解 1~6 的號碼球當作 6 類物品，從中取出 4 個做重複組合

∴其組合數為 $H_4^6 = C_4^{6+4-1} = C_4^9 = 126$ 種。

隨堂練習

(1) 有白、綠、紅、黃四種色球，每種至少 6 個，今從中每次取出 5 球，問有多少種不同取法？A：$H_5^4 = C_5^8 = 56$

(2) 有 4 位學生，他們總共收藏了 15 套相同的紀念郵票，試問他們的收藏情形可能有幾種？　A：H_{15}^4

例 9 6 本相同的書，全部分給甲、乙、丙三人，則：

(1) 每人可兼得方法有幾種？

(2) 每人至少一本，方法有幾種？

解 (1) 它相當於甲、乙、丙三類，每類都有得 6 本的機會，方法為 3 類中取 6 的重複組合：

$$H_6^3 = C_6^{6+3-1} = C_6^8 = \frac{8!}{6!2!} = \frac{8 \cdot 7}{2 \cdot 1} = 28 \text{ 種} 。$$

(2) 先分給每人 1 本，再將剩下 3 本任意分給 3 人，因此方法有：

$$H_3^3 = C_3^{3+3-1} = C_3^5 = \frac{5!}{3!2!} = \frac{5 \cdot 4}{2 \cdot 1} = 10 \text{ 種} 。$$

例 10 在 7 個同學的聚會中，餐後飲料可以選擇咖啡、紅茶或柳橙汁，那麼有多少種不同的訂購方式？

解 它相當於飲料有 3 類，要從 3 類中選取 7 杯飲料，

∴ 訂購方式有 $H_7^3 = C_7^{3+7-1} = C_7^9 = \frac{9!}{7!(9-7)!} = 36 \text{ 種}$

隨堂練習

1. 6 件獎品，分贈 5 個人，每人至少一件，求：

(1) 獎品不同，則分法有幾種？

A：$5 \times C_2^6 \times C_1^4 \times C_1^3 \times C_1^2 \times C_1^1$ 或 $\dfrac{C_2^6 \times C_1^4 \times C_1^3 \times C_1^2 \times C_1^1}{4!} \times 5!$

(2) 獎品相同，則分法有幾種？A：$H_1^5 = C_1^{5+1-1} = 5$

2. 新生盃歌唱比賽，決賽有三位，其名次由獲得「明日之星」獎章數多寡決定。而「明日之星」獎章則由 10 位評審依其評定頒予，每位評審只有一枚獎章，且規定獎章一定要頒出。請問三位參賽者獲得「明日之星」獎章的數目，有多少種不同的分配情形？ A：66

 例 11 求 $x + y + z = 5$ 的正整數解有多少組？

 解 ∵ $x, y, z \geq 1$，可知要從 x, y, z 中取和為 2

∴ 解有 $H_2^3 = C_2^{3+2-1} = C_2^4 = \dfrac{4!}{2!2!} = 6$ 組

 例 12 求 $x + y + z = 5$ 的非負整數解有多少組？

 解 ∵ $x, y, z \geq 0$，可知要從 x, y, z 中取和為 5

∴ 解有 $H_5^3 = C_5^{3+5-1} = C_5^7 = 21$ 組

☑ 習題 6-3

1. 某校社會服務隊有男生 20 人女生 30 人，現需選派 5 名男生 3 名女生組成一小隊到山地鄉服務，請問有幾種選派方法？

2. (1) 將 6 件不同的物品，放入 3 個相同的箱子，各放 3 件，2 件，1 件方法有幾種？

   (2) 將 6 件不同的物品，放入 3 個不相同的箱子，各放 3 件，2 件，1 件方法有幾種？

3. 一副撲克牌共有 52 張，任取 4 張且均為同一花色的情形有幾種？

4. 證明：$C_r^n = C_{(n-r)}^n$

5. 有紅，白，黑三種顏色且大小相同的球各 5 個，從這些球中任取 5 個，問有幾種不同的選法？

6. 將 6 件相同的物品，任意放入 4 個不相同的箱子（可兼放）方法有幾種？

7. 求 $x+y+z+t=6$ 的正整數解有多少組？非負整數解有多少組？

8. 某次數學測驗，規定考生由 12 題中任選 8 題作答。若選題方式為：前 4 題中任選 2 題，後 8 題中任選 6 題，則共有多少種選法？

9. 平面上有 8 個點，且任意三點不共線，若以其中每三點為頂點畫一個三角形，則共可畫出多少個三角形？

10. 若要從 5 位醫師、10 位護士中，選出 3 位醫師、8 位護士組成一個醫療團，則共有多少種組成法？

11. 將 10 枚相同的硬幣分給 3 個兒童，若每個兒童至少分得 2 枚，則共有多少種分法？

12. 由甲、乙、丙、丁、戊、己、庚、辛 8 個人中選取 5 人組成一個委員會，且甲、乙、丙、丁四人中至少有 2 人為委員，則組成此委員會的方法數共有幾種？

二項式定理

由乘法的運算，可得下列展開式：

$$(x+y)^1 = x+y$$

$$(x+y)^2 = x^2 + 2xy + y^2$$

$$(x+y)^3 = x^3 + 3x^2y + 3xy^2 + y^3$$

$$(x+y)^4 = x^4 + 4x^3y + 6x^2y^2 + 4xy^3 + y^4$$

$$(x+y)^5 = x^5 + 5x^4y + 10x^3y^2 + 10x^2y^3 + 5xy^4 + y^5$$

$$\vdots$$

$$\vdots$$

$$(x+y)^n = \cdots\cdots$$

以 $(x+y)^5$ 為例，我們想從中找尋出規則並求得展開式的公式。

$(x+y)^5 = (x+y)(x+y)(x+y)(x+y)(x+y)$ 之展開式中之各項為從 5 個 $(x+y)$ 中取 x 或 y 相乘 5 次而成。所以各項為下列 6 種之 1：

$$x^5 ， x^4y ， x^3y^2 ， x^2y^3 ， xy^4 ， y^5$$

其中 x^5 的項為從 5 個相乘 $(x+y)$ 中，取 5 個 x 相乘而得，所以取法共有 $C_5^5 = 1$ 個，如下： $x \cdot x \cdot x \cdot x \cdot x$ ，即 x^5 的係數為 $C_5^5 = C_0^5 = 1$ 。

x^4y 的項為 5 個相乘的 $(x+y)$ 中，取 4 個 x，1 個 y 相乘而得，那麼取法共有 C_4^5 個（或 C_1^5 ），如下：

$$x \cdot x \cdot x \cdot x \cdot y ；$$

$$x \cdot x \cdot x \cdot y \cdot x ；$$

$$x \cdot x \cdot y \cdot x \cdot x ；$$

$$x \cdot y \cdot x \cdot x \cdot x \; ;$$

$$y \cdot x \cdot x \cdot x \cdot x \; ;$$

共有 $C_4^5 = 5$ 個

所以 $x^4 y$ 的係數為 $C_4^5 = C_1^5 = 5$

同理， $x^3 y^2$ 的係數為 C_3^5（或 C_2^5）

$x^2 y^3$ 的係數為 C_2^5（或 C_3^5）

$x y^4$ 的係數為 C_1^5（或 C_4^5）

y^5 的係數為 C_0^5（或 C_5^5）

可得 $(x + y)^5 = C_0^5 x^5 + C_1^5 x^4 y + C_2^5 x^3 y^2 + C_3^5 x^2 y^3 + C_4^5 x y^4 + C_5^5 y^5$

依此類推，可得

$$(x + y)^n = C_0^n x^n + C_1^n x^{n-1} y + C_2^n x^{n-2} y^2 + \cdots + C_n^n y^n$$

稱為二項式定理。

例 1 利用二項式定理展開 $(x - y)^5$。

解 $(x - y)^5 = \left[x + (-y) \right]^5$

$= C_0^5 x^5 + C_1^5 x^4 (-y) + C_2^5 x^3 (-y)^2 + C_3^5 x^2 (-y)^3 + C_4^5 x (-y)^4 + C_5^5 (-y)^5$

$= \dfrac{5!}{0!5!} x^5 + \dfrac{5!}{1!4!} x^4 (-y) + \dfrac{5!}{2!3!} x^3 (-y)^2 + \dfrac{5!}{3!2!} x^2 (-y)^3 + \dfrac{5!}{4!1!} x (-y)^4 + \dfrac{5!}{5!0!} (-y)^5$

$= x^5 + 5 x^4 (-y) + 10 x^3 (-y)^2 + 10 x^2 (-y)^3 + 5 x (-y)^4 + (-y)^5$

$= x^5 - 5 x^4 y + 10 x^3 y^2 - 10 x^2 y^3 + 5 x y^4 - y^5$

隨堂練習

試求 $(x-3y)^6$ 展開式中 x^2y^4 的係數。 A：略

例 2 利用二項式展開式，求 $(1.01)^{10}$ 的小數點後第三位數字？

解 $(1.01)^{10} = (1+0.01)^{10}$

$= C_0^{10} 1^{10} + C_1^{10} 1^9 \cdot (0.01)^1 + C_2^{10} 1^8 \cdot (0.01)^2 + C_3^{10} 1^7 \cdot (0.01)^3 + \cdots\cdots$

$= 1 + 10 \cdot 1 \cdot (0.01) + 45 \cdot 1 \cdot (0.0001) + 120 \cdot 1 \cdot (0.000001) + \cdots\cdots$

$= 1 + 0.1 + 0.0045 + 0.000120 + \cdots\cdots$

$= 1.104620 + \cdots\cdots$

因此小數點後第三位數字為 4

例 3 試求 $C_0^{10} + C_1^{10} + C_2^{10} + C_3^{10} + \cdots\cdots + C_{10}^{10}$ 之值。

解 因為 $(x+y)^{10} = C_0^{10} x^{10} + C_1^{10} x^9 y + C_2^{10} x^8 y^2 + C_3^{10} x^7 y^3 + \cdots + C_{10}^{10} y^{10}$

以 $x=1$， $y=1$ 代入可得

$(1+1)^{10} = C_0^{10} + C_1^{10} + C_2^{10} + C_3^{10} + \cdots\cdots + C_{10}^{10}$

$\therefore C_0^{10} + C_1^{10} + C_2^{10} + C_3^{10} + \cdots\cdots + C_{10}^{10} = 2^{10}$

☑ 習題　**6-4**

1. 請列出 $(1+x)^6$ 的展開式。

2. 求 $(1+2x)^{10}$ 展開式中 x^3 的係數。

3. 求 $\left(x-\dfrac{2}{x}\right)^{10}$ 展開式的常數項。

4. $(x+2y)^8$ 的展開式中，x^5y^3 的係數為何？

5. 求 $(2x+y)^6$ 的展開式中，x^2y^4 項之係數為何？

6. 若展開 $\left(x^2+\dfrac{1}{x^2}\right)^6$ 時將同類項合併，則常數項為何？

7. 將 $(x-\dfrac{1}{x})^3$ 展開時，x 一次方項的係數為何？

07
CHAPTER

機　率

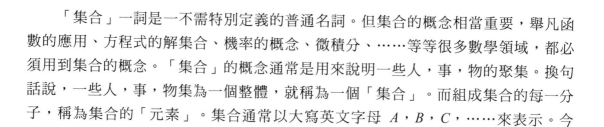

「集合」一詞是一不需特別定義的普通名詞。但集合的概念相當重要，舉凡函數的應用、方程式的解集合、機率的概念、微積分、……等等很多數學領域，都必須用到集合的概念。「集合」的概念通常是用來說明一些人，事，物的聚集。換句話說，一些人，事，物集為一個整體，就稱為一個「集合」。而組成集合的每一分子，稱為集合的「元素」。集合通常以大寫英文字母 A，B，C，……來表示。今舉幾個集合的例子如下：

1. 所有英文字母 a，b，c，……，x，y，z 形成一個集合。

2. 我們的習俗裡，12 生肖鼠，牛，虎，……，雞，狗，豬形成一個集合。

3. 自然數 1，2，3，4，5，……形成一個集合。

隨堂練習

試舉出一個集合的例子。A：略

一、集合的表示法

集合的表示通常有以下兩種方法：**列舉法、敘述法**。

1. **列舉法**：是指將集合中的元素一一列舉出來，並將它寫在一大括號 { } 內。
   例如

   $A = \{a，b，c\}$ 表示 A 是由三個元素 a，b，c 所成的集合。

   $B = \{$太陽，星星，月亮$\}$ 表示集合 B 是由三個元素太陽，星星，月亮所成的集合。

   但若元素個數無限多而無法一一列出，有時仍可依元素的規則性加以列出一部分，而使人了解。如

   $N = \{1，2，3，4，5，……\}$ 表示集合 N 是所有自然數所成的集合。

列舉法的表示法中，元素出現的順序與集合本身無關，例如：

$A = \{a，b，c\} = \{b，c，a\}$，$B = \{太陽，星星，月亮\} = \{太陽，月亮，星星\}$。

2. **敘述法**：若某一種「特性」是只有某一集合中的每一個元素所具有，我們可以將此特性，利用文字或數學符號加以描述來表示此集合，稱為**敘述法**。

表示方式如下：

$\{x \,|\, x$ 具有某特性$\}$ 或 $\{y \,|\, y$ 具有某特性$\}$……等等。（x 或 y 均代表一個符號而已，本身不具任何意義）

如 $A = \{a，b，c\} = \{x \,|\, x$ 是英文前3個字母$\}$ …敘述法

因為「英文前 3 個字母」是只有 $a，b，c$ 所具有的特性。而不能寫作

$\qquad A = \{x \,|\, x$ 是英文字母$\}$

又如

$\qquad N = \{1，2，3，4，5，\cdots\cdots\} = \{x \,|\, x$ 是自然數$\}$ ……敘述法

因為「自然數」是只有 $1，2，3，4，5，\cdots\cdots$ 所具有的特性。但不能寫作 $N = \{x \,|\, x$ 是整數$\}$，

在數學裡，我們以大寫英文字母

N 代表自然數的集合，

Z 或 I 代表整數的集合，

Q 代表有理數的集合，

R 代表實數的集合。

例 1　將集合 $A = \{x \,|\, (x+1)(x-1)(x-2) = 0\}$ 以列舉法表示。

解　$(x+1)(x-1)(x-2) = 0$

$\qquad \Rightarrow x = -1，1$ 或 2

$\qquad \therefore A = \{-1，1，2\}$

例 2 試將集合 $B = \{10，20，30，\cdots\cdots\}$ 以敘述法表示。

解 集合 B 之元素 $10，20，30，\cdots\cdots$，具有 10 的正整數倍數之特性，所以

$$B = \{ x \mid x = 10n，n \text{ 為正整數} \}$$

或

$$B = \{ 10n \mid n \text{為正整數} \} \text{ 皆可}$$

隨堂練習

試將集合 $C = \{10，100，1000，\cdots\cdots\}$ 以敘述法表示。A：略

二、元素與集合的關係

　　元素與集合的關係，用符號「$\in$」表示「屬於」，「$\notin$」表示「不屬於」。如 $a \in A$ 表示 a 屬於 A，即 a 是集合 A 的一個元素。$b \notin A$ 表示 b 不屬於 A，即 b 不是集合 A 的一個元素。

例 3 設 $D = \{$太陽，月亮$\}$，表示集合 D 是由「太陽」、「月亮」兩元素所組成的。則太陽 $\in D$，月亮 $\in D$，但星星 $\notin D$。

三、部分集合（子集合）

　　設 A、B 為兩集合，若 B 中之每一元素，均為 A 中之元素，則稱 B 為 A 之部分集合（或稱子集合）。記作 $B \subset A$（讀作 B 包含於 A），或 $A \supset B$（讀作 A 包含 B），亦即表示集合 B 的元素均為集合 A 的元素。圖示如圖 7-1：

又我們顯然知道 $N \subset Z \subset Q \subset R$。

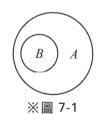

※圖 7-1

且依部分集合的意義，可知對任何集合 A 而言，我們可以寫作 $A \subset A$。亦即表示：任何集合 A 皆為本身 A 的部分集合。

四、集合相等

若兩集合 A，B 所有元素均相同，則稱 A 與 B 相等，記作 $A = B$。

例 4　$A = \{1, -1\}$，$B = \{x \mid x^2 - 1 = 0\}$，則 $A = B$。

解　$x^2 - 1 = 0 \Rightarrow x = \pm 1$，$\therefore A = B$

五、空集合

為討論與應用方便起見，我們稱沒有任何元素的集合為空集合，記作 ϕ。在集合概念裡，空集合「ϕ」的意思，好比討論「數」概念時，「零」的意思。如

集合 $A = \{x \mid x \neq x\}$ 是為一空集合。亦即 $A = \phi$。

又因空集合 ϕ 沒有任何元素，所以可視作任意集合 A 之部分集合。即 $\phi \subset A$。

例 5　設集合 $A = \{a, b, c\}$，求 A 之所有部分集合？

解　$\{a\}$，$\{b\}$，$\{c\}$，$\{a, b\}$，$\{a, c\}$，$\{b, c\}$，$\{a, b, c\}$，ϕ，共有 $2^3 = 8$ 個部分集合

隨堂練習

$A = \{1,2,3,4,5,6\}, B = \{2,3,4\}$，下列敘述哪些正確？

(A)$1 \in A$　(B)$5 \in B$　(C)$6 \notin B$　(D)$A \supset B$　(E)$\phi \subset A$　(F)$B \subset B$

(G)B 集合有 8 個子集合　(H)$3 \subset A$　　　　A：(A)(C)(D)(E)(F)(G)

六、宇　集

當我們討論有關某些個集合的問題時，常會聯想到涵蓋這些集合的一個「大集合」，而稱此「大集合」為這些集合的「**宇集**」(universal set)。常以符號「U」來表示。

例如，設某班學生 45 人，期中考成績數學及格學生 10 人，英文及格學生 20 人，兩科都及格學生 5 人。此時，當我們設期中考數學成績及格的學生為集合 A，英文成績及格的學生為 B 時，那麼全班學生的集合即為這些集合的宇集「U」。

習慣上，我們常以一個大長方形來表示宇集「U」，而其他有關的集合，就畫在此長方形內來表示。如圖 7-2 所示。

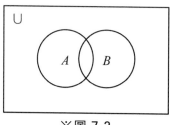

※圖 7-2

七、補　集

對某一集合 A 而言，在宇集U內，而不在集合 A 中的元素所成的集合，稱為 A 之補集。以符號「A'」表示，即 $A' = \{x \mid x \in U \text{ 但 } x \notin A\}$。如下圖橫線部分所示。

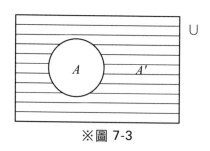

※圖 7-3

承上例，A 表示數學成績及格的學生集合，則 A 之補集 A' 即表示數學成績不及格的學生集合。

八、集合的運算與圖示

數有四則運算加、減、乘、除，而集合也有所謂的交集、聯集、差集等三則運算。今敘述如下：

九、交　集

設 A，B 為兩集合，則在集合 A 且在集合 B 的元素（即 A 與 B 所共有的元素）所成的集合，稱為 A 與 B 的交集，以符號 $A \cap B$ 表示之。

亦即

$$A \cap B = \{x \mid x \in A \text{ 且 } x \in B\}$$

圖示如圖 7-4 所示：

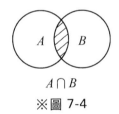

$A \cap B$

※圖 7-4

顯然，$A \cap B = B \cap A$。

⏳ 例 6　設 $A = \{a，b，c\}$，$B = \{b，c，d\}$，求 $A \cap B$？

⏳ 解　依 $A \cap B$ 之意義，易知

$$A \cap B = \{b，c\}$$

十、聯　集

設 A，B 為兩集合，則在集合 A 或在集合 B 的元素（即 A 與 B 之所有元素）所成的集合，稱為 A 與 B 的聯集，以符號 $A \cup B$ 表示之。

亦即

$$A \cup B = \{x \mid x \in A \text{ 或 } x \in B\}$$

圖示圖 7-5 所示：

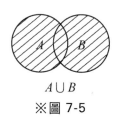

$A \cup B$

※圖 7-5

顯然，$A \cup B = B \cup A$。

例 7 承上例，求 $A \cup B$？

解 依 $A \cup B$ 之意義，易知

$$A \cup B = \{a，b，c，d\}$$

十一、差　集

設 A，B 為兩集合，則在集合 A，但不在集合 B 之元素所成的集合，稱為 A 與 B 的差集，以符號 $A-B$ 表示之。

亦即

$$A - B = \{x \mid x \in A \text{ 但 } x \notin B\}$$

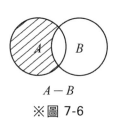

$A - B$

※圖 7-6

圖示如圖 7-6：

以上所有圖示，稱為文氏圖。

⏳**例 8** 承上例，求 $A-B$ 與 $B-A$？

⏳**解** 依差集 $A-B$ 之意義，知

$$A-B=\{a\}，B-A=\{d\}$$

可知 $A-B \neq B-A$

隨堂練習

設 $A=\{1，2，3，4，5，\cdots\}$，$B=\{2，4，6，8，\cdots\}$，求 $A\cap B$，$A\cup B$，及 $A-B$？　A：$A\cap B=B$，$A\cup B=A$，$A-B=\{1,3,5,7,9,\cdots\}$

十二、集合的元素個數表示法

一個集合 A 中的元素個數，以 $n(A)$ 來表示。如 $A=\{1，2，3\}$，則 $n(A)=3$；$B=\{a，b，c，\cdots，x，y，z\}$，則 $n(B)=26$。

若一集合的元素個數為有限個，則稱此集合為有限集合。而若一集合的元素個數為無限多個，則稱為無限集合。例如上例 A、B 兩集合為有限集合，而自然數的集合 N，整數的集合 I，有理數的集合 Q 以及實數的集合 R，則均為無限集合。

十三、聯集與交集的元素個數關係

有關二集合 A 與 B 之聯集「$A\cup B$」之元素個數的討論，我們可以試著從集合文氏圖的表示法中，找到一個重要的關係如下：

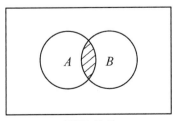

※圖 7-7

$$n(A \cup B) = n(A) + n(B) - n(A \cap B)$$

意即($A \cup B$)的元素個數等於 A 之元素個數＋B 之元素個數－($A \cap B$)之元素個數。

例 9 設 $A = \{a, b, c, d\}$，$B = \{a, b, c, e\}$，驗證 $n(A \cup B) = n(A) + n(B) - n(A \cap B)$。

證明 $n(A) = 4$，$n(B) = 4$

又 $A \cup B = \{a, b, c, d, e\}$，$A \cap B = \{a, b, c\}$

$\therefore n(A \cup B) = 5$，$n(A \cap B) = 3$

$\therefore n(A \cup B) = n(A) + n(B) - n(A \cap B)$

$= 4 + 4 - 3$

$= 5$　　得證

例 10 設某班學生 45 人，期中考數學成績及格學生 10 人，英文成績及格學生 20 人，兩科都及格 5 人，問數學與英文至少一科及格多少人？兩科都不及格有多少人？

解 設數學、英文及格學生的集合分別為 A、B，依題意則

$n(A) = 10$，$n(B) = 20$，$n(A \cap B) = 5$

$\therefore n(A \cup B) = n(A) + n(B) - n(A \cap B)$

$= 10 + 20 - 5$

$= 25$

即至少一科及格者 25 人；

所以，兩科均不及格者為 $45 - 25 = 20$ 人

☑ 習題 **7-1**

1. 試寫出集合 $A = \{1, 2, 3, 4\}$ 之所有部分集合？

2. 將集合 $B = \{\dfrac{1}{2}, -\dfrac{1}{4}, \dfrac{1}{8}, -\dfrac{1}{16}, \dfrac{1}{32}, \cdots\cdots\}$ 以敘述法表示。

3. 將集合 $C = \{5n \mid n \in N\}$ 以列舉法表示。

4. 設 $D = \{1, 2, 3\}$，$E = \{a, b, c\}$，求 $D \cap E$，$D \cup E$，$D - E$？

5. 從 1 到 50 的自然數中，是 3 或 5 的倍數者有幾個？

6. 在小於 1000 的正整數中，7 或 11 的倍數共有幾個？

7. 若某班有 33 人，某天早餐喝豆漿的有 18 人，喝牛奶的有 7 人，而豆漿與牛奶都喝的有 2 人，則這天早餐豆漿與牛奶都沒喝的有多少人？

8. 設 $A = \{x \mid -15 < x < 39\}$，$B = \{x \mid -k < x < k\}$，當 $A \subset B$ 成立時，k 的最小值？

9. 設 x，y 為整數，$A = \{3x+y, 4y\}$，$B = \{8, 5\}$，若 $A = B$，則數對 (x, y)？

10. 設集合 $A = \{a, b, c, d\}$，集合 $B = \{x, y, z\}$。若集合 A 之子集合個數有 p 個，集合 B 之子集合個數有 q 個，則 $p - q$？

7-2　　樣本空間與事件

有一些現象，在已知的條件下，其發生的情形無法完全確定，譬如投一枚硬幣，你無法確定它一定出現「人頭」，也許是出現另一面，因此出現「人頭」只是一種可能而已。一件事可能發生的情況都是經過測試，觀察其發生的結果，這個過程即是「**試驗**」。

每一項試驗中，所有可能發生的情形所成的集合就叫做「**樣本空間**」記為 S；樣本空間中的每一元素（即每一可能發生的情形），我們稱為「**樣本**」。樣本空間中的每一個子集（即某些可能發生的情形）稱為一個「**事件**」。

例如：投一枚 10 元硬幣「人頭」為正面，另一面為反面，則樣本空間 $S = \{正，反\}$。現在投二枚硬幣，則樣本空間 $S = \{(正，正)，(正，反)，(反，正)，(反，反)\}$，其中(正，正) 或 (正，反) 或 (反，正) 或 (反，反) 均為樣本，那出現一正一反的現象即 $\{(正，反)，(反，正)\}$ 就是一事件。

例 1　投一枚骰子，試寫出其樣本空間，樣本及出現「偶數點數」的事件 A。

解　樣本空間 $S = \{1，2，3，4，5，6\}$

樣本 $1，2，3，4，5，6$

事件 $A = \{2，4，6\}$

例 2　甲、乙、丙三人排成一列，試寫出樣本空間 S，及出現「甲乙兩人相鄰」的事件 A，出現「甲乙兩人分離」的事件 B。

解　$S = \{($甲、乙、丙$)、($甲、丙、乙$)、($乙、甲、丙$)、($乙、丙、甲$)、($丙、甲、乙$)、($丙、乙、甲$)\}$

$A = \{(甲、乙、丙)、(乙、甲、丙)、(丙、甲、乙)、(丙、乙、甲)\}$

$B = \{(甲、丙、乙)、(乙、丙、甲)\}$

一、互斥事件

在例 1 中，假如出現「奇數的點數」當做事件 B，則 $B = \{1，3，5\}$。我們發現 $A \cap B = \phi$。那麼，事件 A 與事件 B 稱為「互斥事件」。

隨堂練習

1. 擲一粒骰子二次，觀察其出現點數的情形，試寫出投二次點數和為 5 的事件 A。A：$A = \{(1，4)，(2，3)，(3，2)，(4，1)\}$

2. 設 S 表投擲一骰子的樣本空間。A 表出現奇數點的事件，B 表點數不超過 5 的事件，求 (1) A、B　(2) A、B 是否為互斥事件？

   A：(1)　$A = \{1，3，5\}$，$B = \{1，2，3，4，5\}$

   　　(2)　$A \cap B = \{1，3，5\} \neq 0$，$A$、$B$ 不是互斥事件

7-3 機　率

　　當我們在職棒的預告上看到今晚兄弟象與興農牛爭冠時，是不是會分析兩隊的實力去判斷兩隊得勝的機會，然後預測哪一隊將奪冠軍？另外，樂透彩券簽中頭獎的機會有多大？班內派出兩位同學當公差，你被派到的機會有多少？甚至於你丟一個 10 元硬幣，出現人頭像的機會有多大？許許多多日常生活裡牽涉到「機會」的現象，我們無法事先預知哪一結果一定會發生，但是我們知道哪一個情況可能會發生，發生的機會有多大？就是「機率」的問題。由於許多數學家的不斷努力、研究發展，如今的「機率論」已是自然科學、經濟學、生物醫學、社會學等許多領域必備的工具。

☑ 定理 7-1

　　假設一試驗的樣本空間 S 中每一樣本出現的機會均等，則事件 A 發生的機率為 A 的元素個數與 S 的元素個數之比，記為

$$P(A) = \frac{n(A)}{n(S)}$$

其中 $n(A)$，$n(S)$ 分別為 A 與 S 的元素個數。

例 1　投擲一粒均勻骰子（即各點數出現的機會均等），求出現偶數的機率？

解　樣本空間 $S = \{1，2，3，4，5，6\}$ 有 6 個元素，即 $n(S) = 6$。

若事件 A 為出現的點數是偶數的事件，

則 $A = \{2，4，6\}$，A 的元素個數為 3，即 $n(A) = 3$

那麼，事件 A 發生的機率 $P(A) = \dfrac{n(A)}{n(S)} = \dfrac{3}{6} = \dfrac{1}{2}$，即出現偶數的機率為 $\dfrac{1}{2}$

隨堂練習

投一粒骰子求出現的點數是 3 的倍數的機率？A：$\dfrac{2}{6}$

⌛**例 2** 設袋中有 4 個黑球，3 個白球，若每球被取出的機會均等，

(1) 自袋中取出一球，試求取出黑球的機率有多少？

(2) 自袋中取出二球，試求取出一黑一白的機率？

⌛**解** (1) 袋中有 7 個球，即 $n(S) = 7$

設取出是黑球的事件為 A，則 $n(A) = 4$

∴ $P(A) = \dfrac{4}{7}$

(2) 袋中 7 個球取 2 個球的情況有 C_2^7 種，即

$$n(S) = C_2^7 = \dfrac{7 \cdot 6}{2} = 21$$

設事件 B 為取出一黑一白的情況，

∴ $n(B) = C_1^4 \cdot C_1^3 = 4 \cdot 3 = 12$

故 $P(B) = \dfrac{n(B)}{n(S)}$

$$= \dfrac{12}{21}$$

$$= \dfrac{4}{7}$$

隨堂練習

袋中有 3 個紅球 3 個白球，若每球被取出的機會均等，則自袋中取出 2 球均為白球的機率？A：$\dfrac{C_2^3}{C_2^6}$

例 3 甲、乙、丙三人排成一列，試求甲乙二人相鄰的機率？

解 甲、乙、丙三人排成一列的樣本空間 S 有 6 個樣本，即 $n(S)=6$，出現甲乙相鄰的事件 A 有 4 個樣本 ∴ $n(A)=4$

因此，甲乙相鄰的機率為 $P(A)=\dfrac{4}{6}=\dfrac{2}{3}$

隨堂練習

1. 甲、乙、丙三人排成一列，試求甲、乙二人分離的機率？A：$\dfrac{2}{6}$

2. 臺北銀行樂透彩券自 1 至 42 號開出 6 個號碼，6 個全部簽中獲得頭獎，試求簽中頭獎的機率？簽中二獎的機率為何？A：$\dfrac{1}{C_6^{42}}$，$\dfrac{C_5^6 C_1^{36}}{C_6^{42}}$

例 4 投兩粒均勻的骰子，其點數和為 10 的機率為多少？

解 第一粒骰子出現的點數有六種，第二粒骰子出現的點數也有六種，二個骰子出現點數的情形有 6×6 種。

∴ $n(S)=6\times6=36$

設事件 A 為點數和為 10 的事件，則 $A=\{(4, 6)，(5, 5)，(6, 4)\}$

$$n(A) = 3$$

$$\therefore P(A) = \frac{3}{36} = \frac{1}{12}$$

隨堂練習

從一副 52 張的撲克牌任意取出 2 張，則 2 張同為梅花的機率為多少？

A：$\dfrac{C_1^4 x C_2^{13}}{C_2^{52}}$

一、機率的基本性質

由機率的意義，我們可以得到下列有關機率的性質：

1. $P(S) = 1$，S 又稱為全事件。

2. $P(\phi) = 0$，ϕ 又稱不可能事件。

3. $A \subset S$ 為任一事件，則 $0 \le P(A) \le 1$

4. A、B 為 S 中之二事件，則 $P(A \cup B) = P(A) + P(B) - P(A \cap B)$，其中 $P(A \cup B)$ 為 A、B 兩事件至少有事件發生的機率，$P(A \cap B)$ 為 A、B 兩事件都發生的機率。

5. 餘事件機率：$A \subset S$ 為任一事件，則 $P(A') = 1 - P(A)$，A' 稱為 A 之餘事件。

證明　1. $P(S) = \dfrac{n(S)}{n(S)} = 1$

2. $n(\phi) = 0$

$$\therefore P(\phi) = \frac{n(\phi)}{n(S)} = \frac{0}{n(S)} = 0$$

3. $A \subset S \Rightarrow 0 \le n(A) \le n(S)$

$$\Rightarrow 0 \le \frac{n(A)}{n(S)} \le \frac{n(S)}{n(S)}$$

$$0 \le P(A) \le 1$$

4. 易知

$$n(A \cup B) = n(A) + n(B) - n(A \cap B)$$

$$\Rightarrow \frac{n(A \cup B)}{n(S)} = \frac{n(A)}{n(S)} + \frac{n(B)}{n(S)} - \frac{n(A \cap B)}{n(S)}$$

$$\therefore P(A \cup B) = P(A) + P(B) - P(A \cap B)$$

當 A、B 為互斥事件時，$A \cap B = \phi$　$\therefore P(A \cap B) = P(\phi) = 0$

$$\therefore P(A \cup B) = P(A) + P(B)$$

5. $n(A') = n(S) - n(A)$

$$\Rightarrow \frac{n(A')}{n(S)} = \frac{n(S)}{n(S)} - \frac{n(A)}{n(S)}$$

$$\therefore P(A') = 1 - P(A)，易知 P(A) = 1 - P(A')$$

例 5 投兩枚均勻骰子，試求出現點數和不大於 10 的機率？

解 設樣本空間 S，則 $n(S) = 6 \times 6 = 36$

又設出現點數和不大於 10 的事件 A，因 A 所含樣本數較多，計算較繁，故改求 A 之餘事件 A' 之機率。

即 A' 為出現點數和大於 10 的事件，

$$\therefore A' = \{(5, 6)，(6, 5)，(6, 6)\}，n(A') = 3$$

$$\Rightarrow P(A') = \frac{n(A')}{n(S)} = \frac{3}{36} = \frac{1}{12}$$

由餘事件的機率知

$$P(A) = 1 - P(A') = 1 - \frac{1}{12} = \frac{11}{12}$$

例 6 設 A、B 為 S 之兩事件，若 $P(A) = \dfrac{1}{3}$，$P(B) = \dfrac{1}{2}$，且 $P(A \cup B) = \dfrac{7}{12}$，試求 $P(A \cap B)$ ？

解 由公式 $P(A \cup B) = P(A) + P(B) - P(A \cap B)$，

可知

$$\dfrac{7}{12} = \dfrac{1}{3} + \dfrac{1}{2} - P(A \cap B)$$

$$\therefore P(A \cap B) = \dfrac{1}{3} + \dfrac{1}{2} - \dfrac{7}{12} = \dfrac{1}{4}$$

二、條件機率

設樣本空間 S，兩事件 A 與 B，若在已知事件 B 發生的條件下，我們想去求事件 A 發生的機率？這種機率稱為在事件 B 發生的條件下，事件 A 發生的條件機率。以 $P(A|B)$ 表示。

說明 1. "在 B 發生的條件（情況）下"，表示"新問題的樣本空間即為 B"。

2. "在 B 發生的條件（情況）下，A 發生的機率？"可解讀為"在新樣本空間 B 的範圍內，求 $A \cap B$ 發生的機率？"

所以，求 $P(A|B) = \dfrac{n(A \cap B)}{n(B)} \cdots ①$

$$= \dfrac{\dfrac{n(A \cap B)}{n(S)}}{\dfrac{n(B)}{n(S)}}$$

$$= \dfrac{P(A \cap B)}{P(B)} \cdots ②$$

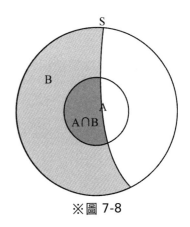

※圖 7-8

圖示如圖 7-8：事件 B 是灰色部分，事件 A 是小圓圈部分。全事件 S 是大圓圈部分。

※（條件機率與貝氏定理為補充教材，可不講授）

我們先來看下面的一個舉例：

設某班學生 50 人，其中男生 35 人，女生 15 人。又全班學生中戴眼鏡者 19 人，男生占 12 人，女生 7 人。設 S、B、G、E 分別表示全班學生的事件、男生的事件、女生的事件、戴眼鏡學生的事件。今從全班學生中任選 1 人，則選到戴眼鏡的機率是 $P(E) = \dfrac{n(E)}{n(S)} = \dfrac{19}{50}$。

但若在選到男生的情況下，去求選到戴眼鏡的機率應為如何？此時，既然先決條件是"選到男生的情況下"，那麼，新問題的樣本空間就是"男生的事件 B"了。

又戴眼鏡的有男生有女生，所以要去求"在選到的男生中是戴眼鏡者"的機率？這告訴我們，"此人"必須一方面是男生，一方面是戴眼鏡的，即"此人"是同屬於事件 B 與 E。即"此人"屬於 $B \cap E$。因此，所求的條件機率 $P(E|B) = \dfrac{n(E \cap B)}{n(B)} = \dfrac{12}{35}$。圖示如圖 7-9：

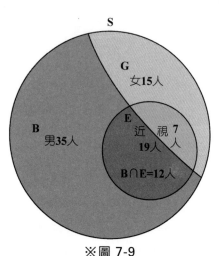

※圖 7-9

（註：$E \cap B = B \cap E$）

例 7 擲兩枚均勻骰子，在其點數和為 6 的條件下，求其中有一枚出現 4 點的機率？

解 設 A 為點數和為 6 的事件，B 為其中有一枚為 4 的事件，則

$A = \{(1, 5)，(2, 4)，(3, 3)，(4, 2)，(5, 1)\}$，

$B = \{(1, 4)，(4, 1)，(2, 4)，(4, 2)，(3, 4)，(4, 3)，(4, 4)，(4, 5)，(5, 4)，(4, 6)，(6, 4)\}$

且 $A \cap B = \{(2, 4)，(4, 2)\}$

$\therefore$ 所求機率 $P(B|A) = \dfrac{n(B \cap A)}{n(A)} = \dfrac{2}{5}$

※（條件機率與貝氏定理為補充教材，可不講授）

或　　$P(B|A) = \dfrac{P(B \cap A)}{P(A)} = \dfrac{\dfrac{2}{36}}{\dfrac{5}{36}} = \dfrac{2}{5}$

例 8 　擲一枚硬幣 3 次，求在擲第一次出現正面的情況下，擲 3 次均出現正面的機率？

解 　設 A 表擲第一次出現正面的事件，B 表擲 3 次均出現正面的事件

則 $A = \{(正,正,正) , (正,正,反) , (正,反,正) , (正,反,反)\}$

$B = \{(正,正,正)\}$

$\therefore A \cap B = \{(正,正,正)\}$

$\therefore P(B|A) = \dfrac{n(A \cap B)}{n(A)}$

$= \dfrac{1}{4}$

隨堂練習

擲一枚均勻硬幣三次，在至少出現兩次正面的情況下，求第三次出現正面的機率？A：$\dfrac{3}{4}$

例 9 　自一副撲克牌中任抽一張，A 表抽中紅心的事件，B 表抽中 Q 的事件，求在抽中 Q 的條件下，抽中紅心的機率，即求 $P(A|B)$？

解 依題意知，

事件 $A = \{$紅心 A，紅心 2，紅心 3…，紅心 Q，紅心 K$\}$

事件 $B = \{$紅心 Q，黑桃 Q，紅磚 Q，黑梅 Q$\}$

$A \cap B = \{$紅心 Q$\}$

∴ 所求機率 $P(A|B)$ 可解讀為：在新樣本空間 B 的範圍內，A 發生的機率

∴ $P(A|B) = \dfrac{n(A \cap B)}{n(B)} = \dfrac{1}{4}$

又上例另解： $P(A|B) = \dfrac{P(A \cap B)}{P(B)} = \dfrac{\dfrac{1}{52}}{\dfrac{4}{52}} = \dfrac{1}{4}$

前述有關已知 "在事件 B 發生的條件下，去求事件 A 發生的條件機率" 的公式：

$P(A|B) = \dfrac{P(A \cap B)}{P(B)}$

$\Rightarrow P(A \cap B) = P(B) \cdot P(A|B) = P(A) \cdot P(B|A)$ …稱為條件機率的乘法公式

$P(A \cap B)$ 即表示事件 A 與 B 同時發生的機率。所以，我們可以利用上式求得二事件 A 和 B 同時發生的機率。

例 10 袋中有大小相同的白球 5 個，紅球 7 個，自袋中每次取出一球，連續兩次，取後不放回，試求取出的球，依序為白球、紅球的機率？

解 以 A 表示第一次取到白球的事件
以 B 表示第二次取到紅球的事件

則 $P(A) = \dfrac{5}{5+7} = \dfrac{5}{12}$

因第一次取到白球不放回，所以袋中白球剩下 4 個，紅球 7 個，所以在 A 事件已知發生的條件下，B 事件發生的機率 $P(B|A) = \dfrac{7}{11}$

所以，取出依序為白球、紅球（即表 A, B 兩事件同時發生）的機率

$$P(A \cap B) = P(A) \cdot P(B|A)$$
$$= \frac{5}{12} \cdot \frac{7}{11} = \frac{35}{132}$$

隨堂練習

承上例，求取出的球依序是白球、白球的機率？A：$\dfrac{5}{12} \cdot \dfrac{4}{11} = \dfrac{20}{132} = \dfrac{5}{33}$

三、貝氏定理

由條件機率的概念可以得到一個重要的定理－貝氏定理，敘述如下：

☑ 定理 7-2

設事件 A_1, A_2 為樣本空間 S 的一個分割（即 $A_1 \cup A_2 = S$，$A_1 \cap A_2 = \phi$）

且 $B \subset S$，如圖 7-10 所示，則

1. $P(B) = P(A_1 \cap B) + P(A_2 \cap B)$

   $= P(A_1) \cdot P(A_1|B) + P(A_2) \cdot P(A_2|B)$

2. $P(A_i|B) = \dfrac{P(A_i \cap B)}{P(B)}$

   $= \dfrac{P(A_i \cap B)}{P(A_1) \cdot P(A_1|B) + P(A_2) \cdot P(A_2|B)}$

其中 $i = 1, 2$

其實，可以 $i = 1, 2, 3, \cdots, n$。

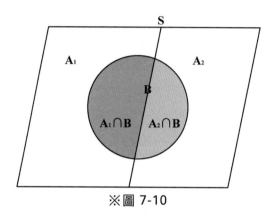

※圖 7-10

隨堂練習

試寫出當 $i = 3$ 時，貝氏定理的公式。A：略

例11 袋中 9 顆大小相同的球，其中 4 顆是白球，5 顆是黑球。自袋中取出一球後不放回，再取一球，問此球是白球的機率？

解 「此球是白球」有兩個可能發生的情況：

(1) 第一次取到白球，第二次又取到白球，

其機率是 $\dfrac{4}{9} \times \dfrac{3}{8} = \dfrac{1}{6}$

(2) 第一次取到黑球，第二次取到白球，

其機率是 $\dfrac{5}{9} \times \dfrac{4}{8} = \dfrac{5}{18}$

∴此球是白球的機率就是兩種情況的機率相加，即 $\dfrac{1}{6} + \dfrac{5}{18} = \dfrac{4}{9}$

例 12 據調查統計結果：甲地血型 O 的人有 $\frac{1}{3}$，乙地血型 O 的人有 $\frac{1}{4}$，今有甲地 15 人，乙地 25 人，混在一起，由其中任選 1 人，則此人血型 O 型的機率為何？

解 被選出來的人是甲地的機率為 $\frac{15}{40}$，又是 O 型的機率為 $\frac{15}{40} \times \frac{1}{3}$

被選出來的人是乙地的機率為 $\frac{25}{40}$，又是 O 型的機率為 $\frac{25}{40} \times \frac{1}{4}$

因此，任選出一人，此人 O 型的機率為：

$$\frac{15}{40} \times \frac{1}{3} + \frac{25}{40} \times \frac{1}{4} = \frac{9}{32}$$

例 13 某一牙科診所統計牙周病患者如下：在門診男性占全部門診人數 60%，女性占 40% 之情況下，男性患牙周病 70%，女性 50%，問在任意抽取 1 人為牙周病患者的情形下，此人為男性的機率？

解 設事件 A 表門診男性，事件 B 表門診女性，事件 T 表牙周病患者，

則 $P(A) = 0.6$，$P(B) = 0.4$，而 $P(T) = 0.6 \times 0.7 + 0.4 \times 0.5 = 0.62$。

又門診男性且患牙周病者的機率：

$$P(A \cap T) = 0.6 \times 0.7 = 0.42$$

所以，在牙周病患者中，此人為男性的機率：

$$P(A \mid T) = \frac{P(A \cap T)}{P(T)} = \frac{0.42}{0.62} = \frac{21}{31}$$

四、獨立事件

設 A、B 為樣本空間 S 的兩事件，且 $P(A) \neq 0$，$P(B) \neq 0$。若 $P(A|B) = P(A)$，則稱 A 與 B 無關。意即事件 A 發生的機率，不受事件 B 發生的影響；事實上，$P(A|B) = P(A)$ 可得 $P(B|A) = P(B)$（容後討論），稱 B 與 A 無關。亦即事件 B 發生的機率，不受事件 A 發生的影響。而稱事件 A 與 B 互為獨立事件。**然而，獨立事件亦可得直覺意義如下：**

若 A、B 兩事件發生的機率，互不受對方發生與否的影響，則稱事件 A、B 互為獨立事件。

此外，當 $P(A|B) = P(A)$ 時，可得 $P(B|A) = P(B)$

討論如下：

$$P(A|B) = P(A)$$

$$\Leftrightarrow \frac{P(A \cap B)}{P(B)} = P(A)$$

$$\Leftrightarrow \boldsymbol{P(A \cap B) = P(A) \times P(B)}$$

$$\therefore P(B|A) = \frac{P(B \cap A)}{P(A)} = \frac{P(A)P(B)}{P(A)} = P(B)$$

由以上討論或直覺地想，可知

A、B 互為獨立事件 $\Leftrightarrow P(A \cap B) = P(A) \times P(B)$

上式解讀為：A、B 互為獨立事件 $\Leftrightarrow$ 事件 A、B 同時發生的機率等於事件 A、B 各自發生的機率的乘積。

又當 A、B 不互為獨立事件時，稱為相依事件。

※（若條件機率不講授，則獨立事件請採直覺意義。）

例 14 擲兩硬幣，兩硬幣都出現正面的機率多少？

解 設擲第一個硬幣出現正面的事件為 A，易知 $P(A) = \dfrac{1}{2}$

擲第二個硬幣出現正面的事件為 B，易知 $P(B) = \dfrac{1}{2}$

又因 A, B 兩事件發生的機率互不影響，

$\therefore A, B$ 互為獨立事件。

$$\therefore P(A \cap B) = P(A) \times P(B)$$
$$= \dfrac{1}{2} \times \dfrac{1}{2}$$
$$= \dfrac{1}{4}$$

例 15 某人投球進籃的機率為 $\dfrac{5}{6}$，試求此人連投 3 次籃，球都不進籃的機率為何？

解 設某人投第 1,2,3 次球進籃的事件分別為 A, B, C，易知 A, B, C 互為獨立事件，且 A', B', C' 亦互為獨立事件

及 $P(A') = P(B') = P(C') = 1 - \dfrac{5}{6}$
$$= \dfrac{1}{6}$$

$$\therefore P(A' \cap B' \cap C') = P(A') \cdot P(B') \cdot P(C')$$
$$= \frac{1}{6} \cdot \frac{1}{6} \cdot \frac{1}{6}$$
$$= \frac{1}{216}$$

此即為所求

例 16 甲，乙兩生平時作數學題目，甲生平均每 4 題可作出 3 題，乙生平均每 5 題可作出 4 題，今有一數學題目，由他們兩人各別解題。

1. 求這個題目甲、乙均能解出來的機率？

2. 求這個題目被解出來的機率？

解 1.假設甲能解出此題的事件為 A，乙能解出此題的事件為 B。依題意，A、B 為獨立事件。且 $P(A) = \frac{3}{4}$，$P(B) = \frac{4}{5}$

而甲與乙均能解出此題的事件為 $A \cap B$

$$\therefore P(A \cap B) = P(A) \times P(B)$$
$$= \frac{3}{4} \times \frac{4}{5} = \frac{3}{5}$$

亦即甲、乙均能解出此題的機率為 $\frac{3}{5}$

2. 甲解不出的機率為 $P(A') = 1 - \frac{3}{4} = \frac{1}{4}$

乙解不出的機率為 $P(B') = 1 - \frac{4}{5} = \frac{1}{5}$

又 A'、B' 為獨立事件，$\therefore P(A' \cap B') = P(A')P(B')$

$\therefore$ 甲乙均解不出此題的機率為 $(\frac{1}{4})(\frac{1}{5}) = \frac{1}{20}$

則此題被解出的機率為 $1-\dfrac{1}{20}=\dfrac{19}{20}$

另解： $P(A \cup B)=P(A)+P(B)-P(A \cap B)$

$$=\dfrac{3}{4}+\dfrac{4}{5}-(\dfrac{3}{4} \times \dfrac{4}{5})$$

$$=\dfrac{19}{20}$$

隨堂練習

甲、乙兩人射擊同一目標，互不影響，甲的命中率為 $\dfrac{1}{5}$，乙的命中率為 $\dfrac{1}{4}$，

現兩人同時向目標各射擊一發，試求：

1. 兩人同時命中的機率？A： $\dfrac{1}{5} \times \dfrac{1}{4}$

2. 恰有一人命中的機率？A： $\dfrac{1}{5} \times \dfrac{3}{4}+\dfrac{4}{5} \times \dfrac{1}{4}$

3. 目標被擊中的機率？A： $1-\dfrac{4}{5} \times \dfrac{3}{4}$

☑ 習 題 **7-3**

1. 袋中有 2 紅球，1 白球，自袋中取出一球，試寫出樣本空間，及取出一紅球的事件。

2. 投擲二粒均勻的骰子，試求點數和為 8 的機率？

3. 連續擲一枚硬幣 3 次，在已知第一次出現正面的情況下，問出現兩次正面的機率？

4. 設事件 A、B 發生的機率分別是 0.3、0.5，兩事件同時發生的機率是 0.2，問 $P(A|B)$ 與 $P(B|A) = ?$

5. 疾病調查發現：甲地人民牙病患者占 12%，胃病患者占 8%，兩者皆有 3%，今抽查 1 人，問此人在有胃病的情形下，又有牙病的機率？

6. 投擲二粒均勻的骰子，試求其中至少有一粒出現 1 點的機率？

7. 甲、乙兩人再活 20 年的機率分別為 $\frac{2}{3}$ 及 $\frac{3}{4}$，試求：

   (1) 兩人均再活 20 年的機率？

   (2) 至少有一人再活 20 年的機率？

8. 從一副 52 張的撲克牌任取 2 張，則此 2 張均不同點數的機率為何？

9. 某工廠有三部機器 A、B、C 分別生產相同產品，且占比率為 $\frac{1}{2}$，$\frac{1}{3}$，$\frac{1}{6}$，其不良產品的比率分別為 2%，3%，4%，試求

   (1) 此工廠的產品中任取一產品，恰為不良產品的機率。

   (2) 任取一不良產品，此不良產品出自 C 機器的機率？

10. 設某校學生有 40%為男生，60%為女生；又知男生中有 5%罹患感冒，而女生中有 3%罹患感冒；今從中任取一人，則此人罹患感冒之機率為何？

11. 若擲一公正的骰子兩次，則兩次的點數和大於 10 之機率為何？

7-4　數學期望值

　　一個公平的遊戲，譬如投擲一粒均勻骰子一次，若出現 1 點，可得 60 元，出現其他點數，則無所得，那麼玩這個遊戲一次，應該每人收多少元才算公平？我們知道均勻骰子投擲一次，出現 1 點的機率為 $\frac{1}{6}$，所以玩一次平均可得 $60 \times \frac{1}{6} + 0 \times \frac{5}{6} = 10$ 元，因此玩一次要收 10 元才算公平。這個概念，導出以下數學期望值的概念：

　　設事件 A 發生的機率為 P，若該事件發生可得數值 m 的報酬，則 pm 稱為此事件 A 的「**數學期望值**」，通常以 E 表示。

　　一個離散性隨機變數的**期望值**是試驗中每次可能的結果乘以其結果機率的總和。假設整個事件 A 是由 n 個 Ai 離散獨立事件構成，其每一個事件發生的機率為 p_i，所得的結果為 m_i，則整個事件的數學期望值為 $\sum_{i=1}^{n} p_i \times m_i$，通常以 E 表示。

例 1　投擲兩枚均勻的硬幣，若出現一正一反可得 20 元，則投擲一次出現一正一反的期望值為何？

解　投擲兩枚硬幣一正、一反的機率為

$$\frac{1}{2} \times \frac{1}{2} + \frac{1}{2} \times \frac{1}{2} = \frac{1}{2}$$

$$\therefore 期望值 E = \frac{1}{2} \times 20 = 10 元$$

例 2　投一均勻的骰子，若出現 6 點可得 100 元，則投擲一次出現 6 點的期望值？

解　出現 6 點的機率為 $\frac{1}{6}$

$$\therefore 期望值 E = \frac{1}{6} \times 100 = \frac{100}{6} 元$$

設事件 $A_1, A_2, \cdots, A_k$ 為樣本空間 S 的一個分割，若一試驗中，事件 A_i 發生的機率為 p_i，$i = 1, 2, \cdots, k$，且事件 A_i 發生可得數值 m_i 的報酬，則此試驗的數學期望值 $E = m_1 p_1 + m_2 p_2 + \cdots\cdots + m_k p_k$。

例 3 投擲一粒均勻的骰子，若出現 a 點可得 a 元，試求：

(1) 出現偶數點的期望值？

(2) 請問投擲一次需繳幾元才算公平？

解 (1) 出現偶數點的期望值為 $2 \times \frac{1}{6} + 4 \times \frac{1}{6} + 6 \times \frac{1}{6} = 2$ 元

(2) 此試驗的期望值：

$$E = 1 \times \frac{1}{6} + 2 \times \frac{1}{6} + 3 \times \frac{1}{6} + 4 \times \frac{1}{6} + 5 \times \frac{1}{6} + 6 \times \frac{1}{6}$$

$$= \frac{21}{6} = \frac{7}{2} 元$$

故投擲一次需繳 $\frac{7}{2}$ 元才算公平

隨堂練習

投一公正的硬幣 2 次，若得 2 正面可得 4 元，得一正一反可得 1 元，得 2 反面輸 5 元，試求此遊戲的期望值？A：$\frac{1}{4} \times 4 + \frac{1}{2} \times 1 + \frac{1}{4} \times (-5) = \frac{1}{4}$

袋中有 5 個紅球 4 個白球,從袋中任取二球,若二球皆紅球可得 20
元,二球皆白球可得 10 元,假設這個遊戲是公平的,那麼二球為一
紅,一白的情形,應該賠多少元?

 (1) 取出二球皆紅球的機率為 $\dfrac{C_2^5}{C_2^9}=\dfrac{10}{36}$

(2) 取出二球皆白球的機率為 $\dfrac{C_2^4}{C_2^9}=\dfrac{6}{36}$

(3) 取出二球一紅一白的機率為 $1-\dfrac{10}{36}-\dfrac{6}{36}=\dfrac{20}{36}$

此遊戲是公平的, $E=0$

$\therefore 0=\dfrac{10}{36}\times 20+\dfrac{6}{36}\times 10+\dfrac{20}{36}\times m$

得 $m=-13$ 元,

即需賠 13 元

 投三粒均勻的骰子,若押 100 元在 1 點處,當出現一個 1 點可得 100
元,出現二個 1 點可得 200 元,出現三個 1 點可得 300 元,試求這個
遊戲的期望值?

 出現一個一點的機率為 $C_1^3(\dfrac{1}{6})(\dfrac{5}{6})(\dfrac{5}{6})=\dfrac{3\times 25}{216}=\dfrac{75}{216}$

出現二個一點的機率為 $C_2^3(\dfrac{1}{6})(\dfrac{1}{6})(\dfrac{5}{6})=\dfrac{15}{216}$

出現三個一點的機率為 $(\dfrac{1}{6})^3=\dfrac{1}{216}$

$\therefore$ 期望值為 $100\times\dfrac{75}{216}+200\times\dfrac{15}{216}+300\times\dfrac{1}{216}=50$ 元

※圖 7-11

習題 7-4

1. 10 支籤中 3 支有獎，1 支獎金 1000 元，1 支獎金 500 元，1 支獎金 100 元，任抽一支的期望值為何？

2. 甲、乙二人實力相當，兩人舉行比賽三場，言明先勝 2 場者得獎金 1000 元，今比賽第一場，甲勝，但因某種原因，不能繼續比賽，請問獎金 1000 元，應該如何分配，才算公平？（沒有和局）

3. 袋中有 1000 元鈔 2 張，500 元鈔 3 張，現自袋中任取 2 張（每張取到的機會均等），試求所得錢數的期望值？

4. 已知紙箱中有紅球 2 顆、黑球 3 顆，每顆球被抽出的機會均等。現將一次抽取二球稱為一次抽獎，若抽出的二球中恰有一紅球，則可得 10 元；若抽出的二球中有二紅球，則可得 60 元；若抽出的二球中無紅球，則可得 20 元，則一次抽獎的期望值為何？

5. 同時投擲二粒公正的骰子一次，若二粒骰子出現的點數相同可得 220 元，否則需賠 50 元，則此次投擲所得金額的期望值為多少元？

6. 從 2、4、6 三個數字中抽取一數。若抽中 2、4、6 之機率分別為 0.2、0.3、0.5，則抽取一次所得數值之期望值為何？

7. 設袋中有 10 元硬幣 6 枚，5 元硬幣 4 枚，某人由袋中任取 1 枚，則其所得金額的期望值為多少元？

8. 已知彩券共 2 千張，其中獎金金額分別為 3 萬元、1 萬 5 千元及 1 千元三種。若獎金 3 萬元的彩券有 2 張，1 萬 5 千元的彩券有 5 張，1 千元的彩券有 30 張，則 1 張彩券獎金的期望值為多少元？

08 CHAPTER 統 計

8-1　統　計

一、統計的意義

現代社會是一個資訊發達的時代，每個人每天所要接收的資訊，常常多得讓人喘不過氣來，而如何從這瞬息萬變的時代中掌握先機，就必須要借助統計方法，去掌握、分析這些資訊，並從中去萃取出有用的資訊。

因為統計方法有這種化繁為簡的能力，因此統計被廣泛的應用在各行各業，凡是探討具有不確定結果的問題，幾乎都可以使用統計的方法來處理。

舉例來說，如何從數量龐大的產品中，只靠抽驗一小部分樣品，就能確認這批產品的品質是否符合要求？民調時，只靠抽訪一小部分選民，就可以了解民意的趨向，或利用一個數值來代表一個班級的成績，藉此評比數個班級的成績。

現代的統計學中包含了統計理論與統計方法兩大部分，統計理論是研究與發展統計方法的基礎；統計方法則著重於解決生活中的實際問題，其過程通常包含了資料的蒐集、整理、分析並根據分析結果，加以解釋或推論，從而獲得合理之研判及正確的決策。

特別要注意的是：若想要得到較佳的統計推論，往往需要足夠多的統計資料，同時在統計資料的獲取上，也必須要顧及客觀、公正、周延的原則，否則統計結果易有偏差，從而誤導推論與決策。

二、資料蒐集

資料蒐集的方法，依蒐集的對象區分，可分為普查與抽樣調查兩種：

（一）普　查

指資料蒐集的對象為研究對象的全體。如：人口普查、工商普查、農業普查等。實施普查所蒐集得到的資料通常較為正確可靠，且較為完整。

但在實務上，我們很少使用普查的方法去蒐集資料，這主要是考量到以下幾個因素：

1. 普查不易

如要調查全國所有國民的平均年齡，若使用普查的方法，則必須要蒐集到全國所有國民的年齡，但以全國的幅員之廣闊，這可說是一件不可能的任務。

2. 節省費用

使用普查的方法必須蒐集到所有研究對象的資料，當研究對象的數量龐大時，就必須花費相當大的成本在進行研究對象資料的蒐集上。

3. 爭取時效

有些資料是具有時效性的，例如在某特定時間，某候選人的民意支持度，若以普查方法獲取這項資料，往往曠日費時，不符合時效性的要求。

4. 減少損失

某些資料若利用普查的方式蒐集，可能會破壞掉全部被調查的對象，例如若要調查某廠牌電燈泡的平均使用壽命，則必須蒐集燈泡從開始使用到燒壞共經過多少時間的資料，若利用普查的方法來蒐集這項資料，則所有此廠牌出的燈泡都要燒壞掉，如此便無任何產品可出廠了。

因為使用普查的方法來蒐集資料，有上述的種種不便之處，因此在實務上較常使用抽樣調查的方式來蒐集資料。

（二）抽樣調查

抽樣調查即指資料的蒐集對象為研究對象的一部分。如民意調查某位候選人的支持度時，從全體選民中依抽樣的方法選取出一部分的選民，調查此位候選人在這一部分選民中的支持度，並以此結果去推估此位候選人在全體選民中的支持度。

對一項研究而言，研究對象的全體，稱為**母體**，而研究對象中被抽出的一部分，稱為**樣本**。抽出樣本的過程，稱為**抽樣**。

在上面民意調查的例子中，全體選民即為母體，而依抽樣方法所選出的部分選民即為樣本。

因為統計分析結果的好壞與其所用來分析的資料有著絕對的關聯性，而所選取的抽樣方法，又決定了用來分析的資料品質，因此如何進行抽樣，就相當的重要。

判斷抽樣是否適當，就看所抽取的樣本，是否能夠代表整體研究對象的特性。因此，我們希望母體中每一個體被抽出的機會能夠均等。良好的抽樣設計，可以正確地分析樣本的特性，並據以推論母體的特性。

（三）常用的抽樣方法

因為母體的性質不同，所適合的抽樣方法也不同，常用的抽樣方法及其所適用的母體簡述如下：

1. 簡單隨機抽樣

若欲調查母體的某種特性，且根據經驗分析，在母體中的此種特性都分布的相當均勻時，此時可採用簡單隨機抽樣的方法來抽取樣本。

執行簡單隨機抽樣的方法有二：

例如在 75 位同學的母體中隨機抽出 5 位同學為樣本，來分析這 75 位同學的體重。

(1) **籤條法**：首先將每一位同學的編號(1~75)分別寫在不同的卡片上，並將這 75 張卡片置於箱內攪和，然後從箱中任意抽出 5 張卡片，則這 5 張卡片所代表的 5 位同學即為樣本。

(2) **隨機號碼法**：將這些同學由 01~75 依序編號，然後我們可利用附錄中的隨機亂數表獲得所要的樣本，例如從第 4 列（任意）第 2 個數字（任意）算起，由左而右每次取「兩個數字為一組」依序讀取，則可得到當樣本的 5 位同學之編號分別是 37、38、44、67、45，其中 86、87、76 不取。

隨機亂數表是由機率法則編製而成，表中每個位置出現 0~9 的機率均相等。應用時，我們可視需要任意從某列的任一數字或某幾行的任一列開始讀取。

2. 分層隨機抽樣

若欲調查母體的某種特性，且根據經驗分析，在組成母體中的個體的此種特性可以明顯的區分出數個層級，即在層級間差異大，此時宜利用分層隨機抽樣的方法來蒐集資料。

分層隨機抽樣：係將母體依某種特性區分為幾個層別，例如以不同地區分層，以不同職業分層等等。在每一層中，按照比例，隨機抽樣找出一些個體組成樣本。

例如：總統選舉的調查，可分北北基、桃竹苗、……、雲嘉南、高屏、花東等不同地區層別，再按人口比例在不同地區隨機抽出樣本再合併成整個樣本。

3. 集體抽樣法

若欲調查母體的某種特性，且根據經驗分析，在各集體中的個體此種特性的分布狀況，均與原母體相似，且在集體間差異小。此時宜用集體抽樣法。如某校某年級各班的學生身高，其分布狀況與此年級全部學生身高的分布應大致類似。

集體抽樣法：以集體為抽樣單位，用簡單隨機抽樣法自這些集體中抽取一個或數個集體作為樣本。例如調查某年級的身高，則可隨機抽取幾個班級作為樣本即可。

此種抽樣法與分層隨機抽樣法相反，集體抽樣法層間差異小，而分層隨機抽樣則層間差異大。

4. 系統抽樣法

將母體之所有個體依序排列，每隔若干個個體抽取一個，即為系統抽樣法。例如：欲在 72 人的母體中，抽出 9 人為樣本，則可把 72 人的編號 1~72 依序分成 9 組，每組 8 人先在 1 到 8 號中隨機抽出一個號碼，比如 5，然後每隔 8 人抽出 1 人，即得樣本號碼為 5、13、21、29、37、45、53、61、69，圖示如圖 8-1：

1、2、3、4、⑤、6、7、8
9、10、11、12、⑬、14、15、16
17、18、19、20、㉑、22、23、24
25、26、27、28、㉙、30、31、32
33、34、35、36、㊲、38、39、40
41、42、43、44、㊺、46、47、48
49、50、51、52、(53)、54、55、56
57、58、59、60、(61)、62、63、64
65、66、67、68、(69)、70、71、72

※圖 8-1

當使用系統抽樣法時，須注意若欲調查的母體特性具有週期性或季節性時，則抽出的樣本可能無法代表母體。如若調查每個月的雨量，每隔十二個月抽取一筆資料，則所蒐集的資料經分析後往往會形成偏差，因為雨量有季節性，所以此時不宜用系統抽樣法。

☑ 習題　8-1

1. 很少會使用普查的方式蒐集資料，主要的因素為何？

2. 目前常用的抽樣方法有哪些？

3. 試判斷下列各問題所使用的抽樣方法。

   (1) 護理公司在醫護器材生產線上設立檢驗站，每通過 1000 個產品就抽查 1 個。

   (2) 從臺南市的安南區抽出一個里的普查住戶居民的年收入。

   (3) 班上 52 人，被抽中的機會均等的條件下，隨機抽 6 個人代表班上參加排球比賽。

   (4) 為想要了解臺南市的市長投票，今依各區的人數的比例，於各區中，用簡單隨機抽樣抽出所需之符合投票的市民，再集合所抽出之市民進行電話訪談。

   (5) 臺南市警察局為拼治安，每天晚上十點鐘起在西門路一段進行臨檢，每通過 20 輛小客車攔檢一輛，直到隔日凌晨一點止。

4. 已知一試場有 88 位考生，編號為 1~88 號，試卷複查老師採用固定間隔數為 10 的系統抽樣法以選出 8 位考生。假設這 8 位考生號碼由小到大排序，第 1 位為 2 號，則第 7 位的號碼為何？

5. 欲調查全校 500 名學生每天平均使用手機時數，將全校 500 名學生編號 1~500 號，擬抽樣 1%人數，則：

   (1) 此調查的母體是什麼？樣本數是多少人？

   (2) 採簡單隨機抽樣，若自本書附錄所附的隨機號碼表第 4 列第 3 個數字開始，由左到右讀取數字，則所抽到的樣本是哪些號碼？

8-2 資料整理與統計圖表編製

隨著十二年國教的推動，高中職在資料整理與統計大量導入科技與計算機，本單元活動除了可以練習利用紙筆計算外，也可以利用電腦的 EXCEL 或手機統計 APP 配合，以利用學習圖表的編製。

一、資料整理

在日常生活中，我們常因為某些目的去蒐集資料。例如：

1. 廠商蒐集消費者的意見，作為設計新產品的參考。

2. 學校蒐集學生身高、體重等基本資料，以了解學生的健康情形。

3. 政府蒐集民眾對某一個議題的意見，作為制定政策的參考。

在蒐集到資料後，因為所蒐集的資料往往是雜亂無章的，因此必須對所蒐集到的資料作整理，或是將其畫成統計圖表，使這些資料易於了解，並作為我們決策的參考。

例 1 將某班 34 位學生數學期末考試成績紀錄如下：

75、74、68、48、59、70、59、83、75、48、74、56、84、75、58、67、74、78、67、80、68、70、58、67、48、57、60、69、74、84、78、67、74、53

若以 5 分為一組，將資料整理表列如下：

※表 8-1 某班學生數學期末考成績之次數分配表

分數組別	44.5~49.5	49.5~54.5	54.5~59.5	59.5~64.5	64.5~69.5	69.5~74.5	74.5~79.5	79.5~84.5
人數	3	1	6	1	7	7	5	4

　　以上這個表，就是一個次數分配表，我們利用這個表，可以很清楚的看出學生成績的分布。有關「次數分配表」，詳如後面所述：

二、次數分配表

（一）次數分配表的意義

　　將收集到的資料，根據資料的特性，區分若干組別，並依此對資料進行整理、分類、劃記，並作成表格，使我們易於了解資料分布的狀況，如此的表格我們稱為「次數分配表」。如上表所示。

（二）次數分配表的製作方法

　　編製次數分配表通常步驟如下：

1. 求全距：從收集到的資料中，求出最大值及最小值，其差即為全距。

2. 定組數：將資料適當的分成數組，而組數的多寡視資料多寡及研究目的而定。通常組數不宜少於 5 組或多於 15 組。

3. 定組距：各組的組距可各不相同，但一般均採等組距的分法。若採等組距，則組距應為 $\dfrac{全距}{組數}$。因為 $\dfrac{全距}{組數}$ 不一定為整數，為了方便，通常取較 $\dfrac{全距}{組數}$ 略大之適當值為組距。

4. 定組限：每一組上下兩端的界限，稱為該組的組限。每組下端的界限稱為該組的下限，每組上端的界限稱為該組的上限。最小一組的下限，應比全部資料的最小值略小或相等。最大一組的上限，應比全部資料的最大值略大或相等。

5. 歸類劃記並計算各組次數：將每一資料於所屬的組內劃記，每五次為一「正」字。歸類劃記後，計算各組的次數，再利用阿拉伯數字將各組次數記在對應欄內。同時將各組次數累計，求其總和。若此總和與原資料總數不符，即表編製過程有所錯誤遺漏，需再核實更正。

例 2 已知 50 家公司年營業額（單位：百萬元）如下：

16、12、8、15、16、25、22、15、5、22、10、25、26、2、10、
16、23、20、3、10、15、16、25、10、8、22、25、23、15、20、
20、25、3、14、18、20、24、20、25、15、20、20、25、15、10、
15、20、22、16、6

試編製其次數分配表。

解 1. 求全距：最多年營業額為 26 百萬元，最少年營業額為 2 百萬元，全距
　　＝26－2＝24 百萬元。

2. 求組數：將此 50 個數據分為 8 組。

3. 求組距：組距＝$\dfrac{全距}{組數}＝\dfrac{24}{8}＝3$ 百萬元。

4. 定組限：因最少年營業額為 2 百萬元，組距為 3 百萬元，故最小組下限
　　可定為 1.5 百萬元（1.5＝2－0.5，此 0.5 是取單位 1（百萬元）的一
　　半），其餘各組之組下限、組上限分別為

　　組下限 1.5、4.5、7.5、10.5、13.5、16.5、19.5、22.5、25.5

　　組上限 4.5、7.5、10.5、13.5、16.5、19.5、22.5、25.5、28.5

　　其次數分配表如表 8-2：

※表 8-2　50 家公司年營業額（百萬元）的次數分配表

組限	劃記	次數	組限	劃記	次數
1.5~4.5	下	3	13.5~16.5	正 正 下	13
4.5~7.5	丅	2	16.5~19.5	一	1
7.5~10.5	正 丅	7	19.5~22.5	正 正 丅	12
10.5~13.5	一	1	22.5~26	正 正 一	11

三、次數分配圖

（一）直方圖的畫法

當我們所要統計的資料數據是連續性的（如學生分數），此時宜用直方圖來表示。

製作直方圖的步驟如下：

1. 於平面畫一直角坐標，以資料為橫坐標，次數為縱坐標。

2. 於橫軸上標示各組的組下限、組上限或各組的組中點，並以每組的組限為底的兩端點，以該組次數為高，畫一矩形。如此所成的圖形即為直方圖。參考下例。

 畫出例 2 之直方圖。

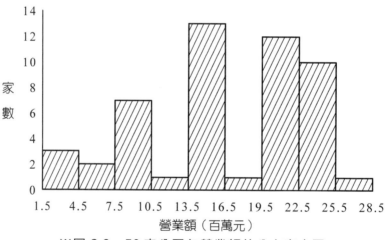

※圖 8-2　50 家公司年營業額的分布直方圖

（二）長條圖的畫法

當我們所要統計的各類資料，彼此是獨立的。此時宜用長條圖表示之。其畫法如下：

1. 於平面上畫一直角坐標，以分類項目為橫坐標，次數為縱坐標。

2. 以分類項目適當的寬為底，次數為高，畫一矩形，即得長條圖。

例 4 調查新東國中某班學生 50 人最喜歡的球類運動的人數，統計如表 8-3：

※表 8-3

球類	桌球	排球	籃球	羽球	撞球	棒球
人數	20	3	8	12	3	4

試將表 8-3 以長條圖表示。

解 因各類球類運動，彼此是獨立的，所以以長條圖表示為宜。畫出長條圖如圖 8-3：

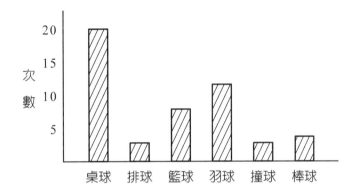

※圖 8-3　新東國中某班學生最喜歡的球類人數長條圖

（三）折線圖的畫法

有時為了要看出統計資料的分布情形及其變化趨勢，則常以折線圖來加以表示。其做法：

1. 作一直角坐標，以資料為橫坐標，次數為縱坐標。

2. 畫出代表各類資料數量的點。

3. 再將各點以線段加以連結而成一折線圖。

例 **5** 設臺灣於民國 100 年至 108 年，每年 6 月的下雨量如表 8-4（單位：公厘）。

※表 8-4

年度	100	101	102	103	104	105	106	107	108
雨量	620	630	650	700	680	720	750	720	750

試以折線圖表示。

解

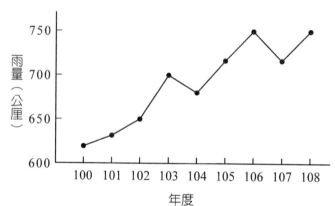

※圖 8-4　臺灣 100 年至 108 年每年 6 月的下雨量折線圖

（四）圓形圖的畫法

有時為了看出所統計各類資料之數量對總量的比例並藉以了解彼此間的大小，則以圓形圖表示。

其畫法如下：

1. 先求出各類數量對總量的比例。

2. 按比例算出各類數量的扇形圓心角度數。

3. 用量角器畫出各類數量的圓心角及扇形並註明比值，即為圓形圖。

例 *6*　某專科學校全校各科新生人數如表 8-5：

※表 8-5

科別	護理科	幼保科	美保科	牙技科
人數	200	80	120	100

試以圓形圖表示。

解　1. 全校人數 $200+80+120+100=500$ 人，計算各科所占比例：

護理科 $\dfrac{2}{5}$，幼保科 $\dfrac{4}{25}$，美保科 $\dfrac{6}{25}$，牙技科 $\dfrac{1}{5}$

2. 求出各科扇形圓心角如下：

護理科 $360°\times\dfrac{2}{5}=144°$　幼保科 $360°\times\dfrac{4}{25}\approx58°$

美保科 $360°\times\dfrac{6}{25}\approx86°$　牙技科 $360°\times\dfrac{1}{5}=72°$

3. 畫一圓，用量角器分別畫出各圓心角的扇形為所求。

※圖 8-5

隨堂練習

某社團有社員 20 人，其年齡分別如下：

26、23、21、24、25、27、26、25、20、25、24、22、25、26、22、25、24、25、26、25

將此 20 人依年齡分成四組，組距為 2（不含上限），

1. 作次數分配表。

2. 繪長條圖。

3. 繪以下累積次數分配曲線圖。

1. 某班 50 名學生數學考試成績依序為：

85、87、89、50、57、76、77、80、89、95、75、52、82、80、78、79、92、97、78、86、57、56、92、89、76、84、89、78、79、86、82、89、98、75、77、64、79、83、69、79、81、64、80、77、75、84、82、72、85、83

試依上述資料編製次數分配表（組距 5 分），及畫出直方圖。

2. 某家公司某年各月份營業額如下表（單位萬元）：

月份	1	2	3	4	5	6	7	8	9	10	11	12
營業額	10	8	12	15	12	15	20	18	20	22	25	22

試分別以長條圖及折線圖表示營業額的分布。

3. 某班學生上學方式如下表：

方式	步行	腳踏車	公車	家長接送
人數	10	20	15	5

試以圓形圖表示上學方式的分布。

4. 數學小組某次測驗成績如下：

90、77、68、61、43、51、83、69、69、70、77、70、55、60、80、76、81、76、72、67、95、70、77、80、71、88、90、50、62、50、47、70、53、70、89、56、67、71、30、76、65、65、85、85、73、86、58、67、60、51

以 10 為組距，完成下列各題：

(1) 求全距。

(2) 作次數分配表。

(3) 繪直方圖。

8-3 算術平均數、中位數與眾數

為了研究母體的特性，我們需用一些統計量數，或簡稱參數，來測量母體的特性。最常用的統計量數為集中趨勢參數及離散趨勢參數來表達群體內所有個體的分布趨勢。

一、集中趨勢參數

當我們蒐集到一組資料時，可能會希望能以一個值來代表這組資料，如此能簡單扼要的表示出這組資料的特性，同時也方便我們去評比不同的母體。集中趨勢參數就是用來衡量所有測量值所聚集的中心位置，也因此其可以代表這組資料的中心。

常用的集中趨勢參數有算數平均數、中位數及眾數。

（一）算術平均數(Arithmetic Mean)

這是最簡單也最常用的集中趨勢參數，其算法是將各項數值的總和除以其個數所得的商，即是算術平均數。若以 $\overline{X}$ 來代表 n 個資料 $x_1, x_2, \cdots\cdots, x_n$ 的算術平均數，其計算方法如下：

$$\overline{X} = \frac{x_1 + x_2 + \cdots\cdots + x_n}{n}$$

 例 1 試求 4、6、10、16、24 的算術平均數？

解 $\overline{X} = \dfrac{4+6+10+16+24}{5}$

$= \dfrac{60}{5}$

$= 12$

（二）中位數(Median)

　　所謂中位數，即為全部觀察值的中點。也就是說，比中位數的值為小的資料數目為全部資料數目的一半，比中位數的值為大的資料數目也為全部資料數目的一半，一般以 Md（或 Me）表示中位數。以下說明中位數的計算方法：

1. 將 n 個觀察值由小而大依序排列。

2. 當 n 值為奇數時，中位數為由前算起第 $\dfrac{n+1}{2}$ 個觀察值；當 n 值為偶數時，中位數為由前算起第 $\dfrac{n}{2}$ 個及第 $\dfrac{n}{2}+1$ 個觀察值的平均數。

例 2　一個班級 16 位同學的英文成績分別為 0、65、56、98、89、76、75、76、76、45、46、86、89、76、56、76，試求此 16 位同學英文成績的中位數？

　　1. 將此 16 位同學的成績由小到大排序後列出為

　　0、45、46、56、56、65、75、76、76、76、76、76、86、89、89、98

　　2. 因為 16 為偶數，故中位數取第 8 及第 9 個觀測值的平均值即

　　$\dfrac{(76+76)}{2}=76$

　　故此 16 位同學英文成績的中位數即為 76 分

（三）眾　數

　　所謂「眾數」，是在全部觀察值中，出現最多次的一個或多個觀察值。以下說明「眾數」的計算方法：

1. 將各觀察值依大小順序排列。

2. 選取出現次數最多的觀察值。

一個班級 16 位同學的英文成績分別為 0、65、56、98、89、76、75、76、76、45、46、86、89、76、56、76，試求此 16 位同學英文成績的眾數？

 1. 將此 16 位同學的成績由小到大排序後列出為

0、45、46、56、56、65、75、76、76、76、76、76、86、89、89、98

2. 由上可以發現出現次數最多的是 76（5 次），故眾數為 76

☑ 習題 **8-3**

1. 某班 20 名男生體重由小到大分別為

   45、45、47、47、47、48、48、49、50、50、50、52、52、52、52、53、54、

   54、54、55（公斤）

   試求該班男生平均體重？

2. 試求下列各組資料數據的中位數。

   (1) 5、6、4、5、9、10、12

   (2) 2、5、7、9、10、7、11、10

3. 檢查 100 箱蘋果，每箱壞蘋果之個數如下：

   ※表 8-6

壞蘋果個數	0	1	2	3	4
箱數	30	32	30	5	3

   試求其眾數。

4. 試求下列資料之算數平均數、中位數、眾數。

   12、1、0、9、14、9、12、5、6、8、9、5、10、7、4

5. 某次數學小考班上 10 位同學的成績分別為 50、73、85、42、90、65、100、

   35、80、75，則中位數之值為何？

6. 有一組數字為 13、17、17、12、18、13、17、12，則其眾數與中位數之和為

   何？

8-4　全距、四分位距、標準差與百分等級

一、離散趨勢參數

以上討論的集中趨勢參數，是希望以一個值來代表整組的特性，但有時候當整組資料有很大的差異時，集中趨勢參數的代表性也會下降，舉例來說：若兩個班級英文學期成績的平均分數都是 70 分，其中一班同學的分數都集中在 60 分至 80 分間，另一班的分數則散布在 0 分至 100 分間，若要以平均分數 70 分來作為兩班英文成績的代表分數，則顯而易見的，以平均分數來表示前一班的分數會較具代表性。由此可見，整組資料的差異性也是了解整組資料特性的一個重要的指標，我們通常將用來反應此項特性的數值稱為離散趨勢參數。

常用的離散趨勢參數有全距、四分位距及標準差。另外，我們也將介紹百分等級的意義。

（一）全 距

所謂「全距」就是整組資料中，最大數與最小數的差，通常以 R 代表。

「全距」的計算方法：

1. 將整組資料由小至大依序排列。

2. $R＝$最大數－最小數。

全距越大，則整組資料的分散程度越大；反之，則整組資料越集中。

通常全距易受極端值的影響，如資料中有特別大的值或特別小的值，儘管其餘的資料均相當集中，但全距也無法反映出這個狀況，如圖 8-6 為資料散布的情況。

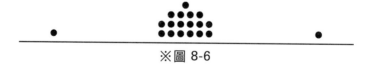

※圖 8-6

⊠例 1 某一個地區一年內各月份的降雨量紀錄如下：

80、110、95、68、70、85、90、100、115、120、95、130（公厘），求全距？

⊠解 1. 將整組資料由小到大依序排列如下：

68、70、80、85、90、95、95、100、110、115、120、130

2. 由上可知整組資料的最小數為 68，最大數為 130

故　全距 $R = 130 - 68 = 62$

（二）四分位距[*]

在介紹四分位距前首先要介紹四分位數。

將整組資料由小至大依序排列後，根據整組資料的個數均分為四等分，可以得到三個分割點，此三個分割點即是四分位數，由小至大第一個分割點為第一四分位數，通常以 Q_1 代表，第二個分割點為第二四分位數，通常以 Q_2 代表，第三個分割點為第三四分位數，通常以 Q_3 代表。而**四分位距 (IQR) 即第三四分位數與第一四分位數的差，即 $IQR = Q_3 - Q_1$**。

四分位距代表了整組資料中間一半資料的差距程度，雖然上下各四分之一的資料被忽略，但因此可以除去整組資料中少數差異性特別大的資料，讓資料間的差距程度更忠實的被反映出來。

「四分位距」的計算方法：

1. 將整組資料由小至大依序排列。

2. 假設全部有 n 筆資料：若 $\dfrac{n}{4} + \dfrac{1}{2}$ 為整數，則取第 $\dfrac{n}{4} + \dfrac{1}{2}$ 個數為第一四分位數，第 $\dfrac{3n}{4} + \dfrac{1}{2}$ 個數為第三四分位數。

---

[*] 本節四分位距係補充教材可不講授。

3. 若 $\dfrac{n}{4}+\dfrac{1}{2}$ 不為整數，則 $\dfrac{n}{4}+\dfrac{1}{2}$ 前後兩個整數所對應到資料的平均值為第一四分位

數，再取 $\dfrac{3n}{4}+\dfrac{1}{2}$ 前後兩個整數所對應到資料的平均值為第三四分位數。

4. 四分位距 $IQR=$ 第三四分位數 $-$ 第一四分位數 $=Q_3-Q_1$

例 2 求下列資料的四分位距：16,20,28,32,33,36,40,46

解 1. 全部共有 8 個資料，因為 $\dfrac{8}{4}+\dfrac{1}{2}=2.5$ 不為整數，故取第二個數 20 與第三

個數 28 的平均值 24 為第一四分位數

2. $\dfrac{3\times8}{4}+\dfrac{1}{2}=6.5$ 不為整數，故取第六個數 36 與第七個數 40 的平均值 38 為

第三四分位數

3. 四分位距 $IQR=38-24=14$

例 3 從 16, 20, 28, 32, 33, 36, 40, 46 資料找出最小值：16

第一個四分位數 $Q_1=24$

第二個四分位數 $Q_2=32.5$

第三個四分位數 $Q_3=38$

最大值 46，以下圖表示

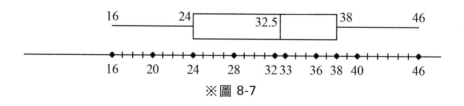

※圖 8-7

就是盒鬚圖(Box-Whisker plot)

　　下圖 8-8 是三個班的全距和四分位距的盒狀圖，利用盒狀圖來觀察分散程度，可以看出 B 組的分散程度最大，C 組其次，A 組最集中。

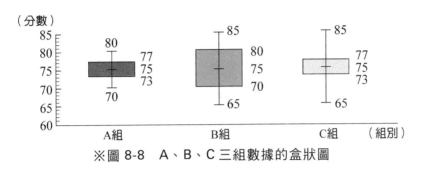

※圖 8-8　A、B、C 三組數據的盒狀圖

（三）標準差

　　因為如果利用全距來衡量整組資料的分散程度時，只考量到最大數與最小數這兩個數值的差，無法考量到其他資料的分散程度，同時最大數與最小數的值可能是特例，造成全距過大無法切實反應整組資料的分散程度。四分位距也可能有相同的情形發生。另外在計算全距與四分位距這兩個數值時，只用了資料少部分的資訊，即最大值與最小值的差與第三四分位數與第一四分位數的差，其並無法妥善運用資料全部的資訊，因此在這裡我們要說明另外一個常用的離散趨勢參數—**標準差**，標準差的算法說明如下：

1. 母體標準差 σ：設母體的個數為 N，平均數為 μ，資料為 $x_1, x_2, \cdots, x_N$ 時，則標準差 σ：

$$\sigma = \sqrt{\frac{\sum_{i=1}^{N}(x_i - \mu)^2}{N}}$$

2. 樣本標準差 S：設樣本的個數為 n，平均數為 $\bar{x}$，資料為 $x_1, x_2, \cdots, x_n$ 時，則標準差 S：

$$S = \sqrt{\frac{\sum_{i=1}^{n}(x_i - \bar{x})^2}{n-1}}$$

　　由上面標準差的公式可以發現，標準差考慮到每個資料與資料中心「平均數」的差，因此較能切實表示出整組資料的分散程度。標準差越小，表示資料越集中，反之，則表示越分散。

例 4 設有下列樣本資料 3、5、8、9、10，試求其標準差？

解 1. $\bar{x} = \dfrac{3+5+8+9+10}{5} = \dfrac{35}{5} = 7$

2. $S = \sqrt{\dfrac{\sum\limits_{i=1}^{n}(x_i - \bar{x})^2}{n-1}}$

$= \sqrt{\dfrac{(3-7)^2 + (5-7)^2 + \cdots + (10-7)^2}{5-1}}$

$= \sqrt{\dfrac{34}{4}} = \dfrac{\sqrt{34}}{2} \approx 2.92$

（四）百分等級(Percentile Rank, PR)

「百分等級」的意思就是把一個團體（如某年所有參加基本學力測驗的考生）依照人數均分成一百等分，而某生大約會落在哪個等分上？「百分等級」以 PR 值表示。現在以同學們曾經經驗過的一個問題來說明。

問題是：國中基本能力測驗分數通知單上所提供的 PR 值（即百分等級）代表什麼意思？說明如下：

例如某位考生的 PR 值為 99，即表示該生的分數勝過全部考生大約 99%，這樣的百分等級 PR 值提供了考生這樣的訊息：他的分數在所有考生中的相對位置。

又如我們知道某生的數學成績 72，國文成績 93，但我們無法從這兩個分數得知他的數學和國文成績比別人好到哪裡或是壞到哪裡？此時，若我們知道他數學成績的 PR 值（設為 90），國文成績的 PR 值（設為 80），則我們知道，其實他的數學成績表現較約 90% 的考生高，而國文成績只較約 80% 的考生高而已。也就是說，相對而言，他的數學表現優於國文表現。說到此，大家對百分等級（PR 值）多少有一點概念了。

至於如何求出某位考生成績分數的百分等級（PR 值）呢？

※表 8-7　某班學生數學期末成績之次數分配表

分數組列	44.5~49.5	49.5~54.5	54.5~59.5	59.5~64.5	64.5~69.5	69.5~74.5	74.5~79.5	79.5~84.5
人數	3	1	6	1	7	7	5	4

共 34 人

我們以某位同學得分 78，求出其百分等級(PR)為例

1. 先求出 78 分在全班 34 人所占的位置

78.5 落在 74.5~79.5 這組分數間，這時累計至 74.5 分為 3+1+6+1+7+7=25，累計至 79.5 為 25+5=30

因此

$$\begin{matrix} 74.5 & 78 & 79.5 \\ 25 & x & 30 \end{matrix}$$可以假設其關係為線性

則

$$\frac{78-74.5}{79.5-74.5}=\frac{x-25}{30-25}\cdots\cdots\cdots(1)$$

求出 $x = 28.5$

2. 再求出 28.5（共 34 人）化作百分等級

$$\begin{matrix} 0 & 28.5 & 34 \\ 0 & y & 100 \end{matrix}$$可以假設其關係為線性

$$\therefore \frac{28.5-0}{34-0}=\frac{y-0}{100-0}$$

求出 $y = 83.82 \doteqdot 84 \cdots\cdots\cdots(2)$

從(1),(2)設 x_i 代表某 i 位同學的分數

$m =$ 該分數所在組的下限

$f =$ 該分數所在組的次數

$F = m$ 以下的累積次數

$\ell = $ 組距

$n = $ 總人數

根據(1)

$$\frac{x_i - m}{\ell} = \frac{x - F}{f}$$

$$x = \frac{x_i - m}{\ell} f + F$$

根據(2)

$$\frac{(\frac{x_i - m}{\ell} f + F) - 0}{n - 0} = \frac{PR - 0}{100 - 0}$$

得　$PR = \frac{100}{n} \left[\frac{(x_i - m)f}{\ell} + F \right] \cdots\cdots\cdots (*)$

🕳️ **例 5**　在表 8-7 的資料裡，得分 78 的這位同學的百分等級 (PR) 是多少？

🕳️ **解**　依題意及表 8-7 的資料，可知

$x_i = 78$，$m = 74.5$，$f = 5$

$F = 25$，$l = 5$，$n = 34$　代入公式(*)可求出 PR 值

$$PR = \frac{100}{n} \left(\frac{(x_i - m)f}{l} + F \right)$$

$$= \frac{100}{34} \left(\frac{(78 - 74.5)5}{5} + 25 \right)$$

$$= 83.82 \approx 84$$

因為百分等級是順序性的，所以計算的結果需取整數。表中的學生得 78 分，其百分等級 $PR = 84$。表示在這團體中，他的成績大約勝過 84% 的人。

隨堂練習

在表 8-7 的資料裡，求得分 68 的同學的百分等級？　（PR=47）

☑ 習 題 8-4

1. 有一氣象資料調查地區的降雨量為：80、110、115、120、95、68、70、85、90、100（公厘），請問：

   (1) 平均降雨量

   (2) 四分位距

   (3) 全距

   (4) 降雨量的樣本標準差

2. 籃球社的 15 位學員身高分別為：189、190、170、165、179、168、178、181、185、182、170、180、160、182、173（公分）

   請問：

   (1) 全距

   (2) 四分位距

   (3) 母體標準差

3. 有一組數字為 76、55、67、74、88、58、63、52、60，則這組數字的全距為何？

4. 若某人射擊 100 次，其中 5 次成績分別為 75、60、85、100、80，求此樣本標準差為何？

8-5　信賴區間與信心水準的解讀

信賴區間與信心水準的解讀，首先我們必須了解常態分配的意義。

常態分配(normal distribution)是統計學中很重要的分配。它的重要性在於許多自然界與社會現象如工業生產，人類的身高、智商等的分布情形，都呈現如常態分配或近似常態分配，以及很多統計量的抽樣分配在大樣本下亦通常呈現近似常態分配。另外，當我們以某一樣本統計量作為其母體參數之推論時，常以其抽樣分配近似常態分配作為推論依據，更可見常態分配的重要性了。

一、常態分配與常態分配曲線

常態分配曲線是用來描述常態分配的情形，其圖形呈鐘形而左右兩側對稱，又稱鐘形曲線（如圖 8-9）。表示此常態分配曲線的函數為

$$f(x) = \frac{1}{\sigma\sqrt{2\pi}} e^{-\frac{1}{2}(\frac{x-\mu}{\sigma})^2} \ , \ x \in R$$

其中 $\pi \approx 3.14159$，$e \approx 2.71828$，σ 為母體標準差，μ 為母體平均數。

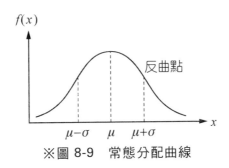

※圖 8-9　常態分配曲線

常態分配的圖形，從其函數 f 的函數值 $f(x)$ 觀察，可知其圖形是隨著兩參數 σ 與 μ 之值而變化，即不同的 σ 和 μ，產生不同的常態分配圖形。圖 8-10 表示了 $\mu_1 \neq \mu_2$，$\sigma_1 = \sigma_2$ 兩常態分配的圖形。圖 8-11 表示了 $\mu_1 = \mu_2$，$\sigma_1 \neq \sigma_2$ 兩常態分配的圖形。圖 8-12，表示了 σ 和 μ 皆不同的三個常態分配圖形。

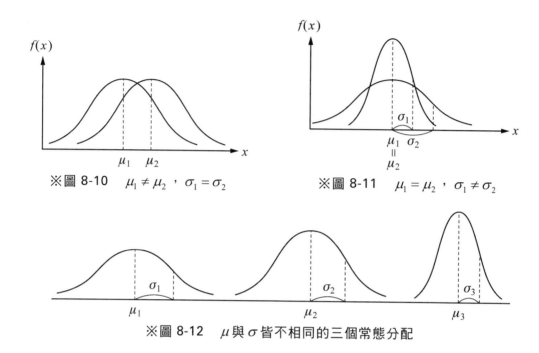

※圖 8-10　$\mu_1 \neq \mu_2$ ，$\sigma_1 = \sigma_2$

※圖 8-11　$\mu_1 = \mu_2$ ，$\sigma_1 \neq \sigma_2$

※圖 8-12　μ 與 σ 皆不相同的三個常態分配

　　此外，常態分配具有下列一些重要意義：

1. 以平均數 μ 為中心，兩邊 $\mu \pm \sigma$ 之處，為常態曲線之反曲點。

2. f 圖形的兩側逐漸接近 x 軸但永遠不相交。（x 軸為 f 之漸近線）

3. x 值落在 $\mu - \sigma$ 與 $\mu + \sigma$ 之間的機率為 0.6826

　　x 值落在 $\mu - 2\sigma$ 與 $\mu + 2\sigma$ 之間的機率為 0.9544

　　x 值落在 $\mu - 3\sigma$ 與 $\mu + 3\sigma$ 之間的機率為 0.9974

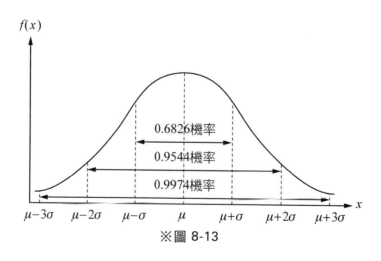

※圖 8-13

4. x 值落在 $\mu-1.96\sigma$ 與 $\mu+1.96\sigma$ 之間的機率為 0.95

　　x 值落在 $\mu-2.58\sigma$ 與 $\mu+2.58\sigma$ 之間的機率為 0.99

例 1　設某校學生 800 人，其智力測驗分數成常態分配，已知平均數 $\mu=100$，標準差 $\sigma=12$，求全校智力分數介於 88 與 112 之間約有幾人？

解　分數介於 88 到 112 之間恰好是介於 $\mu\pm\sigma$ 之間

　　所以分數介於 88 到 112 之間的人數約為

　　$800\times0.6826=546$ 人

二、信心水準與信賴區間的解讀

　　在這裡，首先我們要開宗明義地指出：「**在 95%信心水準下，某候選人的支持率被信賴區間[0.35, 0.41]所包含**」指的是「**對於某候選人的支持率被信賴區間[0.35, 0.41]所包含，我們有 95%的信心。**」

　　在此，先介紹區間 $[a,b]$ 的意義？用集合的符號表示如下：

　　　$[a,b]=\{x\,|\,a\le x\le b\}$

　　如　　$[0.35,041]=\{x\,|\,0.35\le x\le0.41\}$，

　　在選舉期間，我們常在報紙雜誌上看到像這樣的新聞報導：此次以電話成功隨機調查了 1068 名選民，○○總統候選人支持率 38%。此次調查在信心水準 95%下，其抽樣誤差在 ±3％以內。我們如何解讀？

　　首先，我們從字面上加以了解：

1. 「**支持率 38%**」：表示在 1068 名受訪的選民中，有 38%的人是支持○○候選人，即支持者約有 1068 人×0.38≈406 人。反之，若支持者有 453 人，則支持率為 $\dfrac{453}{1068} \approx 0.42 = 42\%$

2. 「**抽樣誤差 ±3％**」：即指出○○候選人的支持率為 38%±3% = 0.38±0.03。意即 0.35≤支持率≤0.41。即支持率被信賴區間 [0.35,0.41] 所包含，如圖 8-14 所示。此區間稱為信賴區間(confidence interval)。

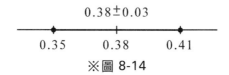

※圖 8-14

3. 「**95%信心水準**」(level of confidence)：表示○○候選人的支持率被信賴區間 [0.35, 0.41]所包含的機率有 95%。換句話說，我們具有 95%的信心，或具有 95%的可靠度，○○候選人的支持率會被信賴區間[0.35, 0.41]所包含。

總的來說，前述新聞報導的解讀如下：

表示○○候選人的支持率被區間[0.35, 0.41]所包含，我們具有 95%的信心。

在實際生活中，我們是常用樣本的資料去推估母體未知的參數。例如用某候選人抽樣調查所得到的選民支持率去預測他真正的得票率或是他是否當選？

由於樣本是隨機抽自母體，每次抽樣所得樣本均不相同，所以若單獨以來自抽樣的選民支持率去推估全體選民的支持率，也就是利用「點估計」的方法去推估母體參數；顯然這樣的「點估計」方法是比較粗略的。因此，我們才有上述的 95% 信心水準下，○○候選人支持率的信賴區間[0.35,0.41]的「區間估計」方法。此種利用「區間估計」的信賴區間去估計母體未知的參數，較具彈性。

在求信賴區間須事先設定信心水準，然後再依事先設定的信心水準及調查結果來求出其信賴區間。信心水準一般常用 95%或 99%。

下面以選舉抽樣調查為例，說明：如何計算全體選民支持率的信賴區間？

假設某候選人在抽樣調查 1000 人的選民中，有 450 人是支持他的，則可知他在這次的調查樣本的支持率 $\hat{P} = 0.45$。（設樣本支持率為 $\hat{P}$，$\hat{P} = \dfrac{支持人數}{n}$，$n$ 為樣本人數）。因樣本抽自母體，一般而言，每次抽出的樣本是不同的，所以每次抽出樣本的選民支持率，一般而言，也會是不同的。

意思是說，若我們再另外抽出 1000 位選民，也許他的支持率會是 0.42。再抽一次，也許支持率是 0.48。可知每抽一次，就得到相對的一個支持率。重複此步驟多次，我們可以得到樣本支持率的抽樣分配。此即樣本支持率 $\hat{P}$ 的一個抽樣分配。

如果我們抽取許多次樣本（每次樣本數一樣），求得許多個支持率 $\hat{P}$，那麼在樣本數夠大（$n \geq 30$）時，則此支持率 $\hat{P}$ 的抽樣分配會接近常態分配。這是一個重要的理論依據。

根據統計理論，支持率 $\hat{P}$ 的抽樣分配的平均數等於母體（全體選民）的支持率 P；而 $\hat{P}$ 之標準差 $= \sqrt{\dfrac{P(1-P)}{n}}$，$n$ 為樣本數。（證明從略）

因為當樣本數夠大時，支持率的抽樣分配近似常態分配理論，可知支持率 $\hat{P}$ 可能值發生的機率如下：

(1) $\hat{P}$ 值落在 $P \pm \sqrt{\dfrac{P(1-P)}{n}}$ 之間的機率是 0.6826

(2) $\hat{P}$ 值落在 $P \pm 2\sqrt{\dfrac{P(1-P)}{n}}$ 之間的機率是 0.9544

(3) $\hat{P}$ 值落在 $P \pm 3\sqrt{\dfrac{P(1-P)}{n}}$ 之間的機率是 0.9972

其實，我們也可求出

① $\hat{P}$ 值落在 $P \pm 1.96\sqrt{\dfrac{P(1-P)}{n}}$ 之間的機率是 0.95

② $\hat{P}$ 值落在 $P \pm 2.58\sqrt{\dfrac{P(1-P)}{n}}$ 之間的機率是 0.99

利用上面的結果，我們可以計算出在特定信心水準下的信賴區間：以①為例，$\hat{P}$ 值落在 $P \pm 1.96\sqrt{\dfrac{P(1-P)}{n}}$ 之間

$$\Longleftrightarrow P - 1.96\sqrt{\frac{P(1-P)}{n}} \le \hat{P} \le P + 1.96\sqrt{\frac{P(1-P)}{n}}$$

$$\Longleftrightarrow \hat{P} - 1.96\sqrt{\frac{P(1-P)}{n}} \le P \le \hat{P} + 1.96\sqrt{\frac{P(1-P)}{n}}$$

即知：P 值被區間 $\hat{P} \pm 1.96\sqrt{\frac{P(1-P)}{n}}$ 所包含的機率是 0.95，亦即全體選民的支

持率 P 被區間 $\hat{P} \pm 1.96\sqrt{\frac{P(1-P)}{n}}$ 所包含的機率是 0.95。

同理可知，全體選民的支持率 P 被區間 $\hat{P} \pm 2.58\sqrt{\frac{P(1-P)}{n}}$ 所包含的機率是 0.99

由於實際上母體的支持率 P（即全體選民的支持率）是未知，所以標準差

$\sqrt{\frac{P(1-P)}{n}}$ 無法求出。但當樣本數 n 很大時，$\hat{P}$ 接近於 P，所以此時可用 $\hat{P}$ 代替

P。亦即

$$標準差以 \sqrt{\frac{\hat{P}(1-\hat{P})}{n}} 來取代 \sqrt{\frac{P(1-P)}{n}}$$

因此，若以 95%信心水準為例，我們可以這麼說：

P 值被區間 $\hat{P} \pm 1.96\sqrt{\frac{\hat{P}(1-\hat{P})}{n}}$ 所包含的機率是 0.95

即 $\hat{P} - 1.96\sqrt{\frac{\hat{P}(1-\hat{P})}{n}} \le P \le \hat{P} + 1.96\sqrt{\frac{\hat{P}(1-\hat{P})}{n}}$ 的機率是 0.95

亦即區間 $\left[\hat{P} - 1.96\sqrt{\frac{\hat{P}(1-\hat{P})}{n}}, \hat{P} + 1.96\sqrt{\frac{\hat{P}(1-\hat{P})}{n}} \right]$ 包含 P 在內的機率為 0.95，不包含 P

在內的機率為 0.05。

其中 $\left[\hat{P} - 1.96\sqrt{\frac{\hat{P}(1-\hat{P})}{n}}, \hat{P} + 1.96\sqrt{\frac{\hat{P}(1-\hat{P})}{n}} \right]$ 即為上述之信賴區間，

$1.96\sqrt{\frac{\hat{P}(1-\hat{P})}{n}}$ 為抽樣誤差。

對照前面所舉的例子：樣本支持率 38%，抽樣誤差 3%，可知信賴區間 $=[\,0.38-0.03,\ 0.38+0.03\,]=[0.35,0.41]$。

如上述，理論上在求得無限多個信賴區間中，有 95%的信賴區間會有 P 在內，有 5%的沒有 P 在內。事實上，我們無法求得無限多的樣本而只求得一個樣本及相對求出一個信賴區間。但我們可以說，所求出的這個信賴區間有 95%的可能會包括 P 在內。

例 2　某民調公司針對 2008 年總統大選的支持率調查指出，在成功隨機調查了 1000 位選民，得知支持某候選人的人數有 450 人，求：

1. 某候選人的樣本支持率？
2. 在 95%信心水準下，此次調查的支持率信賴區間及誤差為何？

解　1. 樣本支持率 $\hat{P}=\dfrac{支持人數}{n}=\dfrac{450}{1000}=0.45$

2. 信賴區間為 $\left[\hat{P}-1.96\sqrt{\dfrac{\hat{P}(1-\hat{P})}{n}},\hat{P}+1.96\sqrt{\dfrac{\hat{P}(1-\hat{P})}{n}}\right]$

先求誤差 $1.96\sqrt{\dfrac{\hat{P}(1-\hat{P})}{n}}=1.96\sqrt{\dfrac{0.45\times(1-0.45)}{1000}}$

$$=1.96\times0.0157$$

$$=0.03$$

∴信賴區間為 $\left[0.45-0.03,0.45+0.03\right]=\left[0.42,0.48\right]$

從統計學的理論得知，我們有 95%的信心，認為某候選人的實際支持率會落在 42%與 48%之間。

同理，信心水準是 99%時，則信賴區間即為

$[\hat{P}-2.58\sqrt{\dfrac{\hat{P}(1-\hat{P})}{n}},\hat{P}+2.58\sqrt{\dfrac{\hat{P}(1-\hat{P})}{n}}]$ ，

誤差為 $2.58\sqrt{\dfrac{\hat{P}(1-\hat{P})}{n}}$

另外，何以每次新聞報導選舉民調時，其成功調查的人數大約為 1068 人左右？原因在於不但信心水準是事先設定好 95%，而且抽樣誤差也設定在 3%之內，此時調查人數就約要 1068 人。說明如下：

在這種情形下，因尚未調查，所以樣本支持率 $\hat{P}$ 根本是未知，但我們知道在當 $\hat{p} = \dfrac{1}{2}$ 時，$\sqrt{\hat{P}(1-\hat{P})}$ 有最大值 $\dfrac{1}{2}$

$$\because x(1-x)$$
$$= -x^2 + x$$
$$= -(x^2 - x)$$
$$= -[x^2 - x + (\dfrac{1}{2})^2] + \dfrac{1}{4}$$
$$= -(x - \dfrac{1}{2})^2 + \dfrac{1}{4} \leq \dfrac{1}{4}$$

$$\therefore \sqrt{x(1-x)} \text{ 之值在 } x = \dfrac{1}{2} \text{ 時有最大值 } \sqrt{\dfrac{1}{4}} = \dfrac{1}{2}$$

而 95%信心水準的抽樣誤差是 $1.96\sqrt{\dfrac{\hat{p}(1-\hat{p})}{n}}$ ，導致

$$1.96\sqrt{\dfrac{\hat{P}(1-\hat{P})}{n}} < 1.96 \cdot \dfrac{\frac{1}{2}}{\sqrt{n}} \leq 0.03 \iff n \geq 1067.111$$

$\therefore$ 可知在 95%信心水準下，取 $n = 1068$ 可保證誤差在 3%以內。

以上討論，皆以大家所常會看到的支持率的有關報導加以解讀，其實這些討論在所謂的母體平均數，母體比例的區間估計的問題討論上，都有相同的結論。

1. 立委選舉：某民調指出：在調查的 1000 選民中，支持甲候選人的選民有 360 人，求在 99%的信心水準下，其信賴區間及抽樣誤差為何？

2. 某民調公司欲作民調並在預設 95%信心水準下，抽樣誤差在 1%以內，問需調查多少人。

3. Maria Wilson 女士正在考慮是否要參加蒙大拿州 Bear Gulch 市的市長選舉。在正式參選前，她想要對 Bear Gulch 市的選民進行一次調查。現在隨機抽選了 400 位選民，其中有 300 位表示會在 11 月的選舉中支持她，求在 99%的信心水準下，其信賴區間及抽樣誤差為何？

4. Fox 電視網想要在黃金時段播出一部新的家庭喜劇。在做出最後決定之前，Fox 公司先舉辦一次試映會，共有 400 位觀眾參加此試映會。在試播完畢之後，發現其中有 250 名觀眾喜歡這部家庭喜劇，求在 95%的信心水準下，其信賴區間及抽樣誤差為何？

5. 母體比例的最大容忍誤差是 0.1，以及使用 99%的信賴水準，母體比例的估計值是 0.45。請問需要抽取多大的樣本數量？

6. 假設總統想要估計支持槍械管制政策的比例是多少。最大容忍誤差是 0.04，並假設信賴水準為 95%，請計算需要抽選多少個樣本數？

09
CHAPTER

數　列

9-1 數列的表示法

一、數列[1](sequence)的意義

將一些數字依序排成一列，即成一數列。

例如 (1) $1,3,5,7,9,11$

(2) $6,2,7,13,9,17$

數列中的每一個數稱為「**項**」，第一個數稱為「**首項**」，第二個數就稱為「**第二項**」，依此類推⋯⋯，而最後一個數則稱為「**末項**」。

例如 (1) 數列 $1,3,5,7,9,11$ 中，首項為 1，第二項為 3，⋯⋯，末項為 11

(2) 數列 $6,2,7,13,9,17$ 中，首項為 6，第二項為 2，⋯⋯，末項為 17

有限數列(finite sequence)；無窮數列(infinite sequence)，若數列為有限數列，則一定有最後一項，也就是末項(last term)存在；同理，若為無窮數列，則無末項存在。

例如 (1) 數列 $3,5,7,9,11,13$ 中只有 6 項，故此數列為一有限數列。

(2) 所有 3 的倍數：$3,6,9,12,15,\cdots\cdots$ 所組成的數列，因為有無窮項，所以是一個無窮數列。

我們通常用 $<a_n>$ 這個符號來表示某個數列，數列中的各項則以 $a_1,a_2,a_3,\cdots$ 來表示，其中 $a_1,a_2,a_3,\cdots$ 分別表示這個數列的第一項，第二項及第三項，其餘則依此類推；另外我們通常以 a_k 這個符號來表示一般項，k 又稱為「**足碼**[2](subscript)」，隨著 k 從 1 遞增到 n，a_k 可以表示這個數列中的任何一項。

例如 若以 $<a_n>$ 來表示這個數列 $2,4,6,8,10,\cdots$，則 $a_1=2$，$a_2=4$，$a_3=6$ ⋯⋯依此類推。

---

[1] 數列不用在意排列順序，有無規律性皆可。

[2] 數列 $\langle a_n \rangle$ 的足碼是由 1 開始，非由 0 開始。

當一數列中各項的值間並無規律可循時，我們只能將此數列的每一項一一列舉出來，如若要表示 1,3,2,7,11,5,2,… 這個數列時，因為無法在數字中找到任何規律，故若要表示此數列時，只能以 $a_1 = 3$，$a_2 = 3$，…，如此將此數列中的數字一一列舉出；但若要表示 2,4,6,8,10,… 這個數列時，我們可以發現這個數列每一項的值均是它足碼的兩倍，如第一項 a_1 的足碼為 1，第一項的值即為 $1 \times 2 = 2$，第二項 a_2 的足碼為 2，故第二項的值即為 $2 \times 2 = 4$，因此我們可以利用 $a_k = 2k$ 來表示這個數列各項的值與各項的足碼之間的關係，利用這個方法，就可以很簡單的將一個數列各項的值表示出來。

⏳**例 1** 若一數列 $<a_n>$ 各項的值可用 $a_k = 2k^2$ 來表示，試列出此數列的前四項。

⏳**解** 首　項：$a_1 = 2 \times 1^2 = 2$

第二項：$a_2 = 2 \times 2^2 = 8$

第三項：$a_3 = 2 \times 3^2 = 18$

第四項：$a_4 = 2 \times 4^2 = 32$

⏳**例 2** 試猜測此數列 3,6,9,12,15,18,…… 第 n 項 a_n 的值為何？

⏳**解**

※表 9-1

n	1	2	3	4	5	6	7	……
a_n	3	6	9	12	15	18	21	……

由上可以發現各項的值為其足碼的 3 倍，故第 n 項 $a_n = 3n$

☑ 習題　**9-1**

1. 試寫出下列數列的前五項。

   (1) $a_k = 2k + 5$

   (2) $a_k = \dfrac{k-1}{k+1}$

   (3) $a_k = (-1)^{k+1} \times 2^k$

   (4) $a_k = k(k+1)$

2. 將下列數列的一般項 a_k 用和 k 有關的式子表示，k 為自然數。

   (1) $3, 9, 27, 81, 243, \cdots\cdots$

   (2) $\dfrac{1}{2}, \dfrac{2}{3}, \dfrac{3}{4}, \dfrac{4}{5}, \dfrac{5}{6}, \cdots$

   (3) $\dfrac{1}{3}, -\dfrac{1}{9}, \dfrac{1}{27}, -\dfrac{1}{81}, \cdots$

   (4) $-1, 1, -1, 1, \cdots$

9-2 等差數列

一、等差數列的意義

$<a_n>$：$1,3,5,7,9,11,13,\cdots$

$<b_n>$：$99,96,93,90,87,84,81,\cdots$

$<c_n>$：$1.0,1.5,2.0,2.5,3.0,3.5,\cdots$

由上述三數列$<a_n>$、$<b_n>$及$<c_n>$中可以發現，數列$<a_n>$相鄰兩項後項減前項的值都是 2，數列$<b_n>$相鄰兩項後項減前項的值都是 −3，數列$<c_n>$相鄰兩項後項減前項的值都是 0.5。

當一數列中任何相鄰兩項後項與前項的差值都相等，如$<a_n>$、$<b_n>$及$<c_n>$所示，此時我們稱此數列為一「**等差數列（Arithmetic Progression，簡寫為 AP）**」，而後項減去前項的差值則稱為「**公差（common difference，以 d 表示）**」。

 例 1 若一數列前五項的值分別為 2.0,2.6,3.2,3.8,4.4，試求出其第 7 項的值為何？

 解 觀察此數列後，我們可以發現此數列後項減前項的值都是 0.6，故它是一等差數列。

因此若知道前一項的值，將它加上 0.6 就可以求出後一項的值，即

第二項＝第一項＋0.6　　2.6＝2.0＋0.6

第三項＝第二項＋0.6　　3.2＝2.6＋0.6

第四項＝第三項＋0.6　　3.8＝3.2＋0.6

第五項＝第四項＋0.6　　4.4＝3.8＋0.6

第六項＝第五項＋0.6　　5.0＝4.4＋0.6

第七項＝第六項＋0.6　　5.6＝5.0＋0.6

故第七項之值即為 5.6

二、等差數列第 k 項的值

由上例中可以發現，對一等差數列而言，只要知道公差（即相鄰兩項後項減前項的差），及此數列中首項的值，就可以推導出整個數列中其他各項的值。

若一等差數列 $<a_n>$ 首項的值為 a_1，公差為 d，則其他各項的值可以 a_1 及 d 表示如下：

首項 a_1

第二項 $a_2 = a_1 + d$

第三項 $a_3 = a_2 + d = a_1 + d + d = a_1 + 2d$

第四項 $a_4 = a_3 + d = a_1 + 2d + d = a_1 + 3d$

$$\vdots \qquad\qquad \vdots$$

第 k 項 $a_k = a_{k-1} + d = a_1 + (k-2)d + d = a_1 + (k-1)d$

例 2 一等差數列 $<a_n>$，首項 $a_1 = 3$，公差 $d = 2$，試求此數列的第三項及第七項之值？

解 第三項 $a_3 = a_1 + 2d = 3 + 2 \times 2 = 7$

第七項 $a_7 = a_1 + 6d = 3 + 6 \times 2 = 15$

例 3 一等差數列 $<a_n>$，首項 $a_1 = 2$，公差 $d = 3$，末項為 32，試問此等差數列 $<a_n>$ 共有幾項？

解 假設全部共有 n 項，末項即為第 n 項。

而末項 $a_n = a_1 + (n-1)d$

由已知得 $2 + (n-1) \times 3 = 32$

$\qquad\qquad (n-1) \times 3 = 32 - 2 = 30$

$$n - 1 = 10$$

$$n = 11$$

故此等差數列共有 11 項

例 4 有一等差數列 $\langle an \rangle$，已知 $a_4 = 8$，$a_{10} = 20$，則 $a_{20} = ?$

解 第四項 $a_4 = a_1 + 3d = 8$

第十項 $a_{10} = a_1 + 9d = 20$

上述兩式解聯立方程 $\begin{cases} a_1 + 3d = 8 \\ a_1 + 9d = 20 \end{cases}$

得 $d = 2$，$a_1 = 2$

故，$a_{20} = a_1 + (20 - 1)d = 2 + 19 \times 2 = 40$

三、等差中項（arithmatic mean，簡寫為 AM）

也可以使用公差的定義進行解釋「等差中項」，這時的等差中項會變成「算數平均」的概念。

假設 a、b、c 三數形成一等差數列，稱 b 為「等差中項」。根據公差的定義可得，$b - a = c - b$，移項後，得 $2b = c + a$，$b = \dfrac{c + a}{2}$

說明 假設此等差數列的首項 $a_1 = a$，公差為 d，則第二項可表成

$a_2 = b = a + d$，第三項可表成 $a_3 = c = a + 2d$，則因

$2b = 2a + 2d = a + c$，故 a、b、c 三數存在 $a + c = 2b$ 的關係。

例如 $a = 1$、$b = 3$、$c = 5$，1、3、5 形成一等差數列，故 3 為 1 與 5 的等差中項，且 $2b = 2 \times 3 = 6 = 1 + 5 = a + c$

例 5 若 x 是 2 與 8 的等差中項，試求 x 的值。

解 因為 x 是 2 與 8 的等差中項

故　　$2x = 2 + 8 = 10$

　　　$\Rightarrow x = 5$

例 6 若兩數之積為 24，且此二數的等差中項為 5，試求此二數之值。

解 假設此二數分別為 x 及 y

則因此二數的等差中項為 5，故

　　　$x + y = 2 \times 5 = 10$

又題目說兩數之積為 24，

　　　$x \times y = 24$

故此題即為求解

$$\begin{cases} x + y = 10 \\ x \times y = 24 \end{cases}$$　　的聯立方程式，

解得 $x = 4$，$y = 6$

或　　$x = 6$，$y = 4$

習題 9-2

1. 一等差數列 $<a_n>$，第五項 $a_5 = 2$，公差 $d = -3$，試求此數列的第三項及第七項之值？

2. 一等差數列 $<a_n>$，第二項 $a_2 = 2$，$a_{11} = 11$，末項為 32，試問此等差數列 $<a_n>$ 共有幾項？

3. 一等差數列之第 m 項為 p，第 n 項為 q，求第 $m+n$ 項。

4. 一等差數列之第六項為 6，而第三項與第九項之比為 2:3，求首項、公差、第五項及一般項 a_k

5. 已知兩數之等差中項為 1，且這兩數的積為 -15，求這兩數之值。

6. 如果二數 a、b 的等差中項為 9，$2a+b$、$a-b$ 之等差中項也為 9，試求 a、b 之值。

7. 若一等差數列的首項為 -20，第 7 項為 -11，則此數列從第幾項開始為正數？

8. 國外遊戲「Last Mouse Lost」，臺灣翻譯為滅鼠先鋒。假設此遊戲規則為

   (1) 兩人輪流玩

   (2) 一次可任意按下 1 個、2 個或 3 個突起的「老鼠」

   (3) 按下最後一個老鼠的人輸

   如果現在有一個 26 個突起的老鼠板，該如何進行遊戲才能確保勝利呢？

9-3 等比數列

一、等比數列的意義

相較於等差數列中，任何相鄰兩項後項減前項的差都相等；而當一數列中，任何相鄰兩項後項除前項的比值都相等時，此數列稱為「**等比數列**（geometric progression，簡寫為 GP）」，而相鄰兩項後項除以前項的商則稱為「**公比 C**（Common ratio，簡寫為 r）」。

例如 (1) 數列 $1，2，4，8，16，32，64$。

因為 $\dfrac{2}{1} = \dfrac{4}{2} = \dfrac{8}{4} = \cdots = \dfrac{64}{32} = 2$，

所以此數列為公比 2 的等比數列

(2) $15，5，\dfrac{5}{3}，\dfrac{5}{9}，\dfrac{5}{27}，\dfrac{5}{81}$。

因為 $\dfrac{5}{15} = \dfrac{\frac{5}{3}}{5} = \cdots = \dfrac{\frac{5}{81}}{\frac{5}{27}} = \dfrac{1}{3}$

所以此數列為公比 $\dfrac{1}{3}$ 的等比數列

例 1 若一等比數列前五項之值分別為 1, 3, 9, 27, 81，試求出此數列第七項之值為何？

解 觀察此數列後，我們可以發現此數列相鄰兩項後項除以前項的商都是 3，故它是一等比數列。

因此若知道前一項的值，將它乘上 3 就可以求出後一項的值，即

第二項＝第一項×3　$1 \times 3 = 3$

第三項＝第二項×3　$3 \times 3 = 9$

第四項＝第三項×3　$9 \times 3 = 27$

第五項＝第四項×3　　$27 \times 3 = 81$

第六項＝第五項×3　　$81 \times 3 = 243$

第七項＝第六項×3　　$243 \times 3 = 729$

故第七項之值即為 729

二、等比數列第 *k* 項的值

由上例中可以發現，對一等比數列而言，只要知道公比（即相鄰兩項後項除以前項的商），及此數列中首項的值，就可以推導出整個數列中其他各項的值。

若一等比數列 $< a_n >$ 首項的值為 a_1，公比為 r，則其他各項的值可以 a_1 及 r 表示如下：

首　　項 a_1

第二項 $a_2 = a_1 \times r$

第三項 $a_3 = a_2 \times r = a_1 \times r \times r = a_1 \times r^2$

第四項 $a_4 = a_3 \times r = a_1 \times r^2 \times r = a_1 \times r^3$

$$\vdots \qquad\qquad \vdots$$

第 k 項 $a_k = a_{k-1} \times r = a_1 \times r^{k-2} \times r = a_1 \times r^{k-1}$

例 2　一等比數列 $< a_n >$，首項 $a_1 = 3$，公比 $r = 2$，試求此數列的第三項及第六項之值？

解　第三項 $a_3 = a_1 \times r^{3-1} = 3 \times 2^2 = 3 \times 4 = 12$

第六項 $a_6 = a_1 \times r^{6-1} = 3 \times 2^5 = 3 \times 32 = 96$

例 3 皮卡丘有根竹子長 10 公尺從 7 月 9 日起，每天中午將竹竿鋸掉全長的 $\frac{1}{2}$，問至 7 月 19 日早上 6：00 時竹竿剩下幾公尺？

解 根據題目的意思，我們可以將經過天數與對應的竹竿所剩長度列表如表 9-2：

※表 9-2

經過天數	1	2	3	4	5	6	7	8	9	…
所剩長度	5	$\frac{5}{2}$	$\frac{5}{4}$	$\frac{5}{8}$	$\frac{5}{16}$	$\frac{5}{32}$	$\frac{5}{64}$	$\frac{5}{128}$	$\frac{5}{256}$	…

由上表可以發現，相鄰兩天竹竿所剩的長度的比值固定為（後一天的長度除以前一天的長度的商），故各天竹竿所剩的長度所形成的數列 $<a_n>$ 為一等比數列，而其首項 $a_1 = 5$，公比 $r = \frac{1}{2}$。

題目要問的是至 7 月 19 日早上 6:00 時竹竿剩下幾公尺，因為竹竿在每天中午會被鋸掉全長的 $\frac{1}{2}$，從 7 月 9 日起，至 7 月 19 日早上 6:00 止，共經過 10 個中午，所求的長度即為此等比數列的第十項，也就是要求 a_{10}

$$a_{10} = a_1 \times r^{10-1} = 5 \times \left(\frac{1}{2}\right)^9 = \frac{5}{512}（公尺）$$

三、等比中項(geometric mean)

也可以使用公比的定義進行解釋「等比中項」，這時的等比中項會變成「幾何平均」的概念。

假設 a、b、c 三數形成一等比數列，稱 b 為「等比中項」。根據公比的定義可得，$\frac{b}{c} = \frac{c}{b}$，移項後，得 $b^2 = ac$，$b = \pm\sqrt{ac}$。

假設此等比數列的首項 $a_1 = a$，公比為 r，則第二項可表成 $a_2 = b = a \times r$，第三項可表成 $a_3 = c = a \times r^2$，則因 $b^2 = (a \times r)^2 = a \times c$，故 a、b、c 三數存在 $a \times c = b^2$ 的關係。

例如 若 $a = 2$、$b = 4$、$c = 8$，因為 2、4、8 形成一等比數列，故 $b = 4$ 是 $a = 2$ 與 $c = 8$ 的等比中項，$b^2 = 4^2 = 16 = 2 \times 8 = a \times c$。

 例 **4** 若 a 是 3 與 27 的等比中項，試求 a 之值。

解 因為 a 是 3 與 27 的等比中項，故

$$a^2 = 3 \times 27 = 81$$
$$a = \pm\sqrt{81} = \pm 9$$

例 **5** a、9、b、81 四數成等比數列，試求 a、b 之值。

解 a、9、b 為一等比數列，故 $9^2 = 81 = a \times b$ ……………①

9、b、81 為一等比數列，故 $b^2 = 9 \times 81 = 729$ …………②

由②式得

$$b = \pm\sqrt{729} = \pm 27$$

1. 當 $b = 27$ 時

$$81 = a \times b = a \times 27$$

$$a = \frac{81}{27} = 3$$

2. 當 $b = -27$ 時

$$81 = a \times b = a \times (-27)$$

$$a = \frac{81}{(-27)} = -3$$

☑ 習題 **9-3**

1. 若一等比數列的第六項為 2，第九項為 54，求首項、公比，及一般項 a_k。

2. 設一等比數列中，第一項與第四項之和為 520，第二項與第三項之和為 160，試求首項與公比。

3. 假設某小鎮每年的人口數逐年成長，且成一等比數列，已知此鎮 10 年前有 25 萬人，現在有 30 萬人，那麼 20 年後，此鎮人口應有幾萬人？（請四捨五入到小數點以下第一位）

4. 正 $\Delta A_1B_1C_1$ 之各邊中點決定一正 $\Delta A_2B_2C_2$，正 $\Delta A_2B_2C_2$ 之各邊中點再決定一正 $\Delta A_3B_3C_3$，……依此類推，如此繼續做下去。今以 a_1 代表 $\Delta A_1B_1C_1$ 的面積，則 a_1, a_2, a_3……成何種數列？以知 $\Delta A_1B_1C_1$ 之邊長為 2，則求下列各數：a_1, a_2, a_{10}。

5. 若一球由高度 10 公尺落下，每次反彈高度為落下高度的 $\dfrac{1}{2}$ 倍。求，第幾次反彈，高度才會低於 1 公尺？

10 級數

10-1　級數的表示法

一、級數的意義

在上一章中我們提到，將一些數字依序排成一列，即成一數列 $<a_n>$。

而若將此數列 $<a_n>$ 的各項依次相加，即

$$a_1 + a_2 + a_3 + a_4 + a_5 + \cdots + a_n$$

如此即成一「**級數**(series)」。

例如 (1) $1,3,5,7,9,11$ 是一個數列，而 $1+3+5+7+9+11$ 是一個級數，首項是 1，第二項是 3，第三項是 5，$\cdots$，末項是 11。

(2) $2,5,6,9,13,18$ 是一個數列，而 $2+5+6+9+13+18$ 是一個級數，首項是 2，第二項是 5，第三項是 6，$\cdots$，末項是 18。

(3) $2,4,8,16,32,64$ 是一個數列，而 $2+4+8+16+32+64$ 是一個級數，首項是 2，第二項是 4，第三項是 8，$\cdots$，末項是 64。

由一個有限數列各項相加所得到的級數，稱為「**有限級數**(finite series)」；由一個無窮數列各項相加所得到的級數，稱為「**無窮級數**(infinite series)」。

例如 (1) $2,4,6,8,10$ 是一個項數為 5 的有限數列，所以 $2+4+6+8+10$ 是一個有限級數。

(2) 所有 3 的倍數所形成的數列：$3,6,9,12,15,18,21,24,\cdots\cdots$ 是一個無窮數列，所以 $3+6+9+12+\cdots\cdots$ 是一個無窮級數。

若有一數列 $\langle a_n \rangle$，則從第一項加至第 n 項所成之級數如下：

$$a_1 + a_2 + a_3 + a_4 + a_5 + \cdots + a_k + \cdots + a_n$$

可以使用連加符號 Σ（讀做 *sigma*）進行式子簡化如下：

$$a_1 + a_2 + a_3 + a_4 + a_5 + \cdots + a_k + \cdots a_n = \sum_{k=1}^{n} a_k \quad ,$$

其中，a_k 為數列 $\langle a_n \rangle$ 的一般項。

（在 Σ 上面及下面的符號，代表要從第幾項加到第幾項，以上式為例，Σ 下面的符號是 $k=1$，代表從此數列的第 1 項開始加起，上面的符號是 n，代表說要加到第 n 項）

例如 若某一數列 $< a_n >$：$1,3,5,7,9,11,13,\cdots$，則若要表示此數列從第二項 $a_2 = 3$，加至第五項 $a_5 = 9$ 所成之級數，則可以下式表示

$$\sum_{k=2}^{5} a_k = 3 + 5 + 7 + 9$$

因此一有限級數即可以 $\sum_{k=1}^{n} a_k$ 表示，代表一項數為 n 之有限數列 $< a_n >$，各項相加所成之級數；而若要表示一無窮級數，因為無窮級數是由一有無窮項之無窮數列各項相加所成之級數，我們就以 $\sum_{k=1}^{\infty} a_k$ 表示此無窮級數，符號 $\sum_{k=1}^{\infty} a_k$ 上面 ∞ 符號表示無窮大的意思，即表示要加至無窮項。

在上一章數列中，若一數列各項間有規律可循，要表示此數列時，我們通常會找出各項與項數間的關係，再依此關係寫出一般項 a_k，使得此數列的表示能夠簡化；在這章中，若一數列各項間有規律可循，要表示此數列由第 1 項加至第 n 項的級數時，則可先找出此數列之一般項 a_k，再將此級數表示成 $\sum_{k=1}^{n} a_k$ 即可。

例如 若一等差數列 $< a_n >$：$2,4,6,8,10,\cdots$，則此數列之一般項 a_k 可表示成 $a_k = 2k$，而此數列從第 1 項加至第 n 項所成的級數則可表示成

$$2 + 4 + 6 + 8 + 10 + 12 + \cdots + 2n = \sum_{k=1}^{n} 2k$$

例 1 試寫出下列級數並求和。

$$(1) \sum_{k=1}^{4}(2k-1) \quad (2) \sum_{k=2}^{5}2k^2 \quad (3) \sum_{k=1}^{5}(-1)^k(3k)$$

解 (1) $\sum_{k=1}^{4}(2k-1) = (2 \times 1 - 1) + (2 \times 2 - 1) + (2 \times 3 - 1) + (2 \times 4 - 1)$

$$= 1 + 3 + 5 + 7$$

$$= 16$$

(2) $\sum_{k=2}^{5}2k^2 = (2 \times 2^2) + (2 \times 3^2) + (2 \times 4^2) + (2 \times 5^2)$

$$= 8 + 18 + 32 + 50$$

$$= 108$$

(3) $\sum_{k=1}^{5}(-1)^k(3k) = (-1)^1 \times (3 \times 1) + (-1)^2 \times (3 \times 2) + (-1)^3 \times (3 \times 3) +$

$$(-1)^4 \times (3 \times 4) + (-1)^5 \times (3 \times 5)$$

$$= -3 + 6 - 9 + 12 - 15$$

$$= -9$$

例 2 試將下列各級數以 $\sum$ 表示

(1) $1 + 4 + 7 + 10 + 13 + 16 + 19 + 22 + 25 + 28 + 31$

(2) $2 + 4 + 8 + 16 + 32 + 64 + 128 + 256 + 512 + 1024$

(3) $\dfrac{1}{2^2} + \dfrac{1}{3^2} + \dfrac{1}{4^2} + \dfrac{1}{5^2} + \dfrac{1}{6^2} + \dfrac{1}{7^2} + \dfrac{1}{8^2} + \dfrac{1}{9^2} + \dfrac{1}{10^2}$

解 (1) 此題是要求 $1, 4, 7, 10, 13, 16, 19, 22, 25, 28, 31$ 這個數列加起來所成的級數。

觀察這個數列各項之值後可以發現，這個數列是一個首項為 1，公差為 3 的等差數列，因此它的一般項

$$a_k = 1 + 3(k-1) = 3k - 2$$

而題目是求這個等差數列從第一項加到第十一項所成的級數，因此這個級數可以用 Σ 表示成

$$1+4+7+10+13+16+19+22+25+28+31$$

$$=\sum_{k=1}^{11} a_k = \sum_{k=1}^{11}(3k-2)$$

(2) 此題是要求 $2,4,8,16,32,64,128,256,512,1024$ 這個數列加起來所成的級數。

觀察這個數列各項之值後可以發現，這個數列是一個首項為 2，公比為 2 的等比數列，因此它的一般項

$$a_k = 2 \times 2^{k-1} = 2^k$$

而題目是求這個等比數列從第一項加到第十項所成的級數，因此這個級數可以用 Σ 表示成

$$2+4+8+16+32+64+128+256+512+1024$$

$$=\sum_{k=1}^{10} a_k = \sum_{k=1}^{10} 2^k$$

(3) 此題是要求 $\dfrac{1}{2^2}+\dfrac{1}{3^2}+\dfrac{1}{4^2}+\dfrac{1}{5^2}+\dfrac{1}{6^2}+\dfrac{1}{7^2}+\dfrac{1}{8^2}+\dfrac{1}{9^2}+\dfrac{1}{10^2}$

這個數列加起來所成的級數。

將這個數列各項之值與足碼表列如下：

k	1	2	3	4	5	6	7	8	9
a_k	$\dfrac{1}{2^2}$	$\dfrac{1}{3^2}$	$\dfrac{1}{4^2}$	$\dfrac{1}{5^2}$	$\dfrac{1}{6^2}$	$\dfrac{1}{7^2}$	$\dfrac{1}{8^2}$	$\dfrac{1}{9^2}$	$\dfrac{1}{10^2}$

由上表可以發現此數列的一般項 a_k 與其足碼 k 的關係可以表示為

$$a_k = \frac{1}{(k+1)^2}$$

而題目是求這個數列從第一項加到第九項所成的級數，因此這個級數可以用 Σ 表示成

$$\frac{1}{2^2} + \frac{1}{3^2} + \frac{1}{4^2} + \frac{1}{5^2} + \frac{1}{6^2} + \frac{1}{7^2} + \frac{1}{8^2} + \frac{1}{9^2} + \frac{1}{10^2}$$

$$= \sum_{k=1}^{9} a_k = \sum_{k=1}^{9} \frac{1}{(k+1)^2}$$

二、Σ 的公式

1. $\displaystyle\sum_{k=1}^{n} k = 1 + 2 + \cdots + n = \frac{n(n+1)}{2}$（這是熟悉的梯形公式）

   例：$1 + 2 + 3 + \cdots + 10 = \dfrac{10(10+1)}{2}$

2. $\displaystyle\sum_{k=1}^{n} k^2 = 1^2 + 2^2 + \cdots + n^2 = \frac{n(n+1)(2n+1)}{6}$

   例：$1^2 + 2^2 + 3^2 + \cdots + 10^2 = \dfrac{10(10+1)(2 \times 10 + 1)}{6}$

3. $\displaystyle\sum_{k=1}^{n} k^3 = 1^3 + 2^3 + \cdots + n^3 = \left[\frac{n(n+1)}{2}\right]^2$

   例：$1^3 + 2^3 + 3^3 + \cdots + 10^3 = \left[\dfrac{10(10+1)}{2}\right]^2$

4. $\displaystyle\sum_{k=1}^{n} k(k+1) = \frac{n(n+1)}{3}$

   例：$1 \times 2 + 2 \times 3 + 3 \times 4 + \cdots + 10 \times 11 = \dfrac{10 \times (11)}{3}$

三、Σ 的運算性質

1. 常數和：$\displaystyle\sum_{k=1}^{n} c = nc$，$c$ 表示任一常數。

   $\displaystyle\sum_{k=1}^{n} c$ 式中沒有 k 數值，表示為「c 連加 n 次」，所以是「nc」。

2. 係數可以提出：$\displaystyle\sum_{k=1}^{n} ca_k = c\sum_{k=1}^{n} a_k$，$c$ 表示任一常數，k 為變數。

推導：（若 $a_k = k$）$\sum_{k=1}^{n} cak = c \times 1 + c \times 2 + \cdots + c \times n$

因為式子中都有相同係數「c」，可以將此係數提出，

變成 $c(1 + 2 + 3 + \cdots + n) = c \sum_{k=1}^{n} a_k$

3. Σ 後方的運算符號為加、減時，可以拆：$\sum_{k=1}^{n} (a_k \pm b_k) = \sum_{k=1}^{n} a_k \pm \sum_{k=1}^{n} b_k$

推導：（以加法為例）$\sum_{k=1}^{n} (a_k + b_k) = (a_1 + b_1) + (a_2 + b_2) + \cdots + (a_n + b_n)$

因為加法有交換率，所以可以將 $a_1 \ldots a_n$ 以及 $b_1 \ldots b_n$ 各自先加起來，變成

$(a_1 + a_2 + \cdots + a_n) + (b_1 + b_2 + \cdots + b_n) = \sum_{k=1}^{n} a_k + \sum_{k=1}^{n} b_k$

4. Σ 後方的運算符號為乘、除時，先進行乘、除後，再依 3.的性質進行拆解：

舉例：$\sum_{k=1}^{n} (2k-1)(3k+1)$，Σ 後方的運算符號為乘，要先乘開。

變成 $\sum_{k=1}^{n} 6k^2 - k - 1$，再使用 3.的性質進行拆解，

變成 $\sum_{k=1}^{n} 6k^2 - \sum_{k=1}^{n} k - \sum_{k=1}^{n} 1$，$\sum_{k=1}^{n} 6k^2$ 使用性質 2.，將係數提出後再計算；$\sum_{k=1}^{n} 1$ 使用性質 1.，為常數和。

變成 $6 \times \sum_{k=1}^{n} k^2 - \sum_{k=1}^{n} k - (n \times 1)$，接續只需套用 Σ 的公式即可進行計算。

☑ 習題 **10-1**

1. 試用 Σ 記號表示下列級數：

   (1) $\dfrac{1}{2}+\dfrac{1}{4}+\dfrac{1}{6}+\cdots\cdots+\dfrac{1}{50}$

   (2) $-3+3-3+3-3+\cdots\cdots+3$（共 200 項）

   (3) $1\times3+2\times4+3\times5+\cdots\cdots+99\times101$

   (4) $7+9+11+\cdots\cdots+51$

   (5) $0.3+0.03+0.003+\cdots\cdots$（至第九項）

2. 試展開下列級數：

   (1) $\displaystyle\sum_{k=1}^{10}(k^2+k+3)$

   (2) $\displaystyle\sum_{k=11}^{20}(k^2+3k)$

   (3) $\displaystyle\sum_{k=-4}^{6}\left(\dfrac{2k}{5}+2\right)$

   (4) $\displaystyle\sum_{k=3}^{6}(-0.3)^k$

   (5) $\displaystyle\sum_{k=2}^{8}\dfrac{1}{k(k+1)}$

3. 求 $\displaystyle\sum_{k=1}^{30}(3k-2)=$ ？

4. 已知 $\displaystyle\sum_{k=1}^{100}a_k=205$、$\displaystyle\sum_{k=1}^{100}b_k=26$，求 $\displaystyle\sum_{k=1}^{100}(\dfrac{a_k}{5}-\dfrac{b_k}{2}+1)$ 之值？

10-2　等差級數

一、等差級數的意義

一個由等差數列各項相加所得到的級數，就是所謂的「**等差級數**」。

例如 (1) 1,2,3,4,5 為一等差數列，而 1+2+3+4+5 為一等差級數，首項為 1 公差為 1，項數為 5

(2) 2,4,6,8,10 為一等差數列，而 2+4+6+8+10 為一等差級數，首項為 2，公差為 2，項數為 5

二、等差級數前 n 項的和

在介紹等差級數求和的方法前，我們先講一個故事：

數學王子－高斯(1777~1855)這位令人敬畏的數學天才。他不但被認為是十九世紀最偉大的數學家，而且與阿基米得和牛頓並稱為歷史上最偉大的三位數學家。他非常聰明。高斯還不會說話時自己學計算，三歲時一天晚上他看著父親在算工錢時，還糾正父親計算的錯誤。

他八歲時進入鄉村小學讀書。教數學的老師從城裡來，覺得窮人的孩子天生都是笨蛋，教這些笨孩子念書不必認真，如果有機會還應該處罰他們，使自己在這枯燥的生活中添一些趣味。

有一天，老師說：「你們今天替我算 1+2+3+……+100，誰算不出就不能回家吃飯。」其他小孩只得拿起小石板慢慢計算，可是小高斯卻抬頭凝視著窗外。過一會兒，他就寫了答案交給老師。

老師一看，大吃一驚，「5050」正確，於是問小高斯如何計算。他笑著說：「$1+100$，$2+99$…全都等於 101。從 1 加到 100 就是 50 個 101，因此，$101 \times 50 = 5050$。」

將小高斯所用的方法圖示如下：

令　$S_{100} = 1 + 2 + 3 + \cdots\cdots\cdots\cdots\cdots\cdots + 98 + 99 + 100$

$\underline{+)\quad S_{100} = 100 + 99 + 98 + \cdots\cdots\cdots\cdots\cdots\cdots + 3 + 2 + 1}$

　　$2S_{100} = 101 + 101 + 101 + \cdots\cdots\cdots\cdots\cdots + 101 + 101 + 101$

　　$2S_{100} = 100 \times 101$

　　$S_{100} = \dfrac{100}{2} \times 101 = 50 \times 101 = 5050$

由上面這個故事中，我們可以從小高斯用來解決老師的問題所用的方法中發現用來求一般等差級數的方法，也就是假設知道構成這個等差級數的首項為 a_1，末項為 a_n，項數為 n，若以 S_n 表示這個等差級數的和（英文中的「求和」為「summation」，所以取第一個字母 S 來表示求級數和），則

　　$S_n = a_1 + a_2 + \cdots\cdots\cdots + a_{n-1} + a_n$

$\underline{+)\quad S_n = a_n + a_{n-1} + \cdots\cdots\cdots + a_2 + a_1}$

　　$2S_n = (a_1 + a_n) + (a_1 + a_n) + \cdots\cdots\cdots + (a_1 + a_n)$

　　$2S_n = n(a_1 + a_n)$

　　$S_n = \dfrac{n}{2}(a_1 + a_n)$

$(\because a_2 + a_{n-1} = a_1 + d + a_{n-1} = a_1 + a_n，\cdots\cdots)$

而若知道此等差數列的首項 a_1，公差 d，項數 n，則因 $a_n = a_1 + (n-1)d$，故上式可以改寫為

$$S_n = \dfrac{n}{2}\left[a_1 + a_1 + (n-1)d\right] = \dfrac{n}{2}\left[2a_1 + (n-1)d\right]$$

例 1 計算下列級數之和。

(1) $2+4+6+8+10+\cdots+100=$ ？

(2) $4+1+(-2)+(-5)+\cdots+(-68)=$ ？

解 (1) 首項為 2，公差為 $4-2=2$，設項數為 n，則

$$a_n = 2+2\cdot(n-1)=100$$

$$\Rightarrow 2(n-1)=98$$

$$\Rightarrow n-1=49$$

$$\Rightarrow n=50$$

依公式得此等差級數之和為

$$2+4+6+8+10+\cdots+100=\frac{50}{2}(2+100)=2550$$

(2) 首項為 4，公差為 $1-4=-3$，設項數為 n，則

$$a_n = 4+(-3)\times(n-1)=-68$$

即

$$-3(n-1)=-72$$

$$n-1=24$$

$$n=25$$

依公式得級數之和為

$$4+1+(-2)+(-5)+\cdots+(-68)=\frac{25}{2}(4+(-68))=-800$$

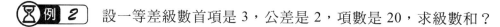

例 2 設一等差級數首項是 3，公差是 2，項數是 20，求級數和？

解 $S_{20} = \dfrac{20}{2}(2 \times 3 + 2 \times (20-1)) = 440$

例 3 一等差級數共有二十九項，已知第十五項是 –43，求其總和 $S_{29} = ?$

解 假設構成此等差級數的首項為 a_1，公差為 d，則

$$S_{29} = \frac{29}{2}\big[2a_1 + (29-1)d\big] = \frac{29}{2}(2a_1 + 28d) = 29(a_1 + 14d)$$

又由題目中得知第十五項　$a_{15} = a_1 + (15-1)d = a_1 + 14d = -43$

故　$S_{29} = 29 \times a_{15} = 29 \times (-43) = -1247$

例 4 (1) 求由 1 到 50 所有自然數的和。

(2) 求由 1 到 50 所有 2 的倍數的和。

(3) 求由 1 到 50 所有 3 的倍數的和。

(4) 求由 1 到 50 所有 6 的倍數的和。

(5) 將 2 的倍數和 3 的倍數從正整數 $1,2,3,\cdots,50$ 中移去，剩下的正整數的和是多少？

解 (1) 題目所求即 $S_{50} = 1 + 2 + 3 + \cdots + 50$ 這個級數的和。

首項為 1，末項為 50，項數為 50，利用等差級數求和的公式

$$S_{50} = \frac{50}{2}(1 + 50) = 1275$$

(2) 1 到 50 中，2 的倍數依序為 $2,4,6,8,\cdots,50$，形成一首項 $a_1 = 2$，公差 $d = 4 - 2 = 2$，項數 $n = 25$ 的等差數列。

故由 1 到 50 所有 2 的倍數的和即為上述等差數列所構成的級數，其和即為

$$\frac{25}{2}(2+50)=650$$

(3) 1 到 50 中，3 的倍數依序為 $3,6,9,12,\cdots,48$，形成一首項 $a_1=3$，公差 $d=6-3=3$，項數 $n=16$ 的等差數列。

故由 1 到 50 所有 3 的倍數的和即為上述等差數列所構成的級數，其和即為

$$\frac{16}{2}(3+48)=408$$

(4) 1 到 50 中，6 的倍數依序為 $6,12,\cdots,48$，形成一首項 $a_1=6$，公差 $d=12-6=6$，項數 $n=8$ 的等差數列。

故由 1 到 50 所有 6 的倍數的和即為上述等差數列所構成的級數，其和即為

$$\frac{8}{2}(6+48)=216$$

(5) 1 到 50 中，2 的倍數為：

$2,4,6,8,10,12,14,16,18,20,22,24,26,28,30,32,34,36,38,40,42,44,46,48,50$

1 到 50 中，3 的倍數為：

$3,6,9,12,15,18,21,24,27,30,33,36,39,42,45,48$

1 到 50 中，6 的倍數為：

$6,12,18,24,30,36,42,48$

由上列 1 到 50 中，2、3 及 6 的倍數中，可以發現，6 的倍數即為 2 與 3 的倍數的交集，因此若將 2 的倍數從正整數 $1,2,3,\cdots,50$ 中移去，剩下的正整數的和為

（以(1)、(2)、(3)、(4)分別代表例 1、例 2、例 3、例 4 中所求得之值）

(1)−(2)即 $1275-650=625$

再將 3 的倍數從正整數 $1,2,3,\cdots,50$ 中移去，剩下的正整數的和為

$625-(3)$即 $625-408=217$

但 6 的倍數因為既在 2 的倍數中，也在 3 的倍數中，因此會被多移了一次，故要多移的一次 6 的倍數的和加回來，即

$217+(4)$即 $217+216=433$即為所求

例 5 歡樂表演廣場共有 25 排坐位，依次每一排比前一排多 2 個坐位，已知最後一排有 80 個坐位，那麼歡樂表演廣場共有多少個坐位？

解 假設 a_k，k 之值為 1 至 25，分別代表 25 排每排的坐位數。

依題目之意，每一排比前一排多 2 個坐位表示 $a_{k+1}-a_k=2$，故 $<a_n>$ 為一等差數列，其公差 $d=2$，$a_{25}=80$。

要求歡樂表演廣場共有多少個坐位，等於求上述之等差數列所構成之等差級數的和，根據等差級數求和的公式，我們必須先算出首項 a_1，又

$$a_{25}=a_1+(25-1)\times 2$$

$$\Rightarrow 80=a_1+48$$

$$\Rightarrow a_1=32$$

代入等差級數求和的公式，得到歡樂表演廣場的坐位共有

$$\frac{25}{2}(32+80)=1400 （個）$$

☑ 習題　10-2

1. 一等差級數共有六項，其第三項為 17，首項比末項小 25，求首項及公差？

2. 求 1 至 100 所有偶數的和。

3. 設等差級數 1.5+1.8+2.1+……至第 n 項的和為 33，求 n 之值。

4. 計算下列等差級數之和：

   (1) $15+19+\cdots\cdots+111$

   (2) $(-\dfrac{1}{2})+(-1)+\cdots\cdots+(-50)$

   (3) $\displaystyle\sum_{k=1}^{7}(6k+2)$

5. 在 10 與 100 間插入 5 個數，使其成等差數列，問此等差數列所構成的級數和為何？

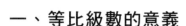

等比級數

一、等比級數的意義

將一個等比數列的各項依次相加，即形成一個「**等比級數**」。

例如 (1) 2，4，8，16，32 是一個等比數列，而 $2+4+8+16+32$ 即形成一等比級數，這個等比級數之首項為 2，公比為 2，末項為 32。

(2) $\dfrac{1}{3}$，$\dfrac{1}{3^2}$，$\dfrac{1}{3^3}$，$\dfrac{1}{3^4}$，$\dfrac{1}{3^5}$ 是一個等比數列，而 $\dfrac{1}{3}+\dfrac{1}{3^2}+\dfrac{1}{3^3}+\dfrac{1}{3^4}+\dfrac{1}{3^5}$ 即形成一等比級數，這個等比級數之首項為 $\dfrac{1}{3}$，公比為 $\dfrac{1}{3}$，末項為 $\dfrac{1}{3^5}$。

二、等比級數求和的公式

假設一等比數列 $<a_n>$ 之首項為 a_1，公比為 r，項數為 n，令 S_n 表此數列各項相加所成之等比級數之和，則

(1) $S_n = \dfrac{a_1(1-r^n)}{1-r} = \dfrac{a_1(r^n-1)}{r-1}$ （當 $r \neq 1$）

(2) $S_n = na_1$ （當 $r = 1$）

 (1) 當 $r \neq 1$ 時

$S_n = a_1 + a_2 + a_3 + \cdots + a_n$

$\quad = a_1 + a_1 r + a_1 r^2 + \cdots + a_1 r^{n-1} \cdots\cdots\cdots\cdots\cdots ①$

①式兩邊同乘 r 得 $\quad rS_n = a_1 r + a_1 r^2 + \cdots + a_1 r^{n-1} + a_1 r^n \cdots\cdots\cdots ②$

$①-②$ $\quad S_n = a_1 + a_1 r + a_1 r^2 + \cdots\cdots + a_1 r^{n-1}$

$\qquad\quad \underline{-)\ rS_n = \quad\ a_1 r + a_1 r^2 + \cdots\cdots + a_1 r^{n-1} + a_1 r^n}$

$(1-r)\,S_n = a_1 - a_1 r^n \cdots\cdots\cdots\cdots\cdots\cdots ③$

化簡③ $\quad S_n = \dfrac{a_1 - a_1 r^n}{1-r} = \dfrac{a_1(1-r^n)}{1-r}$ （或 $\dfrac{a_1(r^n-1)}{r-1}$）

(2) 當 $r=1$ 時

$$a_1 = a_2 = a_3 = \cdots = a_n$$

$$S_n = a_1 + a_2 + a_3 + \cdots + a_n$$

$$= na_1$$

例如 2，4，8，16，32 是一個等比數列，而 $2+4+8+16+32$ 即形成一等比級數，若求這個等比級數的和。

則因 2，4，8，16，32 這個等比數列的首項為 2，公比為 2，項數為 5，故其和

$$S_5 = \frac{2(2^5-1)}{2-1} = 62$$

⧗ 例 1 計算下列級數之和。

(1) 3,15,75,375,……之前七項總和。

(2) 2,-4,8,-16,……之前十項總和。

⧗ 解 (1) 首項為 3，公比為 $15 \div 3 = 5$，項數為 7，代入等比級數求和的公式

$$S_7 = \frac{3(5^7-1)}{5-1} = \frac{3 \times 78124}{4} = 58593$$

(2) 首項為 2，公比為 $-4 \div 2 = -2$，項數為 10，代入等比級數求和的公式

$$S_{10} = \frac{2((-2)^{10}-1)}{-2-1} = -682$$

⧗ 例 2 等比級數之首項為 1，公比為 2，前 n 項之和為 63，則 $n = $?

⧗ 解 等比級數求和公式為

$$S_n = \frac{a_1(r^n-1)}{r-1}$$

由題目知

$$63 = \frac{a_1(2^n - 1)}{2 - 1} = 2^n - 1$$

$$\Rightarrow 2^n = 64$$

$$\Rightarrow n = 6$$

⏳ 例 3　某人於每年年初存入銀行 10,000 元，假設年利率為 6%，複利計算，則第 5 年年底結算時本利和為多少元？

⏳ 解　套入複利本利和公式，假設存入本金為 P 元，利率為 r，經過 n 期，則本利和 S 為

$$S = P(1 + r)^n$$

第一年初存入的 10,000 元在第五年底的本利和為

$$10,000(1.06)^5$$

第二年初存入的 10,000 元在第五年底的本利和為

$$10,000(1.06)^4$$

$$\vdots$$

第五年初存入的 10,000 元在第五年底的本利和為

$$10,000(1.06)$$

故第五年底的本利和為

$$10,000(1.06) + \cdots + 10,000(1.06)^4 + 10,000(1.06)^5$$

上式為一首項為 10,600，公比為 1.06，項數為 5 的等比級數，利用等比級數求和公式，其和為

$$\frac{10600(1.06^5 - 1)}{1.06 - 1} \approx 59,753 \text{（元）}$$

例 4 若某人有一根 10 公尺的竹竿，每天截去竹竿所剩長度的一半，經過 n 天，竹竿所剩長度為何？

解 竹竿第一天截去長度為

$$10 \times \frac{1}{2} = 5 \text{ 公尺}$$

竹竿第二天截去長度為

$$5 \times \frac{1}{2} = 10 \times \frac{1}{2} \times \frac{1}{2} = 10 \times \left(\frac{1}{2}\right)^2 \text{ 公尺}$$

$$\vdots$$

竹竿第 n 天截去長度為

$$10 \times \left(\frac{1}{2}\right)^n \text{ 公尺}$$

故 n 天截去總長度為

$$10 \times \frac{1}{2} + 10 \times \frac{1}{2^2} + 10 \times \frac{1}{2^3} + \cdots + 10 \times \frac{1}{2^n}$$

$$= 10 \times \left(\frac{1}{2} + \frac{1}{2^2} + \frac{1}{2^3} + \cdots + \frac{1}{2^n}\right)$$

$$= 10 \times \frac{\frac{1}{2}\left(1 - \frac{1}{2^n}\right)}{1 - \frac{1}{2}}$$

$$= 10 \times \left(1 - \frac{1}{2^n}\right) \text{ 公尺}$$

故經過 n 天後。竹竿還剩

$$10 - 10 \times \left(1 - \frac{1}{2^n}\right) = 10 \times \frac{1}{2^n} \text{ 公尺}$$

習題 10-3

1. 某人欲建立個人圖書館，假設他想為自己的圖書館購置 1000 本書，因此他第一天買 1 本書，第二天買 2 本書，第三天買 4 本書，如此逐日倍增，試問到了第幾天他能達到自己的期望？

2. 小明於每年年初存入銀行 20,000 元，假設年利率為 6%，複利計算，則第 10 年年底結算時本利和為多少元？又當年利率為 2%時，其本利和為何？

3. 試計算下列級數的和：

(1) $1 + \left(-\dfrac{3}{2}\right) + \dfrac{9}{4} + \left(-\dfrac{27}{8}\right) + \cdots + \dfrac{729}{64}$

(2) $0.9 + 0.09 + 0.009 + \cdots\cdots$ 至第 10 項的和

(3) $\displaystyle\sum_{k=2}^{7} (-0.2)^k$

4. 若一等比級數共有九項，其首項為 3，和為 1533，今將此級數的每一項都加 5，而得一新級數，求此新級數的和？

5. 假如一個月後你會得到一筆錢，你會選擇哪一個？

(1) 一次拿 1 千萬元。

(2) 每天到銀行領錢。第一天可以領 1 元，第二天可以領到 2 元，第三天可以領到 4 元，第四天可以領到 8 元，依此類推 …。

10-4　無窮等比級數

　　在古希臘時代有一個著名的詭論：一個「跑步者」永遠跑不到終點。因為跑步者未達終點以前必須通過中點，通過了一個中點還有另一個中點，因為有無限個中點，所以跑步者在有限時間內永遠達不到終點。

　　舉例來說，要跑完一段 10 公尺的路，必須先通過 10 公尺的中點，即 5 公尺的點，然後再通過剩下 5 公尺的中點，即 7.5 公尺的點，依此類推…，因為有無限個中點，所以跑步者在有限時間內永遠跑不完這 10 公尺，以直覺來看這個詭論，是完全不符合我們的認知，但它的問題出在哪裡呢？

　　要解決這個問題，我們需要先介紹「**無窮等比級數**」的觀念。

　　在上一節我們介紹過，對一等比級數而言，若其首項為 a_1，公比為 r，項數為 n，則其和為

$$S_n = \frac{a_1(r^n - 1)}{r - 1}$$

　　但當此等比級數之項數 n 越來越多時，此等比級數之和 S 會變成多少呢？

這必須要分成三種狀況來說：

1. $|r| < 1$ 時，當 $n \to \infty$ 時，$S = \dfrac{a_1}{1 - r}$

　　$n \to \infty$，「∞」意思是「正無限大」，也就是比一百、一萬、一億更大的數。「$n \to \infty$」意思是「n 接近無限大」。

　　我們可以透過圖形觀察，當公比絕對值小於 1 時，其項數一直無限增加時，r^n 之數值變化，令 $y = r^x$，x 是項數，y 就是當項數一直增加時 r^x 的值。假設下圖是 $r = 0.9$ 之圖形。可以觀察到，當項數 $x = 24$ 時，r^{24} 已經接近 0。因此可以推知，$n \to \infty$，$r^n \to 0$。

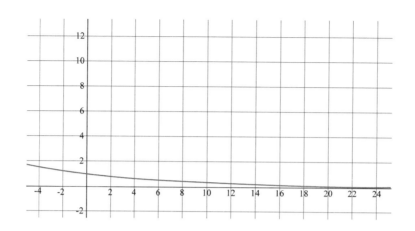

當 n 的值越來越大時，因為 $|r|<1$，故 r^n 的值就越來越小，舉例來說：若 $r=0.01$，當 $n=2$ 時，$r^2=1\times10^{-4}$，而當 $n=50$ 時，$r^{50}=1\times10^{-100}$ 是一個非常小的值，故當 n 非常非常大，甚至趨近於無窮大時，r^n 就趨近於 0。

故當 n 趨於無窮大時，此無窮等比級數之和為

$$S=\frac{a_1}{1-r}$$

當一無窮等比級數之和為定值時，我們稱此無窮等比級數「**收 斂 (converge)**」。

2. $|r|\geq1$ 時

　(1) 當 $r=1$ 時，$a_1=a_2=a_3=\cdots=a_n=\cdots$

　　因 $S_n=a_1+a_2+\cdots+a_n=na_1$

　　故當 $n\to\infty$，$S_n\to\infty$ or $-\infty$

　(2) 當 $|r|>1$ 時，當 $n\to\infty$，$r^n\to\infty$ or $-\infty$

我們可以透過圖形觀察，當公比絕對值大於 1 時，其項數一直無限增加時，r^n 之數值變化

令 $y=r^x$，x 是項數，y 就是當項數一直增加時 r^x 的值。假設下圖是 $r=1.1$ 之圖形。可以觀察到，當項數 $x=50$ 時，r^{50} 已經接近 100；當項數 $x=100$ 時，r^{100} 的值已經大到無法在圖形中呈現出來。因此可以推知，$n\to\infty$，$r^n\to\infty$。

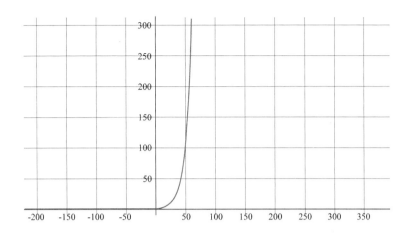

故　　$S_n = \dfrac{a_n(r^n - 1)}{r - 1} \rightarrow \infty \ or \ -\infty$

　　當一無窮等比級數之和不為定值時，我們稱此無窮等比級數「**發散 (diverge)**」。

　　接下來我們試著利用「**無窮等比級數**」的觀念來解決上面的詭論。

　　將 10 公尺路程中所要跑過的中點圖示如圖 10-1：

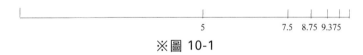

※圖 10-1

　　我們將各中點之間的距離列出如右：$\dfrac{10}{2}$，$\dfrac{10}{2^2}$，$\dfrac{10}{2^3}$，……，要通過第一個中點，需跑 5 公尺，要再通過第二個中點，必須再跑 2.5 公尺，依此類推，若要跑完所有中點，所需跑的距離為 $\dfrac{10}{2} + \dfrac{10}{2^2} + \dfrac{10}{2^3} + \cdots\cdots$，假設此位跑者的時速為 v（公尺／小時），則他要跑完所有中點，所需花費的時間為 $\dfrac{1}{v}\left(\dfrac{10}{2} + \dfrac{10}{2^2} + \dfrac{10}{2^3} + \cdots\cdots\right)$，因為 $\dfrac{10}{2} + \dfrac{10}{2^2} + \dfrac{10}{2^3} + \cdots\cdots$ 為一首項為 5，公比為 $\dfrac{1}{2}$ 的無窮等比級數，其和 $S = \dfrac{5}{1 - \dfrac{1}{2}} = 10$，

故跑完 10 公尺路程中所有中點所需花費的時間即為 $\dfrac{10}{v}$ 小時，為一有限值，推翻了在有限時間內永遠跑不完這 10 公尺的詭論。

例 1 試判斷下列級數是否收斂？若收斂，則求其和。

(1) $1 + \dfrac{2}{3} + \left(\dfrac{2}{3}\right)^2 + \left(\dfrac{2}{3}\right)^3 + \cdots\cdots + \left(\dfrac{2}{3}\right)^n + \cdots\cdots$

(2) $1 + 2 + 4 + 8 + 16 + 32 + \cdots\cdots + (2)^n + \cdots\cdots$

(3) $1 - 1 + 1 - 1 + \cdots\cdots (-1)^n + \cdots\cdots$

解 (1) 公比 $r = \dfrac{2}{3}$，因 $|r| < 1$，故此無窮等比級數收斂，其和

$$S = \dfrac{1}{1 - \dfrac{2}{3}} = \dfrac{1}{\dfrac{1}{3}} = 3$$

(2) 公比 $r = 2$，因 $|r| > 1$，故此無窮等比級數發散，$S = \infty$

(3) 公比 $r = -1$，因 $|r| = 1$，故此無窮等比級數發散。

例 2 化簡下列循環小數為分數

(1) $2.\overline{32} = 2.32323232\cdots\cdots$

(2) $0.\overline{2} = 0.22222222\cdots\cdots$

解 (1) ① $2.\overline{32} = 2.32323232\cdots\cdots = 2 + 0.32 + 0.0032 + 0.000032 + \cdots\cdots$

故原循環小數可看成 2 加上一首項為 0.32，公比為 0.01 之無窮等比級數

$2 + 0.32 + 0.0032 + 0.000032 + \cdots\cdots$

$= 2 + \dfrac{0.32}{1 - 0.01} = 2 + \dfrac{0.32}{0.99} = 2\dfrac{32}{99}$

② $2.\overline{32} = 2.32323232...$，小數點後 2 位一直無限循環。假設 $2.\overline{32} = A$ 我們可以將原式子乘上 100 倍，再製造出一個同樣無限循環的數，也就是 $100A$。

變成 $232.\overline{32} = 232.32323232...$。

$$\begin{cases} A = 2.32323232\ldots(1) \\ 100A = 232.32323232\ldots(2) \end{cases}$$

上述兩式相減(2)－(1)

$$99A = 232.\overline{32} - 2.\overline{32} = 230$$

所以 $A = \dfrac{230}{99}$

(2) $0.\overline{2} = 0.22222222\cdots\cdots = 0.2 + 0.02 + 0.002 + \cdots\cdots$

故原循環小數可看成一首項為 0.2，公比為 0.1 之無窮等比級數

$$0.2 + 0.02 + 0.002 + \cdots\cdots = \frac{0.2}{1 - 0.1} = \frac{0.2}{0.9} = \frac{2}{9}$$

⧖例 3 假設一無窮等比級數之和為 3，首項為 2，試問此等比級數之公比為何？

⧖解 根據無窮等比級數求和的公式

$$S = \frac{a_1}{1 - r}$$

將首項、和之值代入，得

$$3 = \frac{2}{1 - r}$$

$$\Rightarrow 1 - r = \frac{2}{3}$$

$$\Rightarrow r = \frac{1}{3}$$

☑ 習題 **10-4**

1. 試將下列循環小數化為分數

    (1) $0.\overline{3}$ (2) $0.\overline{53}$ (3) $0.1\overline{21}$

2. 有一無窮等比級數的和為 6，首項與第二項和為 $\dfrac{9}{2}$，求公比。

3. 一皮球自離地面 10 公尺處落下，首次反彈高度 $\dfrac{10}{3}$，此後每次反彈高度為其前次反彈高度的 $\dfrac{1}{3}$，求此球到靜止時，所經過路徑的總長度為？

4. 求無窮等比級數 $\dfrac{1}{\sqrt{3}+1}+\dfrac{1}{3+\sqrt{3}}+\dfrac{1}{3\sqrt{3}+3}+\cdots=?$

5. 無窮等比級數 $2-\dfrac{3}{2}+\dfrac{9}{8}-\dfrac{27}{32}+\cdots$ 的和為多少？

6. 已知無窮等比級數 $10+\dfrac{10}{1.001}+\dfrac{10}{1.001^2}+\cdots+\dfrac{10}{1.001^n}+\cdots$ 之和為 P，則 P 之值為何？

7. 求無窮級數 $\displaystyle\sum_{n=1}^{\infty}\left(-\dfrac{1}{2}\right)^{n+1}$ 之值？

11 方程式的解法

CHAPTER

11-1 一元一次方程式

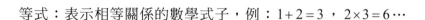

等式：表示相等關係的數學式子，例：$1+2=3$，$2\times3=6\cdots$

方程式：含有未知數的等式，舉例：$\square+2=5$，甲$-3=2$，$2x-1=3$

一元一次方程式：經過整理化簡後，只含一個未知數，而且未知數的最高次為一次的方程式，稱為一元一次方程式。

例：(1) $2x-1=3$

(2) $5x+6=2x-1$

介紹方程式的解法之前，我們先複習國中所學過的等量公理及移項法則。

一、等量公理

1. 等量加法公理：相等兩數分別加上同一數後，其和仍然相等，$a=b$，則 $a+c=b+c$。

2. 等量減法公理：相等兩數分別減去同一數後，其差仍然相等，$a=b$，則 $a-c=b-c$。

3. 等量乘法公理：相等兩數分別乘以同一數後，其積仍然相等，$a=b$，則 $a\times c=b\times c$。

4. 等量除法公理：相等兩數分別同除以一個不為 0 的數，其商仍然相等 $a=b$，且 $c\neq0$ 則 $\dfrac{a}{c}=\dfrac{b}{c}$。

例：

1. $x+3=15$（同減 3）

   $(x+3)-3=15-3$，$x=12$

2. $\dfrac{1}{2}x=4$（同乘 2）

   $(\dfrac{1}{2}x)\times2=4\times2$，$x=8$

3. $3x = 9$（同除以 3）

$$\frac{3x}{3} = \frac{9}{3} \quad \therefore x = 3$$

由等量公理引申為移項法則，介紹如下：

移項法則：若將一個數從等號的一邊移到另一邊，應遵循下列法則

1. 加號→減號，例：若 $x + 2 = 6$，則 $x = 6 - 2$

2. 減號→加號，例：若 $x - 4 = 5$，則 $x = 5 + 4$

3. 乘號→除號，例：若 $x \times 3 = 6$，則 $x = 6 \div 3$

4. 除號→乘號，例：若 $x \div 5 = 4$，則 $x = 4 \times 5$

方程式中，文字符號所代表滿足方程式的數就叫做這個方程式的「解」，而解出該符號所代表數值的過程叫做「解方程式」。

例 1　解下列方程式：

(1) $2x + 4 = 0$

(2) $9x = 0$

(3) $2(14 + 5x) = 10x - 5$

(4) $2(x + 3) + 5x - 7 = 7x - 1$

(5) $2(x - 2) - 3(4x - 1) = 9(1 - x)$

解　(1) $2x + 4 = 0$（同減 4）（移項）

$$2x + 4 - 4 = 0 - 4$$

$$\therefore 2x = -4 \implies x = -2$$

(2) $9x = 0$（同除以 9）

$$x = \frac{0}{9} = 0$$

(3) $2(14 + 5x) = 10x - 5$（展開）

$\therefore 28+10x=10x-5$（移項）

$\Rightarrow 10x-10x=-5-28$

$\therefore 0x=-33$

因為 0 與任何數的乘積都是 0，所以不論 x 是什麼數，上式左邊都不會等於上式右邊，故本題無解。

(4) $2(x+3)+5x-7=7x-1$（展開）

$\therefore 2x+6+5x-7=7x-1$

化簡 $7x-1=7x-1 \Rightarrow 0x=0$

故 x 為任意數均可滿足上述方程式，故本題解為任意數。

(5) $2(x-2)-3(4x-1)=9(1-x)$（展開）

$2x-4-12x+3=9-9x$

化簡 $-10x-1=9-9x \Rightarrow -10x+9x=9+1$

$\therefore -x=10 \Rightarrow x=-10$

☑ 習 題　11-1

試解下列方程式

(1) $5x - 3 = 0$

(2) $6x - 9 = -9$

(3) $2(x + 3) = x - 5$

(4) $12x + 15 - 4(3x - 4) = 30$

(5) $3(x + 1) - 2(x + 5) = x - 7$

(6) $\dfrac{2x - 1}{3} - \dfrac{10x + 1}{6} = \dfrac{2x + 1}{4} - 1$

11-2 方程式在護理學上的應用

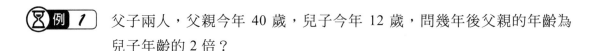

例 1 父子兩人，父親今年 40 歲，兒子今年 12 歲，問幾年後父親的年齡為兒子年齡的 2 倍？

解 設 x 年後父親的年齡為兒子的 2 倍

依題意　$40 + x = 2(12 + x)$

展開得　$40 + x = 24 + 2x$

化簡 $x - 2x = 24 - 40$　∴ $x = 16$

即 16 年後父親的年齡為兒子的 2 倍

隨堂練習

1. 已知父親今年 48 歲，兒子今年 10 歲；問幾年後父親的年齡為兒子的 3 倍？A：9 年

2. 學生分配宿舍，如果 7 人住一間，則有 9 人無宿舍可住；如果 9 人一間，則餘一間，問宿舍多少間？學生多少人？A：9 間，學生 72 人

　　接下來，我們將利用解一元一次方程式的觀念來解決護理學上劑量計算的問題。通常劑量計算的問題，都需要求出一個未知數量，而其解題的技巧，仍然在於一元一次方程式的解法上，只不過是將日常生活上的題型改換成為劑量的題型而已。

⏳例**2** 醫師處方：強心劑 Digoxin 0.5 毫克(mg)。現有劑量每錠 0.125 毫克。
依醫囑備藥，要給予藥量多少錠？

⏳解 設要給藥 x 錠

依題意 $0.125 \times x = 0.5$

$\Rightarrow \quad x = 4$

即需給藥 4 錠

⏳例**3** 醫師處方：當疼痛時每 3 小時給予 25 毫克的 opium 酊劑。此酊劑之
組成為每 5 毫升有 50 毫克(50mg/5ml)。現在為了要給予 25 毫克，護
理人員需取幾毫升的酊劑？

⏳解 50 毫克 ÷5＝10 毫克／毫升

設需取 x 毫升的 Opium 酊劑

依題意 $10 \times x = 25$

$\Rightarrow \quad x = 2.5$（毫升）

即需給予 2.5 毫升的 Opium 酊劑

隨堂練習

1. 醫師處方：解決手術後的疼痛需給予 Demerol 25 毫克，若使用的藥物，1
毫升中有 50 毫克。則醫囑備藥 25 毫克，護理人員需給予多少毫升？A：
0.5 毫升

2. 醫師處方：利尿劑 200mg，用以舒緩病人的症狀。現有藥劑為每錠 50mg
的利尿劑，則需給予幾錠？A：4 錠

3. 醫師處方：依患者體重每公斤注射 45mg 的藥物。今有一體重 60 公斤患者，則應給予多少 mg？A：2700mg

4. 醫師處方：治療手術後的異常出血需給予 Transamine 350mg。今每 10ml 的藥物中含有 1000mg 的 Transamine，則護士要給多少 ml？A：3.5ml

一、每分鐘滴數

手術後或胃腸機能障礙的病人，通常醫師都會給予靜脈輸液／靜脈注射（Intravenous Therapy，簡稱 IV）治療，包括水、營養物質、電解質、血液生成物和藥物等。

而靜脈注射最重要的便是要適當的控制注射速度，使得藥物能在體內達到最大的治療效果。所以，在醫院裡，護理人員的輸液治療的醫囑內容有兩種方式來計算流速：

1. 輸液總量及輸液時間，如 10 小時內輸注 1000ml；

2. 每小時輸液量，如 80ml/hr。

計算方法如下：

1. 先確定使用何種輸液套管(IV set)，其滴係數(drop factor)多少？

   (1) 普通輸液套管(regular IV set)：15gtt/ml 或 20gtt/ml。

   　註：gtt：from the Latin "guttae", drops
   　　　gtt=drop=滴
   　　　15gtt/ml 的意思是，該輸液套管(IV set)15 滴=1ml（毫升）= 1c.c.

   (2) 微滴套管(microdrip set)或小兒點滴套管(pediatric set)：60gtt/ml。

   (3) 大滴套管(macrodrip set)常用者為輸血套管(BT set)：10gtt/ml。

2. 計算公式：每分鐘滴數(gtt/min) $= \dfrac{\text{輸液總量(ml)} \times \text{每毫升滴數}}{\text{輸液總時數} \times 60\text{分}}$

例 4 靜脈注射 5%葡萄糖水溶液(D₅ w)500ml，於 4 小時輸注完畢，使用 regular IV set，其滴係數為 15gtt/ml，則每分鐘滴數為多少？

解 $\dfrac{500 \times 15}{4 \times 60} \doteqdot 31\,\text{gtt}/\text{min}$（每分鐘 31 滴）

例 5 靜脈注射 1 公升的林格氏乳酸鹽溶液(L/R)，6 小時注射完畢，

(1) 則護理人員需給予每小時多少毫升？

(2) 又若使用 regular IV set，其滴係數為 15gtt/ml，則每分鐘滴數為多少？

(3)承(2)，一樣使用 regular IV set，則每秒鐘的滴數為？

解 (1) 1公升 = 1000毫升　∴ $\dfrac{1000}{6} \doteqdot 167\,\text{ml/hr}$

(2) 計算公式：每秒鐘滴數(gtt/sec)$=\dfrac{\text{輸液總量}(ml) \times \text{每毫升滴數}}{\text{輸液總時數} \times 60\text{分} \times 60\text{秒}}$

$\dfrac{1000 \times 15}{6 \times 60} \doteqdot 42\,\text{gtt}/\text{min}$

(3) $\dfrac{1000 \times 15}{6 \times 60 \times 60} \doteqdot 0.7$

例 6 Gentamycin 60 mg IVD q8h，加入放置有 120 ml 0.9% NaCl 精密輸液套管容器內，預計 1 小時滴完，每秒鐘滴數為多少？

解 $\dfrac{120 \times 60}{1 \times 60 \times 60} = 2\,gtt/\text{sec}$（1 秒 2 滴）

⏳例 **7** Gentamycin 60 mg IVD q8h（每 8 小時使用 1 次），加入放置有 60 ml 0.9% NaCl 溶液之容器內，預計 1 小時滴完，若每秒鐘滴數為 1，請問此為何種套管？

⏳解 設此套管的滴係數為 x

$$\frac{60 \times x}{60 \times 60} = 1 \text{，} \quad x = 60gtt / ml$$

此為微滴套管(microdrip set)

⏳例 **8** Gentamycin 60 mg IVD q8h（每 8 小時使用 1 次），加入放置有 0.9% NaCl 溶液之微滴套管容器內，醫囑要求需 1 小時滴完，若每秒鐘滴數為 1，請問需多少毫升的 NaCl 溶液？

⏳解 設容器中有 $x\ ml$ 的溶液

$$\frac{x \times 60}{60 \times 60} = 1 \text{，} \quad x = 60ml$$

⏳例 **9** 吳小姐，術後禁食，醫囑「D5W（5% 葡萄糖注射液）IVF120ml/hr」，若以 15gtt/ml 之靜脈輸液套管注射，你會如何調整滴數？

⏳解 $\dfrac{120 \times 15}{60 \times 60} = 0.5$（1 秒 0.5 滴或是 2 秒 1 滴）

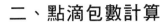

二、點滴包數計算

$$每日包數 = \frac{每小時輸液量 \times 24}{該包點滴數量}$$

例 10 某個案 IV 量為 D5S(5%Glucose+0.9%NaCl)80ml/hr，如用每瓶 500ml 之點滴，一天應準備幾瓶？

解 一小時的輸液量為 80 ml

$$\frac{80 \times 24}{500} = 3.84$$ ，一日需 4 包。

☑ 習題 **11-2**

1. 病人小李子每天需靜脈輸液 1.5 公升，若使用 regular IV set，流速應每分鐘幾滴？

2. 有醫囑要給予病人每小時 240c.c.的 0.9%生理食鹽水做靜脈灌注，若使用 regular IV set，請問每分鐘滴數為幾滴？

3. 小敏使用 BT set，以每分鐘 30 滴之速度靜脈點滴注射 12 小時，則小敏經由靜脈點滴可獲得之液體總量為多少公升？

4. 25 歲的王小姐因車禍入院，醫囑打點滴靜脈輸液臺大一號每瓶 600ml，一天 2 瓶，若使用 microdrip set，滴注速度為何？

5. 有一病人早上 9 點開始由靜脈灌注一瓶 600c.c.的 5%葡萄糖水溶液(G/W)，每分鐘 30 滴，若使用 regular IV set，妳預測此瓶於何時滴完？

認識證明—以數學歸納法為例

首先我們先介紹何謂數學歸納法原理：設 P 為一個與自然數有關的命題（可判別真偽的敘述，稱為命題），當要證明它對所有自然數 n（無窮多）均成立時，我們只要證得下列兩個條件成立即可。

1. 當 $n=1$ 時，此命題成立。

2. 設 $n=k$ 時命題成立，則 $n=k+1$ 時命題亦成立。

此時，可知此命題對所有自然數均成立。此即為數學歸納法原理。

為什麼只要證得一命題滿足上述兩個條件，則知此命題對所有無窮多的自然數 n 均成立呢？這好比骨牌理論：假設我們排了無窮多的骨牌，不論骨牌排列的形狀怎麼彎來彎去，只要保證「當第 k 個骨牌倒下，則後面那個第 $k+1$ 個骨排也會倒下」。那麼，當第 1 個骨牌被推倒，則所有無窮多的骨牌皆會因而一個個倒下去。同學們，懂得這個意思嗎？

同理，當一命題在 $n=1$ 時成立，那麼根據 2.設 $n=k$ 時命題成立，則 $n=k+1$ 時命題亦成立的道理，豈不是 $n=2$ 時 $(2=1+1)$ 命題也成立，依此類推 $n=3$ 時 $(3=2+1)$，$n=4,5,\cdots$ 時，此命題皆成立；意即只要一命題滿足上述 2 條件，則可知對所有自然數而言，此命題均成立。這就是數學歸納法原理的真義。再以實例說明於後。

例如 利用數學歸納法原理證明：

$$1+2+3+\cdots+n=\frac{1}{2}n(n+1), n\in N$$

 1. 當 $n=1$ 時，左式 $=1$，右式 $=\frac{1}{2}\cdot 1\cdot(1+1)=1$，即 $n=1$ 時，原式成立。

2. 設 $n=k$ 時，原式成立，即

$$1+2+3+\cdots+k=\frac{1}{2}k(k+1)$$

$$\Rightarrow 1+2+3+\cdots+k+\underline{k+1}=\frac{1}{2}k(k+1)+\underline{k+1}$$

$$= \frac{1}{2}(k+1)(k+2)$$

$$= \frac{1}{2}(\underline{k+1})(\underline{k+1+1})$$

上式即表示了：$n = k+1$ 時，原式亦成立

∴ 依數學歸納法原理知，

$1+2+3+\cdots+n = \frac{1}{2}n(n+1)$，　$n \in N$

隨堂練習

以數學歸納法原理證明：$1+3+5+\cdots+(2n-1) = n^2$ A：略

2342 4056 2029 1550 2988 8350 5053 4943 1831 1167 6600 0301 2640 5624 9787 7299 1646 5163
5937 5734 2899 7963 2139 1462 5717 9510 1572 8829 0174 2697 5128 2777 9712 0965 3765 1923
7323 7484 7651 3708 2420 9400 8460 8165 9049 6398 8242 7378 9912 8151 4670 8556 6898 1870
1373 8446 7868 7764 5830 5074 0784 0213 5369 9901 9422 4301 3105 9808 9698 0028 9230 1356
3957 0380 7984 0550 6402 9918 2810 0692 0490 1096 9276 7527 2775 7030 0823 2885 0142 4929

9883 2591 1026 2278 8520 6678 2204 2186 8797 2406 5021 3733 4155 9773 9478 3478 0827 1895
8304 2906 5983 9869 8212 3183 1711 6869 7594 5100 9078 7144 6388 2097 1526 6682 2143 0735
7530 8343 1370 0756 1455 8006 5323 7754 0462 8897 3592 6391 4550 0075 0057 6687 0277 2892
2027 7644 7350 8233 9024 0093 6888 6501 7662 0738 4624 4096 7939 6466 7442 7956 3297 7275

1143 0295 6281 1438 9411 8932 0369 5731 2435 2325 9213 8549 9825 2416 6580 3006 7169 1239
9103 5437 9876 3116 0281 5345 3595 8844 3098 6892 5512 6211 7556 0079 2509 5217 7094 8347
9305 4830 2550 4866 5032 7648 9802 7824 2399 1053 2988 3780 1406 8201 7815 8975 5494 9380
9252 1221 2197 9270 4610 8588 6654 2456 1608 0372 2751 0724 0245 1683 3929 3272 0522 7410
2179 5881 8219 1204 5366 2878 7226 0742 3634 1516 1314 8478 3542 1793 7041 2963 5089 0267

8869 1392 3823 9972 8407 9660 2460 0618 9586 9568 6179 3461 2403 1115 8095 1552 6860 7744
6161 2957 2570 3730 0249 4135 4781 7449 5977 6952 4025 9366 3344 4100 0654 6363 5792 0948
5001 9880 8684 5388 8686 9016 4911 4406 4045 6383 9368 6972 1043 5390 8906 1799 9680 9478
1706 9572 5205 9460 3253 5315 2572 7359 9882 2313 0211 3456 4708 0950 9109 4634 4616 1227
7451 6163 6586 2203 1908 2792 0141 1209 8005 0734 5337 8413 2299 0642 5613 4141 5117 1895

1508 9574 8818 4528 3956 9112 3644 3165 8044 6848 3552 6884 3772 6664 8541 8800 1139 7565
7984 3587 6621 9996 4435 4233 4840 4620 4712 9960 7657 1451 0070 0770 8672 1195 3626 6334
9464 2264 0422 5947 5929 2540 6149 8765 0919 7899 5167 3222 4105 4897 5965 2760 2374 3534
0496 2281 3811 2338 3314 3829 9169 3147 1213 7015 6167 2154 7310 5283 4804 6242 8488 5190
1969 4421 9854 0113 2452 8878 3041 7111 4900 4975 1309 5749 8988 6153 1217 9467 4716 9711

1384 2083 3428 5951 8382 0896 9668 4219 7019 5177 0702 4127 0738 0905 3520 5674 2654 8272
8861 9652 0720 7516 7129 8289 7924 1810 0152 1682 3651 4627 1700 7040 1018 0848 4886 4038
5181 3155 6760 4113 6359 3062 2952 9840 9177 4610 8311 0649 3634 7796 5309 9656 3172 6064
7441 0908 5972 4223 9471 3726 7519 9581 6838 8183 0706 3137 2402 0838 2090 4890 0488 2016
8609 8776 4833 3543 0525 9585 9290 0174 7523 8591 5387 5000 6160 2679 6565 4908 9879 8407

6455 1796 5774 3840 3084 7940 8222 3378 7910 7431 2310 1114 7818 7708 8038 3932 9365 9624
4947 2552 6622 0969 4486 7378 5259 5057 5664 7285 5536 0784 0397 8833 0894 8151 2938 5461
0600 9035 0288 6530 4688 0213 0195 6806 0415 3031 1743 2165 7782 7488 8371 5721 6789 3584
7800 0877 4762 3105 1193 9720 0696 7768 3109 7087 1534 4397 0107 9535 4692 9223 8744 3623
9131 2463 9351 5245 4120 4379 6718 3144 7307 1377 1668 9241 5575 0015 9812 0419 2041 0291

3237 0305 5650 6349 6941 1725 2648 5355 3790 1601 4401 2559 8084 0669 4678 8286 0902 3056
5653 5359 6242 7034 8102 4898 4511 5671 8748 2634 4418 5948 4475 5451 5966 1306 5284 3350
8304 4291 9447 7421 6942 8379 0625 7328 7218 4106 3443 8876 1351 1473 7900 5178 2488 7038
3446 7886 1125 8290 3354 1605 8534 1082 4901 3521 4220 5565 8088 0519 3226 5103 6356 9156
2840 6264 2875 3042 5657 7811 4791 0409 0114 0998 1789 2857 6533 9266 0426 6945 0831 9174

2673 0206 7279 2620 6598 4664 0466 9617 9046 0760 8734 8255 9692 1938 8642 8532 5419 4756
3890 6228 9213 3375 0888 2354 8752 1644 9525 9323 6488 1551 9802 5050 9305 0991 5160 2417
6285 8716 4866 3301 4554 7353 8628 7595 7577 4188 4355 1295 9124 6105 5164 4870 7536 3102
0966 0579 7401 8258 1447 0487 5459 3986 4962 2034 7375 1353 9419 8663 4373 3801 9580 3489
8898 6694 3397 3287 6173 9511 9445 8645 0984 3968 1573 5643 3106 6623 9515 7396 1945 7801

7673 9220 7176 0970 3032 0288 5076 5990 0029 2737 1172 2425 6672 6825 2350 2332 8944 2552
3880 4302 9919 9625 0508 8581 9263 7219 5335 9937 3014 6900 5242 0214 8741 9717 7900 5246
7290 6534 2244 1673 6829 1360 0881 5761 4565 1268 4600 1488 7382 6257 6516 8855 5281 4445
3039 1378 7127 2152 1949 2556 4178 2428 7677 5374 9167 7787 8486 9831 2354 4785 7492 5927
3422 1580 7106 7088 0257 3866 6481 6355 5615 1233 0938 8221 2613 3681 0477 0438 1250 4327

9998 1527 0055 1030 1545 6886 0864 8930 4732 3883 9870 0265 3000 2521 9584 6204 2908 2798
9022 4455 4714 7052 3479 7641 1712 9501 9575 9026 3465 6705 3869 8933 7184 2431 6687 0480
9799 1144 6676 6098 8806 0683 9358 4735 2894 8419 1843 8454 8621 1236 3390 0370 5988 5693

三角函數值表

角 度	sin	cos	tan	cot	sec	csc	
0°00′	.0000	1.0000	.0000	⋯⋯	1.000	⋯⋯	90°00′
10′	.0029	1.0000	.0029	343.8	1.000	343.8	50′
20′	.0058	1.0000	.0058	171.9	1.000	171.9	40′
30′	.0087	1.0000	.0087	114.6	1.000	114.6	30′
40′	.0116	.9999	.0116	85.94	1.000	85.95	20′
50′	.0145	.9999	.0145	68.75	1.000	68.76	10′
1°00′	.0175	.9998	.0175	57.29	1.000	57.30	89°00′
10′	.0204	.9998	.0204	49.10	1.000	49.11	50′
20′	.0233	.9997	.0233	42.96	1.000	42.98	40′
30′	.0262	.9997	.0262	38.19	1.000	38.20	30′
40′	.0291	.9996	.0291	34.37	1.000	34.38	20′
50′	.0320	.9995	.0320	31.24	1.001	31.26	10′
2°00′	.0349	.9994	.0349	28.64	1.001	28.65	88°00′
10′	.0378	.9993	.0378	26.43	1.001	26.45	50′
20′	.0407	.9992	.0407	24.54	1.001	24.56	40′
30′	.0436	.9990	.0437	22.90	1.001	22.93	30′
40′	.0465	.9989	.0466	21.47	1.001	21.49	20′
50′	.0494	.9988	.0495	20.21	1.001	20.23	10′
3°00′	.0523	.9986	.0524	19.08	1.001	19.11	87°00′
10′	.0552	.9985	.0553	18.07	1.002	18.10	50′
20′	.0581	.9983	.0582	17.17	1.002	17.20	40′
30′	.0610	.9981	.0612	16.35	1.002	16.38	30′
40′	.0640	.9980	.0641	15.60	1.002	15.64	20′
50′	.0669	.9978	.0670	14.92	1.002	14.96	10′
4°00′	.0698	.9976	.0699	14.30	1.002	14.34	86°00′
10′	.0727	.9974	.0729	13.73	1.003	13.76	50′
20′	.0756	.9971	.0758	13.20	1.003	13.23	40′
30′	.0785	.9969	.0787	12.71	1.003	12.75	30′
40′	.0814	.9967	.0816	12.25	1.003	12.29	20′
50′	.0843	.9964	.0846	11.83	1.004	11.87	10′
5°00′	.0872	.9962	.0875	11.43	1.004	11.47	85°00′
10′	.0901	.9959	.0904	11.06	1.004	11.10	50′
20′	.0929	.9957	.0934	10.71	1.004	10.76	40′
30′	.0958	.9954	.0963	10.39	1.005	10.43	30′
40′	.0987	.9951	.0992	10.08	1.005	10.13	20′
50′	.1016	.9948	.1022	9.788	1.005	9.839	10′
6°00′	.1045	.9945	.1051	9.514	1.006	9.567	84°00′
10′	.1074	.9942	.1080	9.255	1.006	9.309	50′
20′	.1103	.9939	.1110	9.010	1.006	9.065	40′
30′	.1132	.9936	.1139	8.777	1.006	8.834	30′
40′	.1161	.9932	.1169	8.556	1.007	8.614	20′
50′	.1190	.9929	.1198	8.345	1.007	8.405	10′
7°00′	.1219	.9925	.1228	8.144	1.008	8.206	83°00′
10′	.1248	.9922	.1257	7.953	1.008	8.016	50′
20′	.1276	.9918	.1287	7.770	1.008	7.834	40′
30′	.1305	.9914	.1317	7.596	1.009	7.661	30′
40′	.1334	.9911	.1346	7.429	1.009	7.496	20′
50′	.1363	.9907	.1376	7.269	1.009	7.337	10′
8°00′	.1392	.9903	.1405	7.115	1.010	7.185	82°00′
10′	.1421	.9899	.1435	6.968	1.010	7.040	50′
20′	.1449	.9894	.1465	6.827	1.011	6.900	40′
30′	.1478	.9890	.1495	6.691	1.011	6.765	30′
40′	.1507	.9886	.1524	6.561	1.012	6.636	20′
50′	.1536	.9881	.1554	6.435	1.012	6.512	10′
9°00′	.1564	.9877	.1584	6.314	1.012	6.392	81°00′
	cos	sin	cot	tan	csc	sec	角 度

角　度	sin	cos	tan	cot	sec	csc	
9°00′	.1564	.9877	.1584	6.314	1.012	6.392	81°00′
10′	.1593	.9872	.1614	6.197	1.013	6.277	50′
20′	.1622	.9868	.1644	6.084	1.013	6.166	40′
30′	.1650	.9863	.1673	5.976	1.014	6.059	30′
40′	.1679	.9858	.1703	5.871	1.014	5.955	20′
50′	.1708	.9853	.1733	5.769	1.015	5.855	10′
10°00′	.1736	.9848	.1763	5.671	1.015	5.759	80°00′
10′	.1765	.9843	.1793	5.576	1.016	5.665	50′
20′	.1794	.9838	.1823	5.485	1.016	5.575	40′
30′	.1822	.9833	.1853	5.396	1.017	5.487	30′
40′	.1851	.9827	.1883	5.309	1.018	5.403	20′
50′	.1880	.9822	.1914	5.226	1.018	5.320	10′
11°00′	.1908	.9816	.1944	5.145	1.019	5.241	79°00′
10′	.1937	.9811	.1974	5.066	1.019	5.164	50′
20′	.1965	.9805	.2004	4.989	1.020	5.089	40′
30′	.1994	.9799	.2035	4.915	1.020	5.016	30′
40′	.2022	.9793	.2065	4.843	1.021	4.945	20′
50′	.2051	.9787	.2095	4.773	1.022	4.876	10′
12°00′	.2079	.9781	.2126	4.705	1.022	4.810	78°00′
10′	.2108	.9775	.2156	4.638	1.023	4.745	50′
20′	.2136	.9769	.2186	4.574	1.024	4.682	40′
30′	.2164	.9763	.2217	4.511	1.024	4.620	30′
40′	.2193	.9757	.2247	4.449	1.025	4.560	20′
50′	.2221	.9750	.2278	4.390	1.026	4.502	10′
13°00′	.2250	.9744	.2309	4.331	1.026	4.445	77°00′
10′	.2278	.9737	.2339	4.275	1.027	4.390	50′
20′	.2306	.9730	.2370	4.219	1.028	4.336	40′
30′	.2334	.9724	.2401	4.165	1.028	4.284	30′
40′	.2363	.9717	.2432	4.113	1.029	4.232	20′
50′	.2391	.9710	.2462	4.061	1.030	4.182	10′
14°00′	.2419	.9703	.2493	4.011	1.031	4.134	76°00′
10′	.2447	.9696	.2524	3.962	1.031	4.086	50′
20′	.2476	.9689	.2555	3.914	1.032	4.039	40′
30′	.2504	.9681	.2586	3.867	1.033	3.994	30′
40′	.2532	.9674	.2617	3.821	1.034	3.950	20′
50′	.2560	.9667	.2648	3.776	1.034	3.906	10′
15°00′	.2588	.9659	.2679	3.732	1.035	3.864	75°00′
10′	.2616	.9652	.2711	3.689	1.036	3.822	50′
20′	.2644	.9644	.2742	3.647	1.037	3.782	40′
30′	.2672	.9636	.2773	3.606	1.038	3.742	30′
40′	.2700	.9628	.2805	3.566	1.039	3.703	20′
50′	.2728	.9621	.2836	3.526	1.039	3.665	10′
16°00′	.2756	.9613	.2867	3.487	1.040	3.628	74°00′
10′	.2784	.9605	.2899	3.450	1.041	3.592	50′
20′	.2812	.9596	.2931	3.412	1.042	3.556	40′
30′	.2840	.9588	.2962	3.376	1.043	3.521	30′
40′	.2868	.9580	.2994	3.340	1.044	3.487	20′
50′	.2896	.9572	.3026	3.305	1.045	3.453	10′
17°00′	.2924	.9563	.3057	3.271	1.046	3.420	73°00′
10′	.2952	.9555	.3089	3.237	1.047	3.388	50′
20′	.2979	.9546	.3121	3.204	1.048	3.356	40′
30′	.3007	.9537	.3153	3.172	1.049	3.326	30′
40′	.3035	.9528	.3185	3.140	1.049	3.295	20′
50′	.3062	.9520	.3217	3.108	1.050	3.265	10′
18°00′	.3090	.9511	.3249	3.078	1.051	3.236	72°00′
	cos	sin	cot	tan	csc	sec	角　度

角 度	sin	cos	tan	cot	sec	csc	
18°00′	.3090	.9511	.3249	3.078	1.051	3.236	72°00′
10′	.3118	.9502	.3281	3.047	1.052	3.207	50′
20′	.3145	.9492	.3314	3.018	1.053	3.179	40′
30′	.3173	.9483	.3346	2.989	1.054	3.152	30′
40′	.3201	.9474	.3378	2.960	1.056	3.124	20′
50′	.3228	.9465	.3411	2.932	1.057	3.098	10′
19°00′	.3256	.9455	.3443	2.904	1.058	3.072	71°00′
10′	.3283	.9446	.3476	2.877	1.059	3.046	50′
20′	.3311	.9436	.3508	2.850	1.060	3.021	40′
30′	.3338	.9426	.3541	2.824	1.061	2.996	30′
40′	.3365	.9417	.3574	2.798	1.062	2.971	20′
50′	.3393	.9407	.3607	2.773	1.063	2.947	10′
20°00′	.3420	.9397	.3640	2.747	1.064	2.924	70°00′
10′	.3448	.9387	.3673	2.723	1.065	2.901	50′
20′	.3475	.9377	.3706	2.699	1.066	2.878	40′
30′	.3502	.9367	.3739	2.675	1.068	2.855	30′
40′	.3529	.9356	.3772	2.651	1.069	2.833	20′
50′	.3557	.9346	.3805	2.628	1.070	2.812	10′
21°00′	.3584	.9336	.3839	2.605	1.071	2.790	69°00′
10′	.3611	.9325	.3872	2.583	1.072	2.769	50′
20′	.3638	.9315	.3906	2.560	1.074	2.749	40′
30′	.3665	.9304	.3939	2.539	1.075	2.729	30′
40′	.3692	.9293	.3973	2.517	1.076	2.709	20′
50′	.3719	.9283	.4006	2.496	1.077	2.689	10′
22°00′	.3746	.9272	.4040	2.475	1.079	2.669	68°00′
10′	.3773	.9261	.4074	2.455	1.080	2.650	50′
20′	.3800	.9250	.4108	2.434	1.081	2.632	40′
30′	.3827	.9239	.4142	2.414	1.082	2.613	30′
40′	.3854	.9228	.4176	2.394	1.084	2.595	20′
50′	.3881	.9216	.4210	2.375	1.085	2.577	10′
23°00′	.3907	.9205	.4245	2.356	1.086	2.559	67°00′
10′	.3934	.9194	.4279	2.337	1.088	2.542	50′
20′	.3961	.9182	.4314	2.318	1.089	2.525	40′
30′	.3987	.9171	.4348	2.300	1.090	2.508	30′
40′	.4014	.9159	.4383	2.282	1.092	2.491	20′
50′	.4041	.9147	.4417	2.264	1.093	2.475	10′
24°00′	.4067	.9135	.4452	2.246	1.095	2.459	66°00′
10′	.4094	.9124	.4487	2.229	1.096	2.443	50′
20′	.4120	.9112	.4522	2.211	1.097	2.427	40′
30′	.4147	.9100	.4557	2.194	1.099	2.411	30′
40′	.4173	.9088	.4592	2.177	1.100	2.396	20′
50′	.4200	.9075	.4628	2.161	1.102	2.381	10′
25°00′	.4226	.9063	.4663	2.145	1.103	2.366	65°00′
10′	.4253	.9051	.4699	2.128	1.105	2.352	50′
20′	.4279	.9038	.4734	2.112	1.106	2.337	40′
30′	.4305	.9026	.4770	2.097	1.108	2.323	30′
40′	.4331	.9013	.4806	2.081	1.109	2.309	20′
50′	.4358	.9001	.4801	2.066	1.111	2.295	10′
26°00′	.4384	.8988	.4877	2.050	1.113	2.281	64°00′
10′	.4410	.8975	.4913	2.035	1.114	2.268	50′
20′	.4436	.8962	.4950	2.020	1.116	2.254	40′
30′	.4462	.8949	.4986	2.006	1.117	2.241	30′
40′	.4488	.8936	.5022	1.991	1.119	2.228	20′
50′	.4514	.8923	.5059	1.977	1.121	2.215	10′
27°00′	.4540	.8910	.5095	1.963	1.122	2.203	63°00′
	cos	sin	cot	tan	csc	sec	角 度

角　度	sin	cos	tan	cot	sec	csc	
27°00′	.4540	.8910	.5059	1.963	1.122	2.203	63°00′
10′	.4566	.8897	.5132	1.949	1.124	2.190	50′
20′	.4592	.8884	.5169	1.935	1.126	2.178	40′
30′	.4617	.8870	.5206	1.921	1.127	2.166	30′
40′	.4643	.8857	.5243	1.907	1.129	2.154	20′
50′	.4669	.8843	.5280	1.894	1.131	2.142	10′
28°00′	.4695	.8829	.5317	1.881	1.133	2.130	62°00′
10′	.4720	.8816	.5354	1.868	1.134	2.118	50′
20′	.4746	.8802	.5392	1.855	1.136	2.107	40′
30′	.4772	.8788	.5430	1.842	1.138	2.096	30′
40′	.4797	.8774	.5467	1.829	1.140	2.085	20′
50′	.4823	.8760	.5505	1.816	1.142	2.074	10′
29°00′	.4848	.8746	.5543	1.804	1.143	2.063	61°00′
10′	.4874	.8732	.5581	1.792	1.145	2.052	50′
20′	.4899	.8718	.5619	1.780	1.147	2.041	40′
30′	.4924	.8704	.5658	1.767	1.149	2.031	30′
40′	.4950	.8689	.5696	1.756	1.151	2.020	20′
50′	.4975	.8675	.5735	1.744	1.153	2.010	10′
30°00′	.5000	.8660	.5774	1.732	1.155	2.000	60°00′
10′	.5025	.8646	.5812	1.720	1.157	1.990	50′
20′	.5050	.8631	.5851	1.709	1.159	1.980	40′
30′	.5075	.8616	.5890	1.698	1.161	1.970	30′
40′	.5100	.8601	.5930	1.686	1.163	1.961	20′
50′	.5125	.8587	.5969	1.675	1.165	1.951	10′
31°00′	.5150	.8572	.6009	1.664	1.167	1.942	59°00′
10′	.5175	.8557	.6048	1.653	1.169	1.932	50′
20′	.5200	.8542	.6088	1.643	1.171	1.923	40′
30′	.5225	.8526	.6128	1.632	1.173	1.914	30′
40′	.5250	.8511	.6168	1.621	1.175	1.905	20′
50′	.5275	.8496	.6208	1.611	1.177	1.896	10′
32°00′	.5299	.8480	.6249	1.600	1.179	1.887	58°00′
10′	.5324	.8465	.6289	1.590	1.181	1.878	50′
20′	.5348	.8450	.6330	1.580	1.184	1.870	40′
30′	.5373	.8434	.6371	1.570	1.186	1.861	30′
40′	.5398	.8418	.6412	1.560	1.188	1.853	20′
50′	.5422	.8403	.6453	1.550	1.190	1.844	10′
33°00′	.5446	.8387	.6494	1.540	1.192	1.836	57°00′
10′	.5471	.8371	.6536	1.530	1.195	1.828	50′
20′	.5495	.8355	.6577	1.520	1.197	1.820	40′
30′	.5519	.8339	.6619	1.511	1.199	1.812	30′
40′	.5544	.8323	.6661	1.501	1.202	1.804	20′
50′	.5568	.8307	.6703	1.492	1.204	1.796	10′
34°00′	.5592	.8290	.6745	1.483	1.206	1.788	56°00′
10′	.5616	.8274	.6787	1.473	1.209	1.781	50′
20′	.5640	.8258	.6830	1.464	1.211	1.773	40′
30′	.5664	.8241	.6873	1.455	1.213	1.766	30′
40′	.5688	.8225	.6916	1.446	1.216	1.758	20′
50′	.5712	.8208	.6959	1.437	1.218	1.751	10′
35°00′	.5736	.8192	.7002	1.428	1.221	1.743	55°00′
10′	.5760	.8175	.7046	1.419	1.223	1.736	50′
20′	.5783	.8158	.7089	1.411	1.226	1.729	40′
30′	.5807	.8141	.7133	1.402	1.228	1.722	30′
40′	.5831	.8124	.7177	1.393	1.231	1.715	20′
50′	.5854	.8107	.7221	1.385	1.233	1.708	10′
36°00′	.5878	.8090	.7265	1.376	1.236	1.701	54°00′
	cos	sin	cot	tan	csc	sec	角　度

角 度	sin	cos	tan	cot	sec	csc	
36°00′	.5878	.8090	.7265	1.376	1.236	1.701	54°00′
10′	.5901	.8073	.7310	1.368	1.239	1.695	50′
20′	.5925	.8056	.7355	1.360	1.241	1.688	40′
30′	.5948	.8039	.7400	1.351	1.244	1.681	30′
40′	.5972	.8021	.7445	1.343	1.247	1.675	20′
50′	.5995	.8004	.7490	1.335	1.249	1.668	10′
37°00′	.6018	.7986	.7536	1.327	1.252	1.662	53°00′
10′	.6041	.7969	.7581	1.319	1.255	1.655	50′
20′	.6065	.7951	.7627	1.311	1.258	1.649	40′
30′	.6088	.7934	.7673	1.303	1.260	1.643	30′
40′	.6111	.7916	.7720	1.295	1.263	1.636	20′
50′	.6134	.7898	.7766	1.288	1.266	1.630	10′
38°00′	.6157	.7880	.7813	1.280	1.269	1.624	52°00′
10′	.6180	.7862	.7860	1.272	1.272	1.618	50′
20′	.6202	.7844	.7907	1.265	1.275	1.612	40′
30′	.6225	.7826	.7954	1.257	1.278	1.606	30′
40′	.6248	.7808	.8002	1.250	1.281	1.601	20′
50′	.6271	.7790	.8050	1.242	1.284	1.595	10′
39°00′	.6293	.7771	.8098	1.235	1.287	1.589	51°00′
10′	.6316	.7753	.8146	1.228	1.290	1.583	50′
20′	.6338	.7735	.8195	1.220	1.293	1.578	40′
30′	.6361	.7716	.8243	1.213	1.296	1.572	30′
40′	.6383	.7698	.8392	1.206	1.299	1.567	20′
50′	.6406	.7679	.8342	1.199	1.302	1.561	10′
40°00′	.6428	.7660	.8391	1.192	1.305	1.556	50°00′
10′	.6450	.7642	.8441	1.185	1.309	1.550	50′
20′	.6472	.7623	.8491	1.178	1.312	1.545	40′
30′	.6494	.7604	.8541	1.171	1.315	1.540	30′
40′	.6517	.7585	.8591	1.164	1.318	1.535	20′
50′	.6539	.7566	.8642	1.157	1.322	1.529	10′
41°00′	.6561	.7547	.8693	1.150	1.325	1.524	49°00′
10′	.6583	.7528	.8744	1.144	1.328	1.519	50′
20′	.6604	.7509	.8796	1.137	1.332	1.514	40′
30′	.6626	.7490	.8847	1.130	1.335	1.509	30′
40′	.6648	.7470	.8899	1.124	1.339	1.504	20′
50′	.6670	.7451	.8952	1.117	1.342	1.499	10′
42°00′	.6691	.7431	.9004	1.111	1.346	1.494	48°00′
10′	.6713	.7412	.9057	1.104	1.349	1.490	50′
20′	.6734	.7392	.9110	1.098	1.353	1.485	40′
30′	.6756	.7373	.9163	1.091	1.356	1.480	30′
40′	.6777	.7353	.9217	1.085	1.360	1.476	20′
50′	.6799	.7333	.9271	1.079	1.364	1.471	10′
43°00′	.6820	.7314	.9325	1.072	1.367	1.466	47°00′
10′	.6841	.7294	.9380	1.066	1.371	1.462	50′
20′	.6862	.7274	.9435	1.060	1.375	1.457	40′
30′	.6884	.7254	.9490	1.054	1.379	1.453	30′
40′	.6905	.7234	.9545	1.048	1.382	1.448	20′
50′	.6926	.7214	.9601	1.042	1.386	1.444	10′
44°00′	.6947	.7193	.9657	1.036	1.390	1.440	46°00′
10′	.6967	.7173	.9713	1.030	1.394	1.435	50′
20′	.6988	.7153	.9770	1.024	1.398	1.431	40′
30′	.7009	.7133	.9827	1.018	1.402	1.427	30′
40′	.7030	.7112	.9884	1.012	1.406	1.423	20′
50′	.7050	.7092	.9942	1.006	1.410	1.418	10′
45°00′	.7071	.7071	1.000	1.000	1.414	1.414	45°00′
	cos	sin	cot	tan	csc	sec	角 度

習題簡答

習題詳解請掃 QR Code

習題 1-2

1. $= -2x^5 + 3x^4 - 9x^3 + 5x^2 - x + 4$

2. 商為 $2x^3 + 3x^2 + 6x + 15$，餘式為 34

3. 商為 $3x^2 + 2x - 1$，餘式為 -1

4. 餘式為 0

5. $a = -14$

6. 餘式為 $3x$

7. $f(x) = (x-1)(x+1)(x+3)^2$

習題 1-3

1. $\Rightarrow x = 0$ 或 $x = \dfrac{3}{2}$

2. $x = \dfrac{1}{2}$ 或 3

3. $x = 2$ 或 3

4. $x = -\dfrac{5}{2}$ 或 $\dfrac{3}{2}$

5. $x = -\dfrac{1}{\sqrt{2}} = -\dfrac{\sqrt{2}}{2}$ 或 -2

6. $x = \dfrac{2}{3}$ 或 $-\dfrac{2}{3}$

7. $x = \dfrac{-1 \pm 2\sqrt{2}}{2}$

8. $x = 2 \pm \sqrt{5}$

9. $x = 1 \pm \dfrac{\sqrt{6}}{2}$

10. $\therefore x = \dfrac{-1 \pm \sqrt{5}}{2}$

11. $\therefore$方程式無實數解

12. 3

習題 1-4

1. 0

2. $11 - 5i$

3. $\dfrac{6}{13}$

4. $\alpha + \beta = -3$，$\alpha\beta = 4$

5. $a = -9$，$b = 28$，另一實根為 -4

6. (1)2；(2)-3；(3)5

習題 2-2

1. $x^2 + y^2 = 4$

2. $x^2 + y^2 - 4x - 3y = 0$

3. 圓心 $(-2,-4)$，半徑 2

4. 外部

5. 8 , 2

6. $k = 6$

7. $P(0, \frac{3}{5})$

8. -16

9. $(3, \frac{10}{3})$

10. 1

11. -3

12. $(x-1)^2 + (y-4)^2 = 6^2$

13. 周長 $\sqrt{10} + 2 + \sqrt{2}$ ，面積 3

習題 2-3

1. 略

2. $(\frac{-1-\sqrt{5}}{2}, 0)$ 及 $(\frac{-1+\sqrt{5}}{2}, 0)$ 兩點

3. 交點為 $(0,-1)$

4. 交點 $(1,3)$

5. 交點為 $(-2,3)$

6. $y = (x-4)^2 - 3$

7. (1)向下　(2) $(3,17)$　(3) $x = 3$　(4) $(3+\sqrt{17}, 0), (3-\sqrt{17}, 0)$　(5) $(0,8)$

習題 2-4

1. $\triangle ABC$ 為直角三角形亦為等腰三角形。

2. $(2,3,0)$

3. $C(1,0,0)$

習題 3-1

1. (1) $\overleftrightarrow{PQ}$ 之斜率為 $\frac{1}{3}$

(2) $\overleftrightarrow{PQ}$ 之斜率為 0

(3) $\overleftrightarrow{PQ}$ 無斜率可言

2. $\overleftrightarrow{AD}$ 之斜率為 $\frac{\frac{13}{2} - 2}{\frac{9}{2} - 3} = \frac{\frac{9}{2}}{\frac{3}{2}} = 3$

$\overleftrightarrow{BE}$ 之斜率為 $\frac{5-5}{3-6} = 0$

$\overleftrightarrow{CF}$ 之斜率為 $\frac{\frac{7}{2} - 8}{\frac{9}{2} - 3} = \frac{\frac{-9}{2}}{\frac{3}{2}} = -3$

3. 略　　　　　　　　4. (1) $h = 10$　　　　　　5. $a = \dfrac{5}{2}$　　　　　6. $(-1, 5)$

　　　　　　　　　　　(2) $h = 0$

習題 3-2

1. 直線 $2x + 3y + 4 = 0$ 之斜率為 $-\dfrac{2}{3}$

2. 所求直線方程式為 $y - 8 = -\dfrac{4}{5}(x - 3)$

3. 所求直線方程式為 $y - 4 = -1(x - 2)$

4. 所求直線方程式為 $y - 2 = (-1)(x - 1)$

5. x 軸之截距為 6 及在 y 軸之截距為 2

6. 所求直線方程式為 $y - 0 = 2(x + 1) \Rightarrow y = 2(x + 1)$

7. $2x - y + 1 = 0$

8. $k = 14$　　　9. $a = -\dfrac{1}{3}$　　　10. $-\dfrac{1}{8}$　　　11. $\dfrac{x}{2} + \dfrac{y}{-3} = 1$

習題 3-3

1. (1) L_1, L_2 交於一點 $(1, 1)$　　(2) L_1, L_2 交於一點 $(1, 2)$　　(3) L_1 與 L_2 重合

2. L_1, L_2, L_3 不交於一點　　　3. $a = -2$ 或 1　　　　　4. $a = -4$

5. (1) $m = -3$　　(2) $m = 3$

習題 3-4

1. 點 P 在直線 L 上。　　　2. 依公式 L_1, L_2 之距離為 $\dfrac{|-3 - (-5)|}{\sqrt{1^2 + 1^2}} = \dfrac{2}{\sqrt{2}} = \sqrt{2}$

3. $\triangle ABC$ 之面積為 $\dfrac{1}{2} \cdot \dfrac{25}{2} \cdot 2 = \dfrac{25}{2}$（平方單位）　　　4. 36　　　　　5. 2

習題 4-1

1. $a^3 + a^{-1} - a - a^{-3}$

2. 1

3. $\dfrac{5}{2}$

4. $2^{0.53} = (1.414) \times (1.021)$

5. $a + a^{-1} = 2$
   $a^2 + a^{-2} + 1 = 3$

6. $x = 4$

7. $x = 1$

8. $x = 1$
   $y = 1$

9. $15 + \dfrac{1}{16}$

10. $x = 1.5$

11. 6

12. $x = -4$

習題 4-2

1. (1) $8^{-1} < 2^{\frac{2}{3}} = \left(\dfrac{1}{2}\right)^{-\frac{2}{3}} < 4^{\frac{1}{2}}$

   (2) $(\sqrt[4]{0.8})^9 > (\sqrt[3]{0.8})^7 > (\sqrt{0.8})^5$

   (3) $\sqrt[3]{6} > \sqrt{3}$

2. 2^{48} 倍

3. $f(4) = 9$

4. 如圖 12-1 所示：

※圖 12-1

5. $\dfrac{2}{5}$

6. (1)8　(2) 2^{10}　(3)98 天後

7. $\dfrac{3}{4}$

8. 515

9. $(-2, \dfrac{1}{16})$

10. $a = 4$ ，原本的病毒數量 $\dfrac{1250}{4}$

4-3

1. (1) $\dfrac{2}{9}$　　　　(2) $-\dfrac{1}{5}$　　　　(3) $-\dfrac{1}{5}$　(4) -2

2. (1) $2A+3B$　　(2) $A+B-2C$　　(3) $\dfrac{1}{3}(A-B-2C)$

3. $x=\dfrac{\log 3}{10\log 2}$　　　　4. $x=5$　　　　5. $x=2^4$ 或 $x=2^{-1}$

6. $\log_6 4=\dfrac{2\times 0.3010}{0.3010+0.4771}$, $\log_4 6=\dfrac{0.3010+0.4771}{2\times 0.3010}$

7. $(3\log_2 3)(\dfrac{5}{2}\log_3 2)=\dfrac{15}{2}$　　8. $\log_{44} 66=\dfrac{a+b+1}{2a+1}$　　　9. $1-a+b$

10. 1　　　11. $x=1$

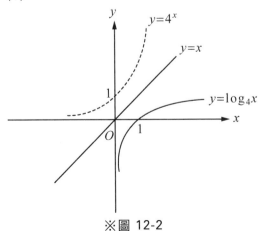 **4-4**

1. $\log_3 0.4<\log_3 3.5<\log_3 5$　　　　2. $\log_{0.2} 3<\log_{0.2} 2<\log_{0.2} 0.5$

3. $\log_{0.1} 2>\log_{0.3} 2>\log_{0.4} 2$　　　　4. $\log_{0.2}\dfrac{1}{3}<\log_{0.3}\dfrac{1}{3}<\log_{0.5}\dfrac{1}{3}$

5. $y=\log_{\frac{1}{4}} x=-\log_4 x$

(1)

※圖 12-2

(2)

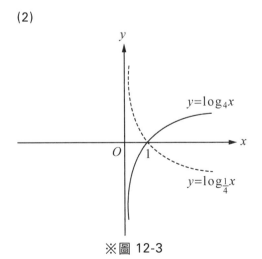

※圖 12-3

6. $2^{40}<3^{30}<6^{20}$　　7. 略　　8. $b>a>c$

習題 5-1

1. $\sin 45° = \dfrac{1}{\sqrt{2}} = \dfrac{\sqrt{2}}{2}$ $\cot 45° = 1$ 2. $\sin 60° = \dfrac{\sqrt{3}}{2}$ $\cot 60° = \dfrac{1}{\sqrt{3}}$

   $\cos 45° = \dfrac{1}{\sqrt{2}} = \dfrac{\sqrt{2}}{2}$ $\sec 45° = \sqrt{2}$ $\cos 60° = \dfrac{1}{2}$ $\sec 60° = 2$

   $\tan 45° = 1$ $\csc 45° = \sqrt{2}$ $\tan 60° = \sqrt{3}$ $\csc 60° = \dfrac{2}{\sqrt{3}}$

3. $\dfrac{7}{25}$ 4. $2\sqrt{2}$ 5. $\dfrac{1}{2}$ 6. $\dfrac{1}{2}$ 7. $\dfrac{2+\sqrt{3}}{3}$ 8. -1

習題 5-2

1. 1 2. 3 3. $\dfrac{13}{3}$ 4. 2 5. $\dfrac{8}{9}$ 6. $\dfrac{3}{2}$ 7. 3 8. $\dfrac{1}{2}$

習題 5-3

1. $h = 8\sqrt{3}$ 公尺   2. $100(3+\sqrt{3})$ 公尺   3. $30(\sqrt{3}-1)$ 浬   4. $\dfrac{\sqrt{6}}{2}$

5. 2 6. 600 公尺   7. 75

習題 5-4

1. (1) $\dfrac{4\pi}{3}$（弧度）	(2) $-\dfrac{\pi}{2}$（弧度）	(3) $105°$	(4) $-60°$
2. $\theta = 3$ 弧度 $= 3 \times \dfrac{180°}{\pi}$	3. 2π	4. $\theta = \dfrac{2\pi}{3}$ 弧度 $= 120°$	5. 25π

6. $\sin\theta = \dfrac{3}{\sqrt{13}}$ $\cos\theta = \dfrac{-2}{\sqrt{13}}$ $\tan\theta \dfrac{y}{x} = \dfrac{3}{-2}$

   $\cot\theta \dfrac{x}{y} = \dfrac{-2}{3}$ $\sec\theta = \dfrac{\sqrt{13}}{-2}$ $\csc\theta = \dfrac{\sqrt{13}}{3}$

7. $\sin\theta = \dfrac{y}{\sqrt{x^2+y^2}} = \dfrac{-\sqrt{5}}{3}$ 　　　　$\cos\theta = \dfrac{x}{\sqrt{x^2+y^2}} = \dfrac{2}{3}$ 　　　　$\tan\theta = \dfrac{y}{x} = \dfrac{-\sqrt{5}}{2}$

$\cot\theta = \dfrac{x}{y} = \dfrac{2}{-\sqrt{5}}$ 　　　　　　$\csc\theta = \dfrac{\sqrt{x^2+y^2}}{y} = \dfrac{3}{-\sqrt{5}}$

8. $\sin\theta = \dfrac{y}{\sqrt{x^2+y^2}} = \dfrac{3}{\sqrt{4^2+3^2}} = \dfrac{3}{5}$ 　　　　$\cos\theta = \dfrac{x}{\sqrt{x^2+y^2}} = \dfrac{4}{\sqrt{4^2+3^2}} = \dfrac{4}{5}$

$\cot\theta = \dfrac{x}{y} = \dfrac{4}{3}$ 　　　　$\sec\theta = \dfrac{\sqrt{x^2+y^2}}{x} = \dfrac{5}{4}$ 　　　　$\csc\theta = \dfrac{\sqrt{x^2+y^2}}{y} = \dfrac{5}{3}$

習題 5-5

1.

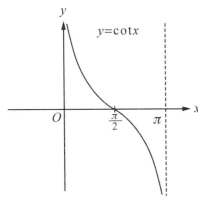

※圖 12-4

2.

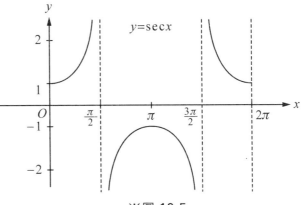

※圖 12-5

3.

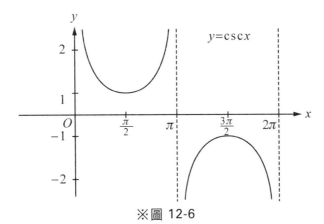

※圖 12-6

習題 5-6

1. $\sin 105° = \dfrac{\sqrt{6}+\sqrt{2}}{4}$ 2. $\sec(\alpha+\beta)=\sqrt{2}$ 3. $\cot(\alpha-\beta)=-\dfrac{11}{3}$

4. $\tan\alpha+\tan\beta+\tan\alpha\tan\beta=1$ 5. $\tan 21°+\tan 24°+\tan 21°\tan 24°=1$

6. 1 7. 1 8. $\sec 2\theta=-\dfrac{169}{119}$

9. $\sin 3\theta=\sin(2\theta+\theta)=\sin 2\theta\cos\theta+\sin\theta\cos 2\theta=(2\sin\theta\cos\theta)\cos\theta+\sin\theta(1-2\sin^2\theta)$

$\qquad = 2\sin\theta\cos^2\theta+\sin\theta(1-2\sin^2\theta)$

$\qquad = 2\sin\theta(1-\sin^2\theta)+\sin\theta(1-2\sin^2\theta)$

$\qquad = 2\sin\theta-2\sin^3\theta+\sin\theta-2\sin^3\theta$

$\qquad = 3\sin\theta-4\sin^3\theta$

$\cos 3\theta=\cos(2\theta+\theta)=\cos 2\theta\cos\theta-\sin 2\theta\sin\theta$

$\qquad = (2\cos^2\theta-1)\cos\theta-(2\sin\theta\cos\theta)\sin\theta$

$\qquad = (2\cos^2\theta-1)\cos\theta-2\sin^2\theta\cos\theta$

$\qquad = (2\cos^2\theta-1)\cos\theta-2(1-\cos^2\theta)\cos\theta$

$\qquad = 2\cos^3\theta-\cos\theta-2\cos\theta+2\cos^3\theta$

$\qquad = 4\cos^3\theta-3\cos\theta$

習題 6-2

1. $50\times 45\times 40$ 種   2. 47 種

3. (1) $6!$ 種   (2) $6!-5!$ 種（全部 $6!$－甲在首 $5!$）

4. (1) 有 $6\times 7\times 3$ 種   (2) 有 $5\times 5\times 3$ 種   (3) 有 $7\times 7\times 7\times 7-1$（扣掉 0000 號）

5. (1) $\dfrac{8!}{4!2!2!}$（四個人，二個我，二個為的重複排列）   (2) $\dfrac{4!}{2!2!}\times 5$ 種

6. (1) 有 $4\times 4\times 4\times 4\times 4=4^5$ 種   (2) 5×3^4 種   (3) 4^5-3^5 種

7. $P_4^n = 2P_2^n$ 即 $n(n-1)(n-2)(n-3) = 2[n(n-1)]$　　　　$(n-4)(n-1) = 0$

　　$\therefore (n-2)(n-3) = 2$　　　　　　　　　　　　　　$\therefore n = 4$　or　$n = 1$（不合）

　　$n^2 - 5n + 6 = 2$　　　　　　　　　　　　　　　　　則 $n = 4$

　　$n^2 - 5n + 4 = 0$

8. $4! \cdot 4!$種　　　9. 12 種　　　　10. $5! \cdot 3!$種　　11. 3^{30} 種　　　　12. 90 種

習題 6-3

1. $C_5^{20} \times C_3^{30}$

2. (1) $C_3^6 \times C_2^3 \times C_1^1$

　　(2) $C_3^6 \times C_2^3 \times C_1^1 \times 3!$（甲、乙、丙三個不同的箱子，3、2、1 不同排列有 3!）

3. $C_4^{13} \times 4$

4. $C_r^n = \dfrac{n(n-1)(n-2)\cdots(n-r+1)}{r!} = \dfrac{n!}{r!(n-r)!}$

　　$C_{(n-r)}^n = \dfrac{n(n-1)(n-2)\cdots[(n-(n-r)+1)]}{(n-r)!} = \dfrac{n(n-1)(n-2)\cdots(r+1)}{(n-r)!} = \dfrac{n!}{(n-r)!r!}$

　　$\therefore C_r^n = C_{(n-r)}^n$

5. 21種　　　　　　6. 84種　　　　　7. 正整數解 10 組，非負整數解 84 組

8. $C_2^4 \cdot C_6^8$ 種　　　9. C_3^8 個　　　10. $C_3^5 \cdot C_8^{10}$ 種　　　　11. 15 種　　　　12. 52 種

習題 6-4

1. $1 + 6x + 15x^2 + 20x^3 + 15x^4 + 6x^5 + x^6$

2. x^3 的係數為 $C_3^{10} 2^3 = 960$

3. -8064　　　4. 448　　　5. 60　　　6. 20　　7. -3

習題 7-1

1. ϕ, {1}, {2}, {3}, {4}, {1,2}, {1,3}, {1,4}, {2,3}, {2,4}, {3,4}, {1,2,3}, {1,2,4}, {1,3,4}, {2,3,4}, A

2. $B = \left\{ x \middle| x = (-1)^{n+1}(\frac{1}{2})^n, n \in N \right\}$ 3. $C = \{5,10,15,20,25,...\}$

4. $D \cap E = \phi$ ， $D \cup E = \{1,2,3,a,b,c\}$ ， $D - E = \{1,2,3\}$

5. 23 個   6. 220 個   7. 10 人   8. 39   9. (1, 2)   10. 8

習題 7-3

1. 樣本空間 S = {紅，紅，白}，事件 A = {紅，紅}

2. $\frac{5}{36}$ 3. $\frac{1}{2}$ 4. $\frac{2}{5}, \frac{2}{3}$ 5. $\frac{3}{8}$ 6. $\frac{11}{36}$ 7. (1) $\frac{6}{12}$ (2) $\frac{11}{12}$

8. $\frac{16}{17}$ 9. (1) $\frac{2}{75}$ (2) $\frac{1}{4}$ 10. 0.038   11. $\frac{1}{12}$

習題 7-4

1. 160 元

2. 750 給甲，250 元給乙

3. 所求期望值為 $2000 \times \frac{C_2^2}{C_2^5} + 1500 \times \frac{C_1^2 C_1^3}{C_2^5} + 1000 \times \frac{C_2^3}{C_2^5}$

4. 18   5. −5   6. 4.6   7. 8   8. 82.5

習題 8-1

1. (1)普查不易進行，例如要普查全國人民平均身高，無法在同一時間測量到 2000 多萬人的資料，因此需要分批進行，而當時間推移，第一批測量之人民身高已經產生變化，資料已失真，因此不易進行。(2)普查需花費龐大費用（人力、物力）。(3)普查曠日費時，無法獲得需要時效性之資料，例如上述身高的例子。(4)若是將普查用在品管調查，常造成毀壞性損失，例如燈泡使用時數、車輛撞擊測試。

2. 簡單隨機抽樣、分層隨機抽樣、集體抽樣、系統抽樣。

3. (1)系統抽樣　(2)隨機抽樣　(3)隨機抽樣　(4)分層隨機抽樣　(5)系統抽樣

4. 第 7 位 62 號

5. (1) 全校 500 人；樣本數 5 人

   (2) 抽到的樣本為 446、407、213、19、422 此五人。

習題 8-2

1. 全距 $= 98 - 50$，組距 5 分，最小樣本 $= 50$，第一組限為(49.5，54.5)，以此類推。

※表 12-4

組限	49.5~54.5	54.5~59.5	59.5~64.5	64.5~69.5	69.5~74.5	74.5~79.5	79.5~84.5	84.5~89.5	89.5~94.5	94.5~99.5
劃記	下	下	下	一	一	正正正	正正一	正正	下	下
次數	2	3	2	1	1	15	11	10	2	3

直方圖：

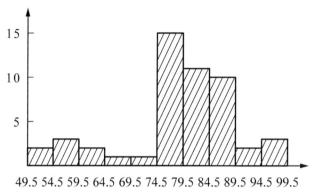

※圖 12-7

2. 略　　3. 略　　4. (1)65　(2)略　(3)略

 **8-3**

1. 50.2　　2. (1) 中位數 $=6$　(2) 中位數 $=8$　　3.　　眾數為壞蘋果之個數 1

4. 平均數 $=7.4$　中位數 $=8$　眾數 $=9$　　5. 74　　6. 32

8-4

1. (1) 平均數 $=93.3$

(2) 四分位距 $=30$

(3) 全距 $=52$

(4) 樣本標準差 $s = \sqrt{\dfrac{(68-93.3)^2 + (70-93.3)^2 + \cdots + (115-93.3)^2 + (120-93.3)^2}{10-1}} \approx 18.1$

2. (1) 全距 $=30$

(2) 四分位距 $=12$

(3) 母體標準差

$s = \sqrt{\dfrac{(160-176.8)^2 + (165-176.8)^2 + \cdots + (189-176.8)^2 + (190-176.8)^2}{15}} \approx 8.5$

3. 36　　4. $\sqrt{\dfrac{850}{4}}$

習題 8-5

1. 先求出誤差 ≈ 0.04　信賴區間 $= [0.32, 0.40]$　　　2. 9604 人

3. 信賴區間 $[0.694, 0.806]$，抽樣誤差 0.056

4. 信賴區間 $[0578, 0.672]$，抽樣誤差 0.047

5. 165　　6. 601

習題 9-1

1. (1) $7, 9, 11, 13, 15$　　　　　(2) 0，$\dfrac{1}{3}$，$\dfrac{2}{4}$，$\dfrac{3}{5}$，$\dfrac{4}{6}$

　 (3) 2^1，-2^2，2^3，-2^4，2^5　　(4) 1×2，2×3，3×4，4×5，5×6

2. (1) 一般項 $a_k = 3^k$　　　　　(2) 一般項 $a_k = \dfrac{k}{k+1}$

　 (3) 一般項 $a_k = (-1)^{k+1} \dfrac{1}{3^k}$　　(4) 一般項 $a_k = -1 \times (-1)^{k+1}$　$k \in N$

習題 9-2

1. 第三項 $= 8$　第七項 $= -4$　　　2. 32 項　　3. $\dfrac{mp - nq}{m - n}$

4. 首項 $a_1 = 4$　公差 $d = \dfrac{2}{5}$　第五項 $= \dfrac{28}{5}$　一般項 $a_k = 4 + (k-1)\dfrac{2}{5}$

5. 兩數為 5，-3　　　　6. $a = 6$，$b = 12$　　　7. 15

8. 這是一個公差為 4 的等差數列。

　 $2, 6, 10, 14, 18, 22, 26$

　 上述的數字就是獲勝者一定要按下的老鼠「倒數順序」。

習題 9-3

1. 首項 $a_1 = \dfrac{2}{3^5}$　　　公比 $r = 3$　　　一般項 $a_k = 2 \cdot 3^{k-6}$

2. $r = \dfrac{1}{4}$ or $r = 4$

　　當 $r = \dfrac{1}{4}$ 時，$a_1 \left(\dfrac{1}{4} \right) \left(\dfrac{5}{4} \right) = 160$，首項 $a_1 = 32 \times 16$

　　當 $r = 4$ 時，$a_1 (4)(5) = 160$，首項 $= 8$

3. $\dfrac{216}{5}$ 萬人

4. $a_1 = \sqrt{3}$　　　$a_2 = \dfrac{\sqrt{3}}{4}$　　　$a_{10} = \sqrt{3} \left(\dfrac{1}{4} \right)^9$

5. 反彈第三次時，高度為 $\dfrac{5}{8}$ 公尺，低於 1 公尺。

習題 10-1

1. (1) $\displaystyle\sum_{k=1}^{25} \dfrac{1}{2k}$　　(2) $\displaystyle\sum_{k=1}^{200} (-1)^k 3$　　(3) $\displaystyle\sum_{k=1}^{99} k(k+2)$　　(4) $\displaystyle\sum_{k=3}^{25} (2k+1)$　　(5) $\displaystyle\sum_{k=1}^{9} \dfrac{3}{10^k}$

2. (1) $(1^2 + 1 + 3) + (2^2 + 2 + 3) + (3^2 + 3 + 3) + \cdots + (10^2 + 10 + 3)$

　　(2) $(11^2 + 3 \times 11) + (12^2 + 3 \times 12) + (13^2 + 3 \times 13) + \cdots + (20^2 + 3 \times 20)$

　　(3) $\left(\dfrac{-8}{5} + 2 \right) + \left(\dfrac{-6}{5} + 2 \right) + \left(\dfrac{-4}{5} + 2 \right) + \cdots + \left(\dfrac{12}{5} + 2 \right)$

　　(4) $(-0.3)^3 + (-0.3)^4 + (-0.3)^5 + (-0.3)^6$

　　(5) $\dfrac{1}{2 \times 3} + \dfrac{1}{3 \times 4} + \dfrac{1}{4 \times 5} + \cdots + \dfrac{1}{8 \times 9}$

3. 1335　　4. 128

習題 10-2

1. 首項 $a_1 = 7$　　　公差 $d = 5$　　　2. 50×51　　　3. $n = 11$

4. (1) $S = 25 \times 63$　　(2)　$S = 50 \cdot (-50.5)$　　(3)　$S = 7 \times 26$

5. 7×55

習題 10-3

1. 第 10 天　　　2. (1) $20{,}000 \times \dfrac{1.06\left[(1.06)^{10} - 1\right]}{0.06}$　　(2) $20{,}000 \times \dfrac{1.02\left[(1.02)^{10} - 1\right]}{0.02}$

3. (1) $S = \dfrac{1 \cdot \left[1 - \left(-\dfrac{3}{2}\right)^7\right]}{1 - \left(-\dfrac{3}{2}\right)}$　　(2) $\dfrac{\dfrac{9}{10}\left[1 - \left(\dfrac{1}{10}\right)^{10}\right]}{1 - \left(\dfrac{1}{10}\right)}$　　(3) $\dfrac{(-0.2)^2\left[1 - (-0.2)^6\right]}{1 - (-0.2)}$（有 6 項）

4. 1578　　　5. 選(2)

習題 10-4

1. (1) $\dfrac{1}{3}$　(2) $\dfrac{53}{99}$　(3) $\dfrac{4}{33}$　　　2. 公比 $r = \pm\dfrac{1}{2}$　　　3. 20 公尺

4. $\dfrac{\sqrt{3}}{2}$　　5. $\dfrac{8}{7}$　　6. 10010　　7. $\dfrac{1}{6}$

習題 11-1

1. (1) $x = \dfrac{3}{5}$　(2) $x = 0$　(3) $x = -11$　(4) 無解　(5) x 可為任意數　(6) $x = \dfrac{1}{6}$

習題 11-2

1. 每分鐘滴數(gtt/min) ≒ 15.6 gtt/ min

2. 每分鐘滴數(gtt/min) = 60 gtt/ min

3. 2.16公升

4. 每分鐘滴數(gtt/min) = 50 gtt/ min

5. 下午 2 點

關於課程設計的省思

易正明

我把數學課程的發展視為是進行一項科學性的工作，誠如牛頓所言：我看的比別人更遠，因為我站在巨人的肩膀上。

數學課程應該連結課室裡的**教與學的實務研究**、課程發展者的認知及當地的文化背景或中心信仰。對於改善數學課程素材上的教學技巧，較不重視學生在學習上可能提出的需求給予妥善處理。舉例：課程目標及數學課程素材已顧及下列三個目標：**(1)提供對學生本身是有意義的問題。(2)以能強化學生在數學上的深度思考取代一系列零碎的片段題材。(3)重視學生專注在他們自己的解題技巧或自我能力的提升上努力，而忽略僅靠記憶的片段題材**。例如以情境布置方式係利用**白色積木**為教具，來進行大樓的堆積活動：以四個白色積木排成正方形為大樓的基地，或是排成長方形的基地，利用樓層不同的大樓為題材，透過計算大樓所提供的房間數的問題，引導學生習得四的倍數的規律或熟悉九九乘法表中四的倍數，經由師生的對話，凸顯**情境化的數學活動對學生的學習是有意義的活動**。適切的引導才稱得上是一種可行的數學課程設計，或者才是發展數學課程的有意義的活動。

對話紀錄中看到了學生主動地從事數學課題的探索、思考與討論，但是**缺乏一個明顯的概念以作為師生對話的焦點**。比如：已知五層高大樓的房間數，學生是如何類推以得知十層高大樓的房間數？是可以成為師生對話的焦點數學概念。以及，忽略學生有意義的想法，例如：移走大樓中某一層的樓層將形成另一棟大樓、透過點數白色積木的活動以確認大樓的房間數，並沒有被列為討論的焦點或進行後續的發展，相反地，教師引入大樓的房間上的窗戶個數問題，對於討論的課程目標沒有價值，亦無助於釐清討論結果。

因此進行課程設計者如何能因應學生的可能產生的需求，適時給予妥善地引導到有意義的概念上繼續進行討論，事先的準備工作及配套措施是重要的。**視數學課程發展工作為一項科學性的活動，或配合教案設計有計畫地融入數學概念進行有意義的活動，方能引導學童進行有效的數學學習**。

如配合科學方法的四個步驟，進行重複地演算或相關定理的驗證 (Von Glaserfold, 1995)。

1. 問題的條件或限制應力求**簡單明瞭**，方便學生使用。

2. 定理或規則能合理地解釋計算的結果。

3. 對於規律性的結果，可以經由定理加予推演或預測。

4. 修正定理或規則使其更能廣泛地應用於其他可能的計算結果。

因此視數學課程的發展為一次科學性的努力。

透過學生可能在生活上的需求，或問題情境下必須進行的解題活動為動機，進行的數學教學活動等同於建構根本學習理論，一樣提供學生有意義的數學問題，目的都是幫助學生提升學生的思考層次。教師在教學活動中盡可能提供機會思考對其個人而言是有意義的數學知識，經由多媒體記錄學生的想法，透過與學生個別互動的對話經驗，設計引導性的教學流程以適用於全班同學的教案。

課程發展中教與學是教學活動的核心，經由科學的分析及標準程序，結合研究者的理論及實務工作者經驗的交流與互動，讓數學課程發展成為一個有機體，能夠以**科學的方法**不斷地成長與茁壯。

黃金分割

1. 算算看，一般人由腳底至肚臍的長度與身高比值為何？請將家人的每一個成員的比值算出來。

2. 表列比值＝（ $\dfrac{\text{肚臍的高度}}{\text{身高}}$ ）

3. 發現了什麼，寫出你的心得。

家人的每一個成員	腳底至肚臍的長度	身高	比值
我			
家人 1			
家人 2			
家人 3			
家人 4			

我的發現：＿＿＿＿＿＿＿＿＿＿＿
＿＿＿＿＿＿＿＿＿＿＿

我的心得：＿＿＿＿＿＿＿＿＿＿＿
＿＿＿＿＿＿＿＿＿＿＿

黃金分割是：＿＿＿＿＿＿＿＿＿＿＿

網路怎麼說：＿＿＿＿＿＿＿＿＿＿＿

高跟鞋就使身體的比值接近黃金比，顯得啊娜多姿更有魅力了，計算自己要穿幾公分的高跟鞋？

例如 若身高為 160 公分，肚臍的高度為 108 公分要穿幾公分的高跟鞋？

8 公分之高跟鞋就使身體的比值接近黃金比。

理由：＿＿＿＿＿＿＿。

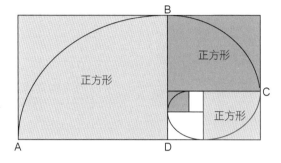

黃金比值（黃金分割）的計算法則：

$$\frac{x}{y} = \frac{x+y}{x} \Rightarrow x^2 - xy - y^2 = 0$$

$$\Rightarrow \left(\frac{x}{y}\right)^2 - \left(\frac{x}{y}\right) - 1 = 0$$

$$\Rightarrow z^2 - z - 1 = 0$$

$$\Rightarrow z = \frac{1 \pm \sqrt{5}}{2}$$

$$\therefore z = \frac{1 + \sqrt{5}}{2} \cong 1.618$$

關於黃金分割的資料

1. 人的身高與肚臍之高度比為黃金比值。

2. 化學之優選法亦採用優選比。（0--100 度）

3. 音樂之弦切割，以及管弦樂器所彈奏之悅耳、和諧音。

4. 蝴蝶之上邊與下邊比值。

5. 蝸牛及貝殼動物硬殼，向日葵上黑黑的螺旋線。

6. 舞臺上之歌者站在舞臺之黃金分割點，則顯得活潑。

7. 植物嫩枝上葉子之排列成一對數螺線，葉子之距離成黃金比，使葉子可以充分行光合作用。

8. 螺旋形大廈之房間，將獲得充分陽光。

9. 大腦發出貝他腦波，低頻：高頻比為 0.618。

10. 大自然之氣溫在攝氏 23 度與人體之 37 度比為黃金比，最令人適宜。

11. 德國美學稱為黃金分割律。

12. 幾何之黃金分割律即畢達哥拉斯定理。

13. 十六世紀之數學家帕喬里稱為「神賜之比例」。

14. 常用於音樂、繪畫、雕塑及建築。

15. 大理石之柱廊與神殿高之比值為黃金比。

注意：此活動與一元二次方程式搭配使用。

神祕的 495

活動內容

1. 任意寫出一組不完全重複的三位數。

2. 重排此三位數，若寫出的三位數均不同，最多會有六個不同的三位數，比較六個三位數的大小，找出排序後的最大數及最小數。

3. 進行三位數的減運算，將最大數減最小數，若相減的差小於 100，則百位補零，重新得另一組三位數。

4. 反覆以上動作。

⏳解

我的三位數：_____ **(1)**

最大數：_____

最小數：_____

最大數減最小數：_____

新得另一組三位數：_____ **(2)**

最大數：_____

最小數：_____

最大數減最小數：_____

新得另一組三位數：_____ **(3)**

最大數：_____

最小數：_____

最大數減最小數：_____

新得另一組三位數：_____ **(4)**

最大數：_____

最小數：_____

最大數減最小數：_____

新得另一組三位數：_____ **(5)**

最大數：_____

最小數：_____

最大數減最小數：_____

新得另一組三位數：_____ **(6)**

我經過幾次才循環：_____

我的心得：_____
_____

我的發現：_____
_____

活動指導語

1. 為什麼會這樣呢？

假設 $a > b > c$ ， a、b、c 代表任意數字將第一組數字之最大數與最小數相減，得到另一組三位數 ABC，我們期待新產生的這一組三位數 ABC 與上一組三位數的用到相同的三個數字，**發現最後都在 945 這三位數字停下來**，也就是 ABC 跟 abc 的組成數字一樣。

$$
\begin{array}{ccc}
 & a & b & c \\
- & c & b & a \\
\hline
(a-1-c) & 9 & (10+c-a)
\end{array}
$$

將第一組數字之最大數與最小數相減，得到三位數是 ABC，我們希望找出停下來的地方，也就是 ABC 跟 abc 的數字組成一樣。由上列式子我們得知：因為 a 最大，所以 a=9。

$$\begin{cases} a-1-c=8-c \\ 10+c-a=c+1 \end{cases} \rightarrow \begin{cases} 8-c=c \\ c+1=b \end{cases}$$

(1) $\begin{cases} 8-c=c \\ c+1=b \end{cases}$ 　　　(2) $\begin{cases} 8-c=b \\ c+1=c \end{cases}$

$\Rightarrow c=4，b=5$ 　　　　$\Rightarrow 1=0$

$\Rightarrow \begin{cases} c=4 \\ b=5 \end{cases}$

最後三數為 9、5、4 的排列，
故 954-459=$\boxed{495}$ 停止循環了。

2. 舉例說明：

(1) 同學寫出的三位數是：123。

(2) 重排此三位數，六種不同的三位
數分別為 123、132、213、231、
312、321，比較六個三位數的大
小，找出重排後的最大數是
321，最小數是 123。

(3) 相減的差是 198。

(4) 重排 198，六種不同的三位數分
別為 981、918、189、198、
819、891，重排後的最大數是
981，最小數是 189。

(5) 相減的差是 792。

(6) 持續計算下一次的數字依序為
693、594 等，發現 331 到 594 需
要 6 個步驟，123 到 594 也需要
6 個步驟，若想到的三位數為
279，279 到 594 只需要 3 個步
驟，不妨放手做做看。

注意：此活動與一元一次聯立方程組搭配
使用。

二進位 0 與 1

心裡想一個介於 1~63 之間的數字，寫
在紙上，二進位有他心通。

- 1　3　5　7　9　11　13　15
- 17　19　21　23　25　27　29　31
- 33　35　37　39　41　43　45　47
- 49　51　53　55　57　59　61　63

- 2　3　6　7　10　11　14　15
- 18　19　22　23　26　27　30　31
- 34　35　38　39　42　43　46　47
- 50　51　54　55　58　59　62　63

- 4　5　6　7　12　13　14　15
- 20　21　22　23　28　29　30　31
- 36　37　38　39　44　45　46　47
- 52　53　54　55　60　61　62　63

- 8　9　10　11　12　13　14　15
- 24　25　26　27　28　29　30　31
- 40　41　42　43　44　45　46　47
- 56　57　58　59　60　61　62　63

- 16　17　18　19　20　21　22　23
- 24　25　26　27　28　29　30　31
- 48　49　50　51　52　53　54　55
- 56　57　58　59　60　61　62　63

- 32　33　34　35　36　37　38　39
- 40　41　42　43　44　45　46　47
- 48　49　50　51　52　53　54　55
- 56　57　58　59　60　61　62　63

只要正確回答心裡想的數字，「有」或「沒有」出現在各張投影片上。

說明 二進位法的另一種想法，讓學生用實際的例子來想會更容易懂。例如：蘋果每 2 個裝成一袋，每 2 袋裝成一盒，每 2 盒裝成一箱，每 2 箱裝成一車，每 2 車裝成一卡車。13 個蘋果則可裝成 0 卡車 0 車 1 箱 1 盒 0 袋 1 個，參見下表，依此類推。

卡車	車	箱	盒	袋	個
					13
				6	1
			3	0	1
0	0	1	1	0	1

數系之基底

傳統的 10 進位，以 10 為基底，例如：
$137 = 1 \times 10^2 + 3 \times 10 + 7$

五進位是以 5 為基底，例如：$134_{(5)} = 1 \times 5^2 + 3 \times 5 + 4 = 44$

二進位是以 2 為基底，電腦即是使用二進位法，例如：$101_{(2)} = 1 \times 2^2 + 0 \times 2 + 1 = 5$

注意：此活動與位值概念搭配使用。

四則運算湊 100 與欣賞數字的美

類型一

$123 - 45 - 67 + 89 = 100$

$1 + 2 + 3 - 4 + 5 + 6 + 78 + 9 = 100$

$1 + 2 + 3 + 4 + 5 + 6 + 7 + 8 \times 9 = 100$

$91 + \dfrac{5823}{647} = 100$

$24\dfrac{3}{6} + 75\dfrac{9}{18} = 100$

$1 \times 9 + 2 = 11$

$12 \times 9 + 3 = 111$

$123 \times 9 + 4 = 1111$

$1234 \times 9 + 5 = 11111$

$12345 \times 9 + 6 = 111111$

$123456 \times 9 + 7 = 1111111$

$1234567 \times 9 + 8 = 11111111$

$12345678 \times 9 + 9 = 111111111$

類型二：數字的漩渦

$\quad 58 \quad 5^2 + 8^2 = 25 + 64 = 89$

$\Rightarrow 89 \quad 8^2 + 9^2 = 64 + 81 = 145$

$\Rightarrow 145 \quad 1^2 + 4^2 + 5^2 = 1 + 16 + 25 = 42$

$\Rightarrow 42 \quad 4^2 + 2^2 = 16 + 4 = 20$

$\Rightarrow 20 \quad 2^2 + 0^2 = 4$

$\Rightarrow 4 \quad 4^2 = 16$

$\Rightarrow 16 \quad 1^2 + 6^2 = 1 + 36 = 37$

$\Rightarrow 37 \quad 3^2 + 7^2 = 9 + 49 = \underline{58}$

$\Rightarrow \underline{58}$

判斷倍數的應用問題

1. 九位老人組成一個槌球隊，每位胸前號碼是 02、03、04、06、08、11、15、17、19，某次出國比賽獲得冠軍回國，接受總統表揚，九人一字排開，形成一個十八位數，此十八位數被 99 除，餘數正好是隊長的年齡，也是胸前號碼的倍數，問隊長胸前號碼為何？隊長幾歲？

 2、03、04、06、08、11、15、17、19 相加 $\Rightarrow$ 85

$2+3+4+6+8+11+15+17+19=85=17\times5$ $\Rightarrow$ 85 為 17 的倍數

所以，隊長為 85 歲，胸前號碼為 17。

2. 某校共錄取 1000 名新生，並依序編號，新生訓練用的禮堂放置編有號碼的 1000 個櫃子。新生訓練當天，1 號新生要將所有關上的櫃子打開，2 號新生要將 2 的倍數的櫃子做相反動作，3 號新生亦將 3 的倍數的櫃子做相反動作，問 1000 位新生進入禮堂坐定位後，有哪些櫃子是打開的？

門 號碼	1	2	3	4	5	6	7	8	9	10
1	○	○	○	○	○	○	○	○	○	○
2		×		×		×		×		×
3			×			○			×	
4				○				○		
5					×					○
6						×				
7							×			
8								×		
9									○	
10										×
統計	1	2	2	3	2	4	2	4	3	4

能力指標：熟練質因數分解的計算方法，能認識質數、合數，並作質因數的分解。

國家圖書館出版品預行編目資料

數學/謝哲仁, 陳進春編著. -- 三版. -- 新北市：
新文京開發出版股份有限公司, 2024.05
　　面；　　公分

ISBN　978-626-392-019-4（平裝）

1.CST: 數學

310　　　　　　　　　　　　　　　113005763

數學（第三版） （書號：E420e3）

編　著　者	謝哲仁　陳進春
出　版　者	新文京開發出版股份有限公司
地　　　址	新北市中和區中山路二段 362 號 9 樓
電　　　話	(02) 2244-8188（代表號）
F　A　X	(02) 2244-8189
郵　　　撥	1958730-2
初　　　版	西元 2016 年 09 月 10 日
二　　　版	西元 2019 年 06 月 20 日
三　　　版	西元 2024 年 06 月 20 日

New Wun Ching Developmental Publishing Co., Ltd.

New Age · New Choice · The Best Selected Educational Publications — NEW WCDP

新文京開發出版股份有限公司

NEW WCDP

新世紀‧新視野‧新文京 ─ 精選教科書‧考試用書‧專業參考書